铜及铜合金熔炼与铸造技术问答

韩卫光　刘海涛　编著

图书在版编目(CIP)数据

铜及铜合金熔炼与铸造技术问答/韩卫光，刘海涛编著.
—长沙:中南大学出版社,2012.9
ISBN 978-7-5487-0584-0

Ⅰ.铜…　Ⅱ.①韩…②刘…　Ⅲ.①炼铜-问题解答②铜-铸造-问题解答③铜合金-熔炼-问题解答④铜合金-铸造-问题解答　Ⅳ.①TF811-44②TG291-44

中国版本图书馆 CIP 数据核字(2012)第 166995 号

铜及铜合金熔炼与铸造技术问答

韩卫光　刘海涛　编著

□责任编辑　刘颖维
□责任印制　文桂武
□出版发行　中南大学出版社
　　社址:长沙市麓山南路　　邮编:410083
　　发行科电话:0731-88876770　　传真:0731-88710482
□印　　装　长沙市宏发印刷有限公司

□开　　本　880×1230　1/32　□印张 8.25　□字数 252 千字
□版　　次　2012 年 9 月第 1 版　□2012 年 9 月第 1 次印刷
□书　　号　ISBN 978-7-5487-0584-0
□定　　价　26.00 元

前　言

我国已经成为世界上最重要的铜材生产、消费和贸易大国，2010年铜加工材产量首次突破了1000万t，铜加工材的品种不断增加、产品质量不断提高、技术创新日益活跃，建设了几十条现代化的生产线，工艺、技术、装备水平不断提高，一大批高精尖产品满足了国内经济建设的需要。

铜及铜合金的熔炼与铸造是铜加工的第一道工序，铸锭(件)的内部质量直接关系到成品的最终物理性能、力学性能和使用性能。我国铜及铜合金的熔炼与铸造，最早使用的是坩埚炉熔炼、铁模铸造的落后生产方式，只能铸10多千克的铸锭。目前，国内铜及铜合金铸锭的熔炼多采用感应炉、竖炉，铸造多采用立式半连铸、立式连铸、水平连铸，铸锭最大质量达到10 t，铸造过程中广泛采用振动铸造、石墨结晶器、煤气保护、硼砂覆盖、变质处理等技术，大大地提高了铸锭质量。

然而，随着铜及铜合金熔铸装备更新和熔铸技术的发展，既有熟练操作技能，又有一定理论知识的高级技术工人显得日益紧缺，因此，在加快熔炼、铸造技术的发展和装备的更新改造的同时，普及技术工人铜合金熔铸基础理论知识和操作技巧、加强工人的技术培训是当务之急。在此背景下，我们编写了本书，希望能为铜加工行业的发展尽微薄之力。本书深入浅出地介绍了铜合金熔铸的基础理论知识和实践经验总结，尽可能简约而又系统地介绍了铜及铜合金熔铸的基本概念、基本方法和操作要点，可以作为铜及铜合金熔铸企业的职工岗位培训教材或管理人员的参考读物。本书共分5章:第1章 铜及铜合金熔炼与铸造生产的一般概念;第2章 铜及铜合金熔炼与铸造生产的原辅材、工具及设备;第3章 铜及铜合金的熔炼技术和工艺;第4章 铜及铜合金的铸造方法和工艺;第5章 铜及铜合金铸锭质量检测、控制及回收。

1979年出版的《重有色金属材料加工手册》、2002年出版的《铜及铜合金加工手册》以及2007年出版的《铜加工技术实用手册》凝聚着我国铜加工行业几代工作者智慧的结晶，也为本书的出版提供了很好的基础，本书部分内容参阅和引用了上述著作的精华，在此，我们对上述著作的编者表示真诚的感谢！

由于作者水平所限，书中难免有不妥之处，我们诚恳地欢迎专家和读者不吝赐教，批评指正。

编者

2012年3月

目　录

第 1 章　铜及铜合金熔炼与铸造生产的一般概念

1. 铜合金熔炼的作用和原则是什么?

铜合金熔炼的原料主要有 3 类：阴极铜(电解铜)、加工过程中产生的几何废料、外购废杂铜。为了使其达到要求的合金成分配比，必须对其进行熔炼。而在铜合金熔炼中，原料的配比是直接关系到铸锭(铸件)产品质量和生产成本高低的关键。

铜合金熔炼的作用：①配制合金。按照合金成分配比，选择合适的金属原料，在高温下熔化、精炼，获得成分合格的合金熔体。②熔体提纯。通过采用化学反应或物理吸附、沉降等精炼措施除气、除杂，保证金属质量。③熔化金属。将固态原料通过高温加热转变为液态熔体，以便在铸造时有足够的流动性而充盈模腔。

为了达到降低生产成本的目的，一般采用以下原则：①生产高品位产品，应选择高品位金属原料。生产普通产品时，在保证质量的前提下，尽量选择低成本原料。②在化学成分允许的范围内，贵金属元素的比例尽量取中下限。

2. 铜合金感应炉有哪些类型? 其熔炼的特点分别是什么?

铜合金感应炉一般分为有铁芯感应电炉、无铁芯感应电炉和真空感应电炉。

有铁芯感应电炉熔炼的特点是：①熔化速度快，热效率高，氧化少，烧损少；②由于电磁力的搅拌作用，能保证成分和温度均匀；③设备周围温度低，劳动条件好，操作简单，节省人力；④必须在炉内留有一定的起熔体，只适用于大批量、品种较简单的连续生产。

无铁芯感应电炉熔炼的特点是：①功率密度和熔化效率高，起熔方便；②搅拌能力强，有利于熔体化学成分的均匀性；③尤其适合熔炼细碎炉料，如机加工产生的各种车屑、锯屑、铣屑等；④不需要起熔体，铜液可以倒空，停开炉、变换合金品种方便，适用于间断性作业。

真空感应电炉熔炼的特点是：①熔炼过程中熔体不与空气接触，能获得气体和杂质含量较少的金属及合金，可生产高纯度金属；②一般不使用熔剂，能有效地消除非金属夹杂；③能改善金属的性能，特别是增加金属的密度；④设备复杂，生产及维护成本较高。

3. 反射炉和竖式炉熔炼的特点是什么？

反射炉属传统的火法冶炼设备，具有结构简单、操作方便、容易控制以及对原料和燃料适应性强的优点。主要缺点是热效率较低（一般只有15% ~30%）、燃料和耐火材料消耗较大、占地面积大。反射炉适合熔炼普通紫铜，一般采用阴极铜作为主要原料，同时也可以使用品位相当的各种回收铜作为原料。

竖式炉是一种快速连续熔化炉，可采用天然气、液化石油气等作为燃料，烧嘴分层安装在炉膛壁上，炉内气氛可以控制；没有精炼过程，要求原料绝大多数为阴极铜，有时也可以根据实际情况使用一定比例符合阴极铜标准的回炉料。竖式炉一般配合连续铸造机进行连续铸造，也可以配合保温炉进行半连续铸造。竖式炉比较适合普通紫铜的熔炼，具有热效率高（60%以上）、熔化速度快、停开炉方便（停炉只需1 ~2 min，从冷态开炉到出铜只需1 h）等优点。

4. 什么是电渣重熔？电渣炉熔炼的特点是什么？

电渣重熔是将自耗电极进行再精炼的方法，自耗电极就是电渣重熔的原料，利用熔渣的电阻热来重熔自耗电极，重熔并经过熔渣精炼的金属液在水冷结晶器中重新结晶，生产出高质量的铸锭，是采用最广泛的二次精炼法。图1-1为电渣重熔冶金原理示意图。

电渣炉熔炼的特点是：①由于熔池凝固时的定向结晶，组织致密，成分均匀，较好地消除了定向性疏松；②电渣重熔的精炼过程是在高温渣中进行，金属液可受到熔渣的精炼和过滤作用，能很好地脱硫和去除氧化物夹杂；③铸锭从下到上顺序结晶便于气泡排出，一般不产生缩孔；④由于工艺复杂、制造成本高等方面的限制，电渣重熔

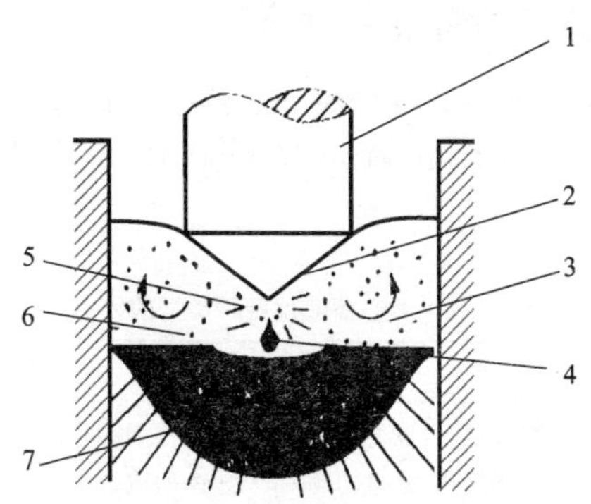

图1-1　电渣重熔冶金原理示意图

1—自耗电极；2—液态金属膜；3—渣池；4—熔滴；5—电弧；6—金属小颗粒；7—金属熔池

主要在铜铬合金、铜铬锆合金以及镍铜合金的熔炼中得到应用。

5. 压铸机型选择的原则是什么?

在实际生产中，选择压铸机主要根据产品的品种、批量以及压铸件的轮廓尺寸和质量。

(1)按产品的品种和生产批量选择。在组织多品种、小批量生产时，通常选用液压系统简单、适应性强，能快速进行调整的压铸机；在组织少品种、大批量生产时，要选用配备机械化和自动化程度高、控制系统完备的压铸机；对单一品种、大批量生产的铸件，还可以选用专用压铸机。

(2)按铸件的轮廓尺寸和质量选择，每一种型号的压铸机都具有一定的技术规格，当针对具体产品对象选用压铸机时，最主要的是根据铸件的轮廓尺寸和质量。因为铸件的轮廓尺寸与压铸机的锁模力和开型距离有关；而铸型的质量，则与压室中合金的最大容量有关。

压铸机的锁型力应该大于压铸时的涨型力。其安全系数为0.85~0.95，小型压铸件取上限，大型压铸件取下限。

压铸机的压室容量应该大于每次浇注所需合金液的总量，压室的充满度要求保持在70%~80%范围。

6. 离心铸造用铸型的特点是什么?

用于离心铸造的铸型，有金属型、砂型和石墨型 3 种。金属型又可分为铸铁、球墨铸铁和铸钢材料制作的 3 类，它们的特性见表 1－1。

表 1－1 离心铸造用各种铸型的特点

	优 点	缺 点
金属型	①导热性好，金属凝固速度快，晶粒细，偏析少，氧化夹杂的分布均匀 ②合金凝固时间短，生产率高 ③铸件尺寸精度高	①尺寸和形状受较大限制 ②铸型造价高 ③如不调整转速和壁厚关系，容易产生裂纹 ④易产生冷隔 ⑤涂料容易剥落
砂型	①对砂箱的热作用小，铸型造价低 ②导热性差，合金凝固较慢，不易形成冷隔等缺陷，适于铸造长的铸件 ③合金在较长时间处于熔融状态，非金属夹杂物容易集中到铸件内表面，切削加工后可获得良好的材质 ④尺寸和形状受限制少 ⑤不易产生裂纹，也容易采取防止措施	①铸型的硬度和干燥程度不易控制均匀，易产生黏砂和胀砂缺陷 ②易形成夹砂 ③铸造管状铸件时容易产生偏心 ④凝固时间长，生产率低
石墨型	①铸型容易加工，制造周期短，铸型造价较低 ②对热冲击的承受能力大 ③热膨胀性能低，铸型温度对铸件尺寸无影响 ④铸型较轻，降低劳动强度 ⑤过热度高，可获得组织致密的铸件，生产率也高 ⑥铸件不黏模，铸件表面光洁度高	①铸型硬度低，容易被磨损 ②石墨质脆，较易破损 ③导热率高，铸件易被激冷

7. 转炉有哪些方式？

常用的转炉方式有倾动转炉、溢流转炉、潜流转炉等。

倾动转炉是通过熔炼炉的转动，熔体经出铜口、流槽进入保温炉的方式。该方式适于间断生产，熔体质量不稳定，尤其是生产紫铜时要通过静置来保证熔体质量。

溢流转炉是熔炼炉不须转动，液面高于出铜口后溢出，熔体通过炉组之间的流槽连续不断地转注至保温炉。该方式适于连续生产紫铜和无氧铜，熔体质量比较稳定，但流槽需要保证一定的温度以避免熔体在进入保温炉的过程中降温凝固而导致流槽堵塞或存铜。对大多数金属而言，同时需对流槽加设熔体保护措施，以防金属被氧化。

潜流转炉是在熔炼炉和保温炉联为一体的情况下，铜液从液面下两者之间的隔板孔直接从熔炼炉进入保温炉。该方式根除了金属液体转运过程中的氧化、吸气的弊端，特别是减少了熔炼黄铜时氧化锌的氧化挥发，保护了环境。

8. 潜流式转炉的特点是什么？

传统的铸坯生产过程为：金属熔炼（熔炼炉）—熔体转移（流槽）—保温铸造（保温炉）三段式结构，即熔炼炉与保温炉分离，熔体通过流槽由熔炼炉转移到保温炉中。这种模式不但设备占地面积大、结构复杂，污染工作环境，而且金属熔体在流槽内转移过程中，不能保证熔体从熔炼炉出口到保温炉入口全过程密封，熔体在倾倒过程中，易造成吸收空气中的氧气和氢气夹杂、夹渣等情况，从而导致铸坯的质量缺陷，其中铸坯的内部裂纹、致密度低是常见的缺陷。

潜流式熔炼铸造是将熔炼炉、保温炉作成一体，取消了熔体转移用的明流槽，在熔炼腔和保温腔的底部用一暗流槽相连，暗流槽由闸阀开合控制熔体从熔炼腔到保温腔。因熔体通过暗流槽由熔炼腔转移到保温腔，始终都处于液面下底部，杜绝了高温熔体在转移过程中暴露于空气中的机会，减少了熔体的温度波动，从而提高了铸坯的内在质量。

9. 什么是熔沟？熔沟的作用是什么？

熔沟是有芯感应电炉感应器中用耐火材料砌筑的一个环绕感应线圈的环形通道(图1－2)。在炉子砌筑时用形状和尺寸相同的模板作为感应体熔沟的芯子，在烘炉过程中，模板或烧毁或被熔化。熔炼过程中，其间充满熔融的高温金属。当感应器线圈接通交流电时，激起的交变磁通沿磁铁闭合，在熔沟金属中产生强大的感应电流，由于电流热效应，转化为大量热能达到高温。再通过熔沟内液态金属的强烈流动，以对流方式将热量传给炉膛内固体金属，使之加热和熔化。因此熔沟处是有芯炉的热源。

根据截面形状可将熔沟分为等截面熔沟和变截面熔沟。

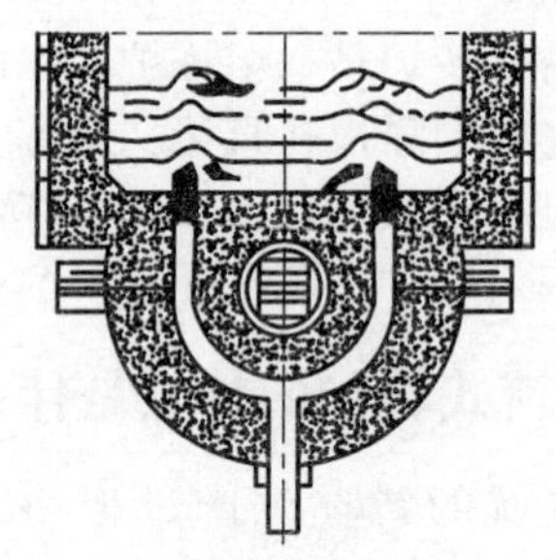

图1－2 感应体中熔沟的示意图

等截面熔沟在熔炼金属过程中，熔沟底部和口部的温差较大，平均在100℃以上，并且随着输入的功率加大而增加，500 kW时达到130℃，因此感应器寿命较低。

变截面熔沟在熔炼金属过程中，熔沟底部和口部的温差较低，平均在20℃左右，并且随着输入的功率加大，温差增加不明显，800 kW时不超过30℃，因此感应器寿命较长。

10. 保温炉的作用是什么？

为提高生产效率，或保证连续生产，一般大型炉组都配有保温炉。一般由熔炼炉熔化原料，调整化学成分合格后，转炉进入保温炉。保温炉功率设计低于熔炼炉。保温炉主要作用是对熔体进行保温，使熔体温度一直保持在铸造温度范围内，保证连续或半连续铸造生产过程的稳定进行。

保温炉也被称作“静置炉”，这是因为它客观上具有静置除气和均匀化的作用。

根据主要生产产品牌号与规格不同，保温炉容量与熔炼炉之间有一定的匹配关系。有时全连铸生产，采用两台熔炼炉对应一台保温炉方式。

11. 什么是复熔？

把由于受状态（如细碎难熔、含水含油太多）、成分（复杂且难以确定）影响，不能直接投炉生产成品铸锭的废旧料，在炉内熔化后，铸成化学成分明确的复熔铸锭，以便生产时再投料使用的过程，叫做复熔。

复熔时首先要注意安全，因为料含油含水多，容易发生放炮、冒火等事故；其次应对熔体进行充分搅拌，不仅可除去一部分气体，还可保证熔体成分均匀；第三是一次加料不可太多，防止形成凝壳和“架棚”现象；第四是因大部分复熔料可能会产生大量的渣子，所以要及时进行清渣和清炉。

12. 为什么要清炉？

清炉是熔铸生产中的一项辅助作业。在铜及铜合金的熔炼过程中，一些合金牌号对炉衬材料的亲合力较强，或者是由于生产过程中产生渣子太多而在温度下降时粘在炉壁上。这样，一方面导致炉膛容量减少；另一方面渣子过厚，会使熔体过热，严重影响熔体质量。“清炉”就是清理炉底特别是炉壁、炉口黏结的炉渣。清炉不仅使熔炉的容量得以恢复，保证对铸造机熔体的充足供应，而且对熔体和炉衬之间的反应、熔体过热时的吸气、氧化烧损的预防都有重要作用。

清炉时间和频次要根据具体情况确定。为防止炉渣的有害影响及保证生产过程的顺利进行，有的铜合金牌号（如含锰或硅的铜合金、铅黄铜等）生产时要求逐炉清炉，有的（紫铜和简单黄铜）可采取定期清炉的办法。可适当提高炉温来改善残渣的流动性以利于清理炉壁上的渣子。清渣时应避免强力敲打，以防损伤炉衬。特别是在变料洗炉时，要有足够时间来保证将渣子完全清理干净。

13. 铜合金熔炼时配料的目的、步骤和原则是什么？

配料的任务是根据合金的化学成分标准确定各种合金元素的配料

比，根据原料库存状况确定配料所使用原料种类(新金属、中间合金、旧料、屑等)及各种原料的比例，确认配料所采用原料的品位，审核并确认配料比，根据计算的各种原料的数量，按熔次准确称重和装箱。

配料的步骤一般为：①了解合金的技术条件、主成分范围及杂质允许极限。②了解各种炉料的实际成分。③确定使用新金属的品位。④根据实际生产情况，确定各元素的配料比和易耗元素的补偿量。⑤确定是否采用中间合金。⑥计算包括熔损在内的各种金属与中间合金数量。⑦根据计算结果，按熔次检斤、装箱并做好标识。

确定合金配料比时应该遵循的基本原则是：

①生产高品质产品时应该选用高品位的金属做原料。生产普通产品时，在保证质量的前提下应尽可能地选用成本较低的炉料。

②在合金化学成分允许的范围内，可适当调整某些贵重金属或合金元素的配料比，以节约原材料成本。

③确定合金的配料比时，应充分考虑到熔炼过程中各元素可能的熔损情况。例如熔损量比较大的合金元素，配料时应适当提高其配料比。采用废料配料时，应对某些容易熔损的合金元素进行适当的预补偿。

④合金中某些难熔或易挥发、易氧化的合金元素，应选用中间合金。

⑤配料时应该遵循新料和废料、一级料和二级料，以及大块料和小块料合理搭配的原则。

⑥化学废料，应依照其实际化学成分经严格计算，并在留有余地的情况下使用。为了确保所熔合金的化学成分，在使用化学废料的同时，一般情况下应有足够数量的新金属或高品位旧料与之搭配。在生产纯金属时，一般不使用化学废料。

14. 熔炼过程中金属为何会损耗?

熔炼过程中，金属的挥发、氧化以及扒渣时的机械损失的总和称为金属烧损。

(1)挥发

在熔炼过程中，金属的挥发是难以避免的，特别是一些易挥发元素有时会因挥发损失过大致使控制成分发生困难，故在熔炼工艺上应视其情况采取相应措施。

挥发损失主要取决于金属的蒸气压；此外，与其浓度和氧化膜性质、熔炼温度和时间、炉气性质和压力、熔炼设备和炉膛面积等因素也有关。

金属的蒸气压越大或沸点越低，挥发损失越大。提高金属的熔炼温度，其蒸气压和挥发损失也相应增加。在实际生产中，一般熔炼温度越高、时间越长、易挥发的元素含量越多、炉膛气压越低、熔池表面积越大、覆盖条件越差，挥发损失就越大。熔炼设备对金属挥发影响较大，一般感应电炉的挥发损失较少，而反射炉的损耗较大。铝、铍等在熔池表面形成保护性氧化膜，能显著减少合金中易挥发成分的损失。

当合金熔体中的某些元素间形成化合物时，合金的挥发趋势亦可能发生变化。当合金溶液中形成难以挥发的稳定的化合物时，则降低该元素的活度，从而使合金的总蒸气压降低；若化合物容易挥发，合金的总蒸气压将大于各元素蒸气压之和，合金的蒸发趋势就会增大。

(2)氧化烧损

熔融金属中合金元素的氧化烧损，与合金元素对氧的亲和力及含量有关，凡与氧的亲和力比基体金属大、表面活性强的元素，必然易于烧损；如铜合金中铝、锆、钛、硅、锰、铬、锌、磷、铅等，均比铜更易氧化烧损。所以，从各种合金元素对氧的亲和力及氧化膜的性质，便可估计出合金元素氧化烧损的趋势。

铜液中的氧，通常以由 Cu^+ 和 O^{2-} 组成的综合体的形式存在，而它们与周围铜离子的联系是不牢固的。在氧的浓度低时，综合体的内部联系并不是饱和的。随着氧浓度的提高并在其含量一定时达到饱和，形成 Cu_2O。氧在铜中的溶解度达到极限时，该化合物的分子被分离为独立相。在含有其他元素的铜合金中，氧的活度不同于紫铜中氧的活度。铜合金中氧的活度取决于这些元素或杂质对氧的亲和力。铜合金组分中的大多数元素都降低氧在熔体中的活度。

当合金中含有与氧具有较高亲和力的元素，例如含有铝、硅、镁等时，氧的活度实际上是很小的数值。当合金中含有活度比氧小的元素，例如含有锌、铁、铅等时，可能存在一定数量的游离氧。

(3)其他熔炼损耗

①熔融金属或金属氧化物与炉衬材料之间的化学作用，造成金属损耗。例如高温下铝与SiO_2有如下反应：$4Al + 3SiO_2 = 2Al_2O_3 + 3Si$。

②金属在熔炼时，熔融金属因静压力作用可能渗入炉衬缝隙，而导致高温区局部熔化，使渣量及渣中金属损耗增加，这种情况在新炉开始生产和炉子快损坏时较易出现。

此外，机械混入渣中的金属，以及扒渣、飞溅等也造成金属损失。

③在铜合金熔炼过程中某些合金元素的烧损量见表1－2。

表1－2　铜合金熔炼过程中部分合金元素的烧损量(%)

元素	Cu	Sn	Ni	Al	Zn	Si	Pb	Be	Ti	Zr	Mn	Pb
烧损量	1～1.5	1.5	1.2	2～3	2	4～8	1～2	10～15	30	3～10	2～3	1～2

注：其中锰的烧损包括成渣损失。

15. 精炼有哪些类型？各有什么特点？

(1)氧化精炼

在熔炼中用氧化法除去金属中少量有害杂质元素的方法常称为氧化精炼。采用这种方法的必要条件是杂质与氧的亲和力大于基体金属。氧化精炼过程一般分为氧化和还原两个阶段。氧化过程可向熔池通入压缩空气或富氧空气(反射炉精炼)，或采用氧化熔剂。

金属中各种杂质的氧化次序，一般取决于其氧化物的分解压力，凡分解压力小的杂质将优先氧化，另外还与杂质的浓度有关，被精炼金属氧化物的浓度越高，金属中杂质的浓度就越小，精炼效果就越好。

氧化精炼的成效主要取决于以下因素：①杂质对氧的亲和力大大超过被精炼金属对氧的亲和力；②杂质在金属中的溶解度小；③被精炼金属的氧化物在金属中的溶解度大，且易还原；④杂质的氧化物不溶于金属中，且其密度小。

氧化精炼后，金属中含有大量的氧，必须进行脱氧使金属氧化物还原成金属。

(2)除渣精炼

在熔炼过程中产生的炉渣主要为氧化渣。氧化渣的来源很多，首先是金属在熔炼过程中的氧化而生成的渣和炉料带进的夹杂物，其次是炉气中的灰尘，炉衬和工具带入的夹杂物等。由于来源不同，氧化渣存在的状态、性质、分布情况也不同，必须在浇铸前进行除渣精炼，否则将严重影响合金的加工、机械性能。在实际生产中，除去熔融金属中固体夹渣的方法通常有以下 3 种：

①静置澄清法

此法适用于熔融金属和夹杂物之间密度差较大的合金。静置澄清过程一般是让熔融金属在精炼温度下，保持一段时间，使氧化物及熔渣上浮或下沉而除去。

氧化渣的浮沉速度或静置时间，主要取决于氧化物颗粒的大小，金属的相对密度和金属的黏度。在熔炼过程中，熔融金属中的固体氧化物，往往分布于整个熔池内，且非常细小分散，故单纯采用静置澄清法除渣效果不理想。一般是在一定过热温度下，用熔剂搅拌结渣，然后静置除渣。

②浮选除渣法

将气体(如氮等)通入熔池底部呈气泡上升，则在上升过程中将遇到许多悬浮的氧化物带至表面。当气泡升到表面而破裂时，氧化物留于表层而除去。

含铝的合金可采用氯盐除去氧化铝，例如精炼铝青铜 QAl5 时，加入 0.05% $ZnCl_2$，除去氧化铝的效果非常显著。锌、锡、铅及其合金可用氯化铵作除渣剂，氯化铵在 520℃ 时汽化，在熔池中产生大量气泡，能带出氧化夹渣。氯盐大多是吸水的，采用氯盐除渣时，必须经脱水处理。

③熔剂除渣法

熔剂除渣是通过吸附、溶解、化合造渣等作用而实现的。根据氧化物夹渣的密度大小，可分别采用上熔剂法、下熔剂法或在整个金属熔体内用熔剂处理法。重有色金属及其合金一般密度较大，主要采用上熔剂法；后两种方法主要适用于轻金属及其合金。

当固体氧化物的密度小于金属液时，它主要聚积于熔池表面层，自下而上逐渐增加，采用上熔剂法选用的熔剂，其密度要比金属液小，熔池表面的熔剂与氧化物接触而进行吸附/溶解或化合造渣，被还原的金属层向下移动，沉到熔池底部；同时，含氧化物较多的金属层上升与熔剂接触，其中氧化物又不断被熔剂吸附、溶解或化合造渣；此过程一直进行到整个熔池内的氧化物的绝大部分为熔剂吸收为止。

16. 铸造铜合金和压铸铜合金熔炼时应遵循什么原则?

(1)做好材料管理。

铸造铜合金熔炼所用炉料，主要是各种成分的新金属、中间合金、回炉料。它们的化学成分都要符合相应的国标和行标的技术规定。炉料必须清洁、干净、干燥，要经过预热。

配料比一般新金属占30%左右，回炉料占60%左右，中间合金的用量按配料计算的数量为准。

所用炉料、辅料必须进行表面处理(清除表面油污、水分、砂土及氧化物等)和预热。熔剂必须焙烧、预熔(如 $ZnCl_2$)。

熔炉、坩埚和使用的工具都要事先预热。在加料前熔炉、坩埚要预热到暗红色(600～700℃)，工具要预热、涂刷涂料等，溜槽、浇包等要预热到500～600℃。熔炉、坩埚、溜槽、浇包在预热前要修理完好、清理干净。

(2) 注意加料顺序。

要严格按照加料顺序依次下料，加料操作要迅速，以缩短熔炼时间。加料顺序一般先熔化紫铜，熔化后用磷铜脱氧，均匀搅拌后，再加入难熔的和不易氧化的合金元素，如铁、硅、锰或其中间合金以及回炉料，待这些炉料熔化后再加入锌、锡、铅等低熔点、易氧化和挥发的合金元素，加入时应压入铜液下搅拌均匀，在浇注前，有时还要加入少量磷铜来提高铜液的流动性。

(3)采用快速熔炼。

因铜液氧化、吸气严重，应贯彻"快速熔炼"的原则。即整个熔炼过程采用高温熔化，炉料要充分预热，料块要小，加料要迅速，铜液在炉内停留时间要短，达到出炉温度后应尽快浇注。

(4)防止吸收气体。

除采用快速熔炼外熔化最好在中性或微氧化性的炉气中进行，其特征是火焰白色无烟，但用氧化法除气的合金必须控制炉气为氧化性，脱氧及加入合金元素后可改为弱氧化性炉气。

(5)严格控制温度。

严格控制熔炼、浇注温度是保证铸件质量的关键。合理地选择熔炼、浇注温度，应该和合金的特点、铸件结构及铸造工艺结合起来考虑，它们之间存在着有机的联系，一般技术资料上介绍的熔炼、浇注温度范围只能起参考作用，实际生产必须通过试验，确定最合理的熔炼、浇注温度。

应防止铜液过热，浇注前应将熔渣扒净，充分搅拌，并用热电偶测量温度，浇注要快而稳，防止液流中断和飞溅。

根据试验，对于螺旋桨用的铜合金(锰黄铜、铝黄铜)，采用高温熔化，经过热处理把铜液沸腾片刻，能防止合金中富铁质点的凝聚，冷凝后成为晶核，获得细晶粒组织，提高合金的力学性能，若不经过热处理或低温熔化时，铜液中仍有一定的富铁相残留晶粒，成为晶核，使晶粒粗大，力学性能下降。

对浇注温度敏感的锡青铜，浇注温度过低，组织为细小的等轴晶粒，不利于冒口补缩，气体也不易经冒口逸出，促使铸件产生疏松和气孔，浇注温度过高则会增加铸件凝固收缩和含气量，除产生疏松和气孔外，还产生反偏析，使铸件力学性能、气密性变坏。试验证明锡青铜浇注温度范围最好为1160～1200℃，在此温度范围内浇注，铸件比较致密，其晶粒基本上是柱状晶，力学性能和气密性均较高。

锡青铜浇注温度偏高，容易形成反偏析，加剧铜液与铸型反应，形成气孔，影响铸件性能，因此应在允许的前提下尽量采用低温浇注。

(6)及时进行炉前检验。

铜合金在出炉前需要进行含气量检验、弯曲试验和断口试验、炉前化学成分分析。

(7)熔炼不同种类铜合金时，使用的坩埚应尽可能分开，或者彻底进行洗炉。特别要注意的是铝青铜、铝黄铜和硅黄铜所用的坩埚与锡青铜坩埚要严格分开，不得混用。

17. 压铸铜合金熔炼的特点是什么?

由于铜合金在熔融状态下易吸氢，铜合金是在氧化性或微氧化性气氛下进行熔化的，因而铜合金必须进行脱氧处理。压铸铜合金主要是黄铜，其熔炼温度一般为1100～1150℃，黄铜中含有较多的锌，在熔炼温度下锌的蒸气压较大，故而含气量很小。锌对铜液有脱氧作用，故铅黄铜一般不需要加入脱氧剂进行脱氧，但硅黄铜仍需加入脱氧剂进行脱氧，这是由于熔炼这类合金的加料顺序决定的，即先加硅铜中间合金，然后加铜和锌，普通黄铜熔炼时，先熔化铜，然后加入回炉料，最后加入锌和铅（含铅时）。压铸时，在黄铜中特意加入少量（0.1%～0.2%）的铝，借以阻止锌的挥发，减少模具（压铸模）工作表面氧化锌的积附，使压铸件获得光滑的表面。硅黄铜表面上有一层致密的氧化膜，可以减少锌的蒸发，因而不一定要用覆盖剂。但熔炼铅黄铜仍需加覆盖剂。

含气量的检验，熔炼后将金属液浇入样模内，待冷却后，观察其表面情况，若试样中间凹下去，表示合金内含气量小；若中间凸起或者不收缩，则表示合金内气体含量较多。此时，可加入除气剂除气，黄铜也可以加热除气，加热至锌的沸点，待锌蒸气沸腾时带出气体。在铜合金中只允许除气2～3次，如还有气体存在则该炉合金不能用于压铸。

18. 什么是“一次冷却”？什么是“二次冷却”？各有什么特点？

目前，国内外铜及铜合金铸锭的生产一般普遍采用直接水冷式铸造，即铸锭除了受到结晶器内水室的间接冷却外，在结晶器的出口处直接受到二次冷却水的强烈冷却。铸锭在结晶器有效高度内受到水室内水的间接冷却，称为一次冷却；在结晶器出口处受到的冷却水的强烈冷却，称为二次冷却。

直接水冷铸造的最主要特征就是突出了二次冷却的功能。因此，结晶器高度一般都比较短。否则，直接水冷的功能可能会被淡化。直接水冷的半连续铸造和连续铸造过程中，一次冷却进行的热交换量只有30%左右，实际上只起到形成一个铸锭凝壳的作用，其余70%左右的热交换主要在直接水冷即二次冷却区里进行。

为了强制水流方向，即强化一次冷却强度，组装式结晶器可在结晶器外壳内侧或铜套的外侧加工出若干道螺旋槽。也可把水室分成上、下两段，让温度较低的水和已经被加热了的水分别按照工艺的要求在不同区域流动。

一般的二次冷却装置，只是由与结晶器水室下缘相通，并且呈等距离分布的若干个与铸锭表面呈一定喷射角度的小水孔构成。在这样的装置中，经过结晶器水室的全部冷却水都直接转换成了直接喷射向铸锭表面的二次冷却水。独立的二次冷却装置可以自由调节，不受一次冷却强度的限制，这对于同一种装置铸造不同的合金是非常重要的。直接水冷铸造的二次冷却水，应该在铸锭离开结晶器下缘后立即喷到铸锭表面上。

19. 铸造冷却水的要求是什么?

①为了保证结晶器冷却效果与管道不结露，冷却水温应限制在40～67℃。

②为保证铸造时水量充足，管道压力一般应不低于 100～400 kPa。

③冷却水中结垢物质的含量不大于 100 mg/kg，即水的硬度不大于 55 mg CaO/L。

④冷却水应保持中性，pH 7～8，SO_4^{2-} 小于 400 mg/L，PO_4^{3-} 不大于 2～3 mg/L。

⑤悬浮物尽可能少，通常每升中不大于 100 mg，且单个悬浮物的大小≤1.4 mm^3，长度≤3 mm，以保证结晶器水孔畅通。

为了满足上述要求，一般工厂都专门设立铸造冷却水自循环系统，而对用于结晶器内使用的一次冷却水采用单循环软化水，确保结晶器不因堵塞、结垢、腐蚀而破坏。

20. 铸造工艺对铜合金液穴有什么样的影响?

图 1－3 为采用铜质结晶器分别铸造 ϕ180 mm 紫铜和黄铜铸锭的液穴形状，结晶器材质为紫铜，结晶器高度为 275 mm，紫铜铸造温度 1180℃，黄铜铸造温度 1050℃，铸造速度 12 m/h，冷却水流量 25 m^3/h。从图中可以看出，两者铸造速度和冷却强度基本相同，但液穴形状有较大差别。铸造紫铜时结晶器与铸锭之间因收缩而形成的并被空气充满的间隙非常小，凝壳形成以后一直不断加厚，液穴较浅。铸造黄铜则不同，由于黄铜自身的散热性能差使得结晶器和凝壳之间

形成了较大的空气间隙，凝壳增长速度减慢，使得液穴较深。

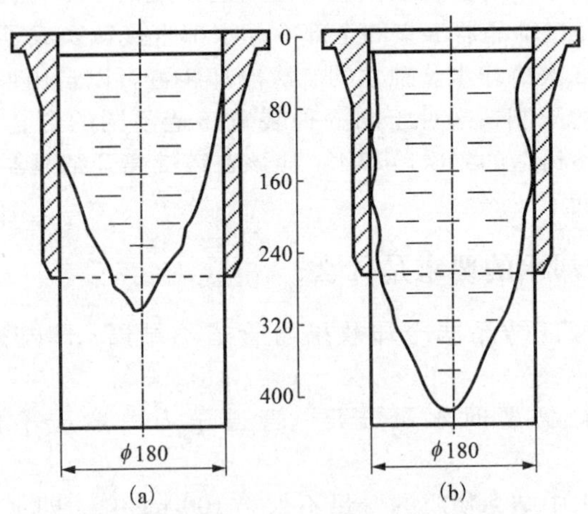

图1－3　紫铜和黄铜 ϕ180 mm 铸锭的液穴形状

(a)紫铜；(b)黄铜

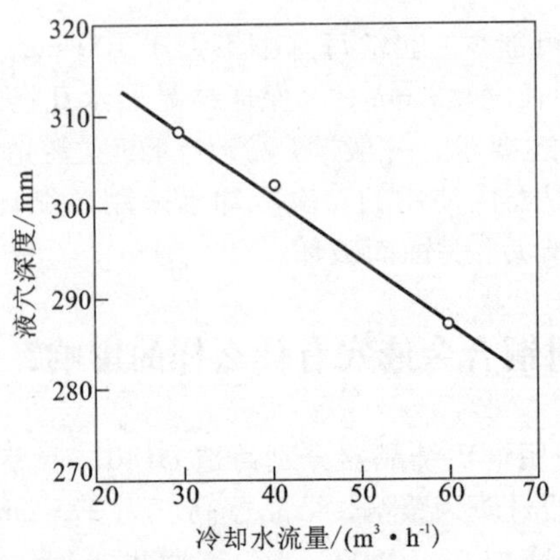

图1－4　紫铜液穴深度与冷却强度之间的关系

铸造速度6 m/h；结晶器高度300 mm；浇注温度1200～1220℃

较深的液穴可能在底部形成凝桥，不利于凝固收缩时熔体的补充，有可能造成缩孔或缩松缺陷。对结晶组织而言，液穴比较深时，铸锭最后结晶部分往往呈径向发展的趋势，不利于自下而上的轴向结晶。较深的液穴，过渡带也较大，不利于排气。液穴较深时，如果铸锭离开结晶后突然遭到强烈的二次冷却，铸锭内外温差急剧增大，有可能增加铸造应力甚至引起铸锭中心裂纹。浅、平的液穴形状是最有希望得到的。

图1－4为铸造紫铜160 mm×620 mm铸锭液穴深度与冷却强度之间的关系。

21. 铜合金铸锭的结晶组织是什么样的？

典型的半连续铸造的铸锭结晶组织如图1－5所示。从表至里结晶组织明显地分成3个区带；表层细等轴晶带，中心区域的粗大等轴晶带和位于二者之间的柱状晶带。

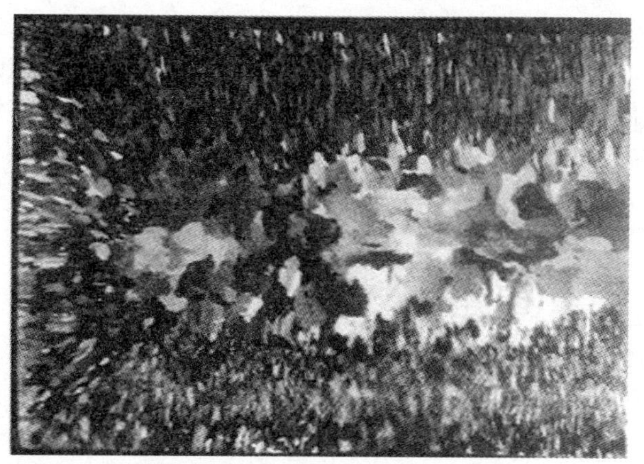

图1－5　T2扁锭的横向结晶组织1×

铸锭规格：180 mm×640 mm；铸造速度：5 m/h；冷却水压力：0.15 MPa

（1）细小等轴晶

高温熔体与结晶器壁之间温差较大。高温熔体在与结晶器壁接触的瞬间，受到强烈激冷。结晶器壁表面和熔体流表面上的许多质点成为自然晶核，开始结晶。开始时过冷度和浓度梯度也比较大，有利于晶核的产生。晶核多，相互保证枝晶的取向发展，柱状晶不易形成。

铸锭表层细小等轴晶区域的深度，与铸造过程中的液穴形状有关。液穴比较深、凝壳比较薄，表明进入结晶器液穴中的高温熔体的热对流强度大、液穴中熔体在强大的冲击流作用下，可能造成枝晶的不断重熔，甚至被破断现象，熔断脱落下来的微小残枝便成为了新的质点晶核，从而扩大了激冷等轴晶区深度。当二次冷却已经开始起主导作用、自下而上的结晶方向即柱状晶生长起主导作用时，表层激冷细等轴晶便停止生长了。

表层细等轴晶区域的大小与合金成分、浇注温度、结晶器材料、供流方式等诸多因素有关。紫铜铸锭有时有表层细等轴晶区域很小的复杂合金，特别是结晶间隔很宽且含有高熔点元素的合金，表层细等轴晶区域比较大。

(2)斜生柱状晶

斜生柱状晶，是一次冷却和二次冷却两个方向矢量之和造成的晶体倾斜方向生长的结果。随着远离浇口，即液穴中液体对流强度的减弱，表层的激冷作用也逐渐减弱。液穴的表层熔体和内层熔体温差的显著下降，产生于凝壳内壁附近的一批晶粒则有充分空间得以长大，由于竞相成长的结果，成长的方向只能指向液穴的中心，结果都成为柱状晶。

图 1－6 所示为直接水冷铸造的 QSn4－3 140 mm×640 mm 铸锭浇口部的纵向结晶组织照片。该组织中柱状晶非常发达，甚至充满了整个铸锭断面。柱状晶的成长带有明显的择向性。如果结晶前沿始终保持窄小的成分过冷和较大的温度梯度，晶粒以枝晶状单方向延伸生长，其中以主散热方向对应的一次晶轴优先长大。这个主散热方向显然是一次和二次冷却方向的矢量和，主散热方向决定了柱状晶斜生的角度。

紫铜理论上没有结晶间隔，自然结晶核心不容易出现。铜自身导热即散热条件好，亦有利于柱状晶成长，有时从结晶凝壳一开始的第一批晶粒就直接长成了柱状晶。在现场观察铸锭表面时，有时甚至可以从光滑的铸锭表面上就能看出明显的柱状晶结构，柱状晶非常发达。

图 1－6　QSn4－3 扁铸锭纵向结晶组织 1×

铸锭规格：140 mm×640 mm；浇注温度：1280℃；
铸造速度：4 m/h；结晶器高度：240 mm

（3）粗大等轴晶

铸锭中心区的粗大等轴晶基本是在远离一次冷却和二次冷却的情况下体积结晶的结果。中心部区域熔体的成分过冷和温度过冷都比较小，先期熔体对流时从结晶前沿冲刷下来的悬浮在液穴中的枝晶，以及从液面（应该也是一个过冷面）上产生的晶核长成的小晶粒的沉降，都成为后来的晶粒成长中心。由于此区已基本没有倾向性，结果都长成了等轴晶。等轴晶粒的大小只取决于结晶核心的多少，合金中含有高熔点溶质元素愈少，冷却速度愈缓慢，等轴晶粒长的愈大。

22. 影响铜合金铸锭结晶组织的因素有哪些？

铜合金铸造后的组织形态对铸件性能有较大的影响，组织呈等轴状晶粒时不仅能获得较好的强度和塑性，并能改善非金属夹杂物的分布，提高材质的均匀性和断口质量。铜合金铸造后的粗大晶粒、严重的枝晶偏析和粗大的第二相，不仅影响性能，还影响加工后的表面质量。铜合金化学成分和铸造工艺是导致铸造组织形态和分布的主要因素。

(1)金属或合金的性质

不同的金属和合金有着不同的化学成分、晶型、比热容、熔解热或结晶潜热、导热性、结晶温度范围，这些性质对铸锭组织都有影响。合金的结晶温度范围越大，一般等轴晶越显著，但也最容易造成疏松；合金的导热性好，可使铸锭截面上的温差减小；比热容大，熔解热大，可使结晶速度减慢，不利于获得细晶粒；纯金属及结晶温度范围小的合金，容易形成柱状晶。

紫铜的结晶间隔小，不含高熔点元素的黄铜和单相铝青铜生成粗大柱状晶的倾向较大，但晶内偏析较小，反之，容易生成等轴晶，晶内偏析较严重，树枝状组织较显著，图 1－7 为 ZCuSn10Pb1 铸造锡青铜的组织形态。

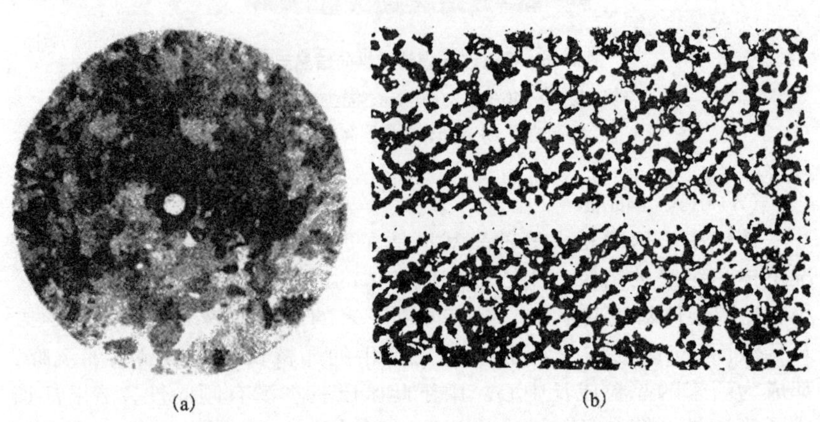

(a) (b)

图 1－7 ZCuSn10Pb1 铸造锡青铜的组织形态

(a)低倍组织，等轴晶，1×；(b)晶内 α 枝晶组织，1000×

(2)浇注凝固速度的影响

工业生产中浇注冷却速度比平衡态要快,合金元素的扩散速度远低于结晶过程，造成实际结晶组织达不到平衡状态，而且冷却速度越快，组织的差别越大，因此，表层组织和中心组织有明显的不同，横截面尺寸越大，其差别越显著。

当浇注温度低、冷却速度接近平衡时，合金组织转变较充分，容易出现粗大的枝晶组织。例如 ZCuSn10Pb1 铸造锡青铜在较缓慢冷却条件下结晶时，$(\alpha+\delta)$共析体呈网络状分布在初生 α 相的周围(图1－8)。当浇注冷却速度加快，结晶速度增大后，使结晶前沿形成温度梯度，造成柱状晶和枝晶的出现并不断增大(图1－9)。为了改善柱状晶、枝晶组织和性能，将其处于 750～760℃下保温 1.5 h 后空冷。可以使柱状晶和枝晶组织消失，形成均匀细小的等轴晶(图1－10)。

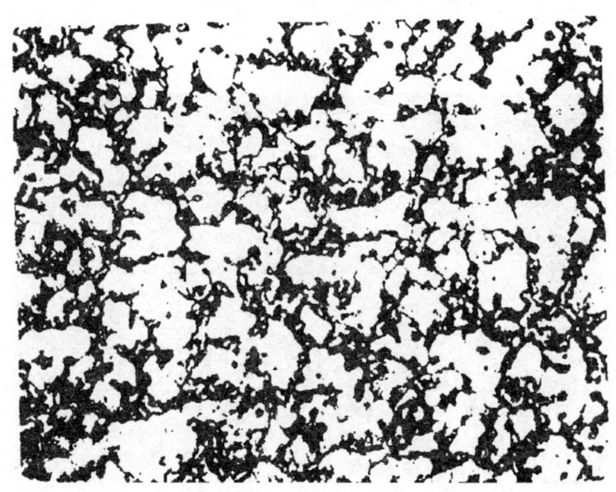

图1－8　ZCuSn10Pb1 铸造锡青铜缓慢冷却的组织，100×

半连续铸造时，如选用短结晶器、采用极限铸造速度、尽可能低的铸造温度、强烈水冷等，均有利于细化晶粒。

(3)变质剂的影响

变质剂可视其熔点和化学性质的差异，酌情加入炉内熔池或浇包

图1－9 H68 黄铜半连续铸造棒材的柱状晶

中心为等轴晶，硝酸水溶液浸蚀，1×

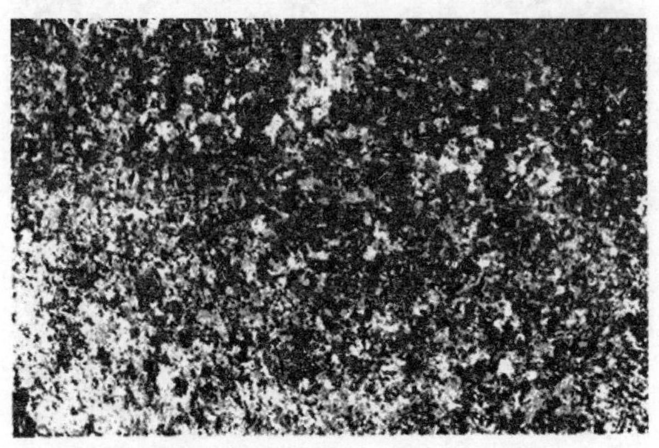

图1－10 H68 黄铜经 750～760℃，保温 1.5 h 后的细小等轴晶

硝酸水溶液浸蚀，1×

中。变质剂能细化晶粒；使合金中高熔点化合物的粗大晶粒改变形状，并均匀分布；使晶界上的链状低熔点物减少并球化，或形成细粒高熔点化合物。

(4)杂质的影响

金属的品位越低，合金成分越复杂，则铸锭的结晶组织越细密。分配系数小于1的溶质或杂质元素，在结晶过程中的再分布和堆积于结晶前沿，往往引起成分过冷，阻止柱状晶发展，有利于扩大等轴晶带。

23. 铜合金的分类及表示方法是怎样的?

(1)铜合金的分类

①紫铜(纯铜):分为普通紫铜、韧铜、脱氧铜和无氧铜等。

②黄铜:分为普通黄铜、铅黄铜、铝黄铜、锡黄铜、铁黄铜、硅黄铜、锰黄铜、镍黄铜等。

③青铜:分为锡青铜、铝青铜、硅青铜、镁青铜、钛青铜、铬青铜、锆青铜和镉青铜等。

④白铜:分为普通白铜、锌白铜、铁白铜等。

(2)我国铜合金牌号的表示方法

我国铜及铜合金的牌号命名以“铜的种类代号、化学符号后的元素含量或顺序号”表示，其中，铜的种类代号取第一个汉字汉语拼音的第一个大写字母，“T”代表纯铜，“H”代表黄铜，“Q”代表青铜，“B”代表白铜，“Z”代表铸造铜合金。

①紫铜:T+顺序号(普通紫铜，铜含量随着顺序号的增加而降低)、TU+顺序号(无氧铜)或T+添加元素化学符号+顺序号或添加元素含量，如T1、T2，TU0、TU1、TU2，TP2、TAg0.1等。

②黄铜:H+铜含量(普通黄铜)或H+第二主添加元素化学符号+除锌以外的元素含量(复杂黄铜，数字间以“-“隔开)，如H90、H65，HPb89-2、HFe58-1-1、HMn62-3-3-0.7等。

③青铜:Q+第一主添加元素化学符号+除铜以外的元素含量(数字间以“-”隔开)，如QAl5、QSn6.5-0.1、QAl10-4-4等。

④白铜:B+镍(含钴)含量(普通白铜)或B+第二主添加元素符号+除铜以外的元素含量(复杂白铜，数字间以“-”隔开)，如B5、B30，BZn15-20、BAl6-1.5、BFe30-1-1等。

(3)美国铜合金牌号的表示方法

美国铜及铜合金均采用5位数字作为代号，表示为“C+XXXXX

(5 位数字)”，其中，铜：C10100 ~ C15815；高铜合金：C16200 ~ C19900；普通黄铜：C21000 ~ C28000；铅黄铜：C31200 ~ C38500；锡黄铜：C40400 ~ C48600；锡磷青铜：C50100 ~ C52480；锡铅青铜：C53400 ~ C54400；磷铜：C55180 ~ C55284；铝青铜：C60800 ~ C64210；硅青铜：C64700 ~ C66100；其他铜锌合金：C66300 ~ C69710；白铜：C70100 ~ C72950；锌白铜：C73500 ~ C79830；铸造铜合金：C80000 ~ C90000。

(4) ISO 铜合金牌号表示方法

国际标准化组织标准(ISO 1190/1)规定，铜及铜合金的牌号用材料的化学成分表示。所有牌号前均应有“ISO”前缀，但是在国际标准或通讯文件中已明显知道是用 ISO 牌号时，为简便起见可以省略“ISO”。基体元素和主要合金化元素应采用国际化学元素符号，其后加上表示金属特征的字母或表示合金名义成分的数字。

①紫铜：Cu - 铜类型的大写字母(字母代号含意：ETP——电解精炼韧铜；FRHC——火法精炼高导电铜；FRTP——火法精炼韧铜；OF——无氧铜；HCP——含磷高导电铜；DLP——低磷脱氧铜；DHP——高磷脱氧铜)，如 Cu - FRHC、Cu - FRTP、Cu - OF。

②铜合金：Cu + 添加元素化学符号及其含量(元素含量尽量取整数。当元素含量 < 1% 时，不标注元素含量)，如 CuZn37Pb1、CuCr1Zr、CuAl10Ni5Fe5 等。

第 2 章　铜及铜合金熔炼与铸造生产的原辅材、工具及设备

2.1　铜及铜合金熔炼与铸造生产的原辅材

24. 铜合金熔炼生产的原料有哪些?

熔炼铜及铜合金时，所用的原料包括新金属、本厂加工过程中产生的废料、外购废料以及中间合金等。

(1)新金属

由于熔炼铜及铜合金在各式感应电炉中进行，基本上不采取提纯精炼工艺，因此，各种金属原料的杂质都可能进入熔体中，并最终进入到铸锭，因此原料品位的选择非常重要。根据不同牌号铜及铜合金化学成分的标准，应该采用不同品位的新金属作原料。生产高纯度铜和高纯度合金，例如电真空器件用无氧铜，应该采用高品位的高纯阴极铜作原料。

(2)本厂废料

本厂废料包括几何废料、工艺废料两大类。有些工厂将本厂废料称之为返回料或旧料。铜加工厂生产过程中产生的半成品和成品中的头、尾、边、角、屑等废料，称为几何废料。而因各种缺陷不符合标准而报废的成品、半成品称为工艺废料，如性能废品、公差废品、表面废品及化学废品等。工艺废品还包括为了生产连续进行或为了满足工艺要求而产生的废料，如洗炉料、扒渣料、复熔料、连续退火的过渡料等。以及进行各种工艺试验的试验料和生产中正常检验测试的试样。

(3)外购废料

外购的各种商业废料，称为外购废料。外购废料中，包括从本厂客户回收的废料、从非本厂客户回收的废料和从国内外市场上收购的

废料。本厂客户回收料，基本等同于本厂生产过程中产生的各种几何废料。

(4)中间合金

中间合金一般在熔炼后期加入，即熔体金属已经精炼，绝大部分杂质已被去除。某些中间合金甚至可在保温炉或中间包内加入，以免过多烧损，保证成分均匀。

25. 紫杂铜分类标准及用途有哪些?

表 2－1 为进口紫杂铜废料的分类及其标准。

表 2－1　为进口紫杂铜废料的分类及其标准

序号	名称	分类标准	用途
1	一号废杂铜	铜含量不小于96%的紫铜线或紫铜板、管。参照美国ISRI标准，直径或厚度应为1/16in以上	品质较好的废铜线可以直接用于加工各种铜材。绝大多数废铜采用回炉重熔、精炼、电解等形式回收
2	二号废杂铜	铜含量为94%～96%的紫铜板、管。参照美国ISRI标准，直径或厚度应为1/16in以上	
3	其他废杂铜	低于以上一号、二号废杂铜铜含量的紫铜废料，由各种紫铜废料组成，包括废铜线或板、管等，铜含量一般不低于75%	
4	黄铜废料	材质为铜锌合金的铸件和板、管、线、棒等，包括铜片、取暖器材、边角料等	一般通过分筛、熔炼、成分调整、除渣等工艺，配制成符合要求的铜锌合金，然后再熔铸成相应的黄铜管件等制品
5	黄铜水箱	由混合的黄铜散热器组成，如含有铁翼片等金属，应当注明其含量	重熔废料
6	废铜切片	经机械分选后含铜量较高混合金属碎料，如废品水管、铜管、阀门、废品电表等碎料。切片中除含铜外，还含有废锌、废铁、废不锈钢等物质	经过分选后，各种金属分别作为炉料使用

续表2－1

序号	名称	分类标准	用途
7	废铜线	不同铜含量的废铜线价格存在很大差异。有一部分电缆中间含有铅皮铁丝。报关时应当注明其中的铜含量	经拆解产生光亮铜线或烧铜线，作为铜冶炼炉料使用
8	废变压器包	混合变压器包	分类拆解后作为铜或铝炉料使用。大部分硅钢片（或矽钢片）作为炉料使用，也有部分优质的钢片直接利用
9	废电机	各种混合的废电机	废电机进行拆分后，将其中的铜和铁分开，分别回收再利用
10	废五金	以回收铜为主需拆解、分选的各种废铜料，含有铜、铝、锌、铁、不锈钢、铅及电线头等各种混合金属，为废铜、废铝、废不锈钢、含锌碎料。应注明主要金属含量	分类拆解后，各种金属分别作为炉料使用

注：1 in＝25.4 mm

26. 为什么要对原料进行加工？怎样加工？

原料加工是指对原料的剪切、打包、制团及残屑复熔等工艺处理，主要是为了方便加料和熔化作业。

大块阴极铜及其他块状金属都可以通过圆盘剪、铡刀剪等机械设备剪切成所需要的小块，较长废铜棒和铜管可通过鳄鱼剪剪切成所需要的短料，打包机适合薄壁管和各种带材废料加工，屑饼机适合各种屑料的制团加工，打包机和屑饼机都可以提高废料的紧密度。

各种铜及铜合金锯屑、铣屑、刨屑等不仅细碎，有时还含有一定数量水分或油污，为保证熔炼生产安全和熔体质量，则有必要在投炉前对其进行处理。

根据残屑品质及用途不同，通常有以下几种处理方式：

①含乳液较少的紫铜及黄铜屑经破碎机—回转式干燥炉—打包或

制团。

②含乳液较多的紫铜及黄铜屑经破碎机—离心机—回转式干燥炉—打包或制团。

③高铜合金、复杂黄铜，青铜和白铜屑经碱洗槽—热水槽—回转式干燥炉—打包或制团。

碱洗槽中水含碱量为10% ~20%，水温60 ~80℃，热水槽中的水温为60 ~80℃。

铝青铜、硅锰青铜、铍青铜及各种白铜屑，最好先复熔处理再投炉。

特别混杂的铜屑，当无法判定化学成分时，可以通过冶炼方式进行回收。

27. 为什么要使用中间合金？常用中间合金有哪些？

中间合金是指预先制好，以便在熔炼合金时带入某些元素而加入炉内的合金半成品。由于铜合金中某些合金元素（如铁、钴、铬、镉等）的熔化温度远高于铜的熔点，将它们直接加入铜熔体中很难熔化；而另外一些合金元素（如磷、锆、铍、镁等）在熔炼时极易氧化挥发。因此，通常将它们先熔制成中间合金，然后再进行二次熔化。

中间合金可以降低合金的熔炼温度（中间合金的熔点均低于合金组元的熔点）、缩短熔炼时间；减少合金元素的熔炼损失，提高合金元素的熔炼实收率；有利于提高合金化学成分的稳定性和均匀性；为某些合金的熔炼过程提供了安全保证条件（如磷遇到空气即刻自燃，而铜磷中间合金则比较安全）。

中间合金应采用较纯金属或非金属元素作原料，尽可能提高添加元素的含量；熔化温度低于或者接近合金的熔炼温度；化学成分均匀，添加元素和杂质元素含量都应符合相应的标准；具有一定的脆性，可以较容易地破碎成小块以便使用。

铜及铜合金熔炼中常用中间合金及其化学成分见表2 -2。

表 2－2　常用铜中间合金锭化学成分（YS/T 283－2009）

牌号	化学成分/%														物理性能	
	主要成分			杂质元素，不大于												
	合金元素		Cu	Si	Mn	Ni	Fe	Sb	P	Pb	Zn	Al	Bi	熔化温度/℃	特性
	名称	含量														
CuSi20	Si	18.0～21.0	余量	—	—	—	0.50	—	—	—	0.10	0.25	—	820	脆
CuSi16	Si	13.5～16.5	余量	—	—	—	0.50	—	—	—	0.10	0.25	—	800	脆
CuMn30	Mn	28.0～31.0	余量	—	—	—	1.0	0.1	0.1	—	—	—	—	850～860	韧
CuMn28	Mn	25.0～30.0	余量		—	—	1.0	0.1	0.1		—	—	—	—870	韧
CuMn22	Mn	20.0～25.0	余量	—	—	—	1.0	0.1	0.1	—	—	—	—	850～900	韧
CuNi15	Ni	14.0～18.0	余量	—	—	—	0.5	—	—	—	0.3	—	—	1050～1200	韧
CuFe10	Fe	9.0～11.0	余量	—	0.10	0.10	—	—	—	—	—	—	—	1300～1400	韧
CuFe5	Fe	4.0～6.0	余量	—	0.10	0.10	—	—	—	—	—	—	—	1200～1300	韧
CuSb50	Sb	49.0～51.0	余量	—	—	—	0.2	—	0.1	0.1	—	—	—	680	脆
CuBe4	Be	3.8～4.3	余量	0.18	—	—	0.15	—	—	—	—	0.13	—	1100～1200	韧
CuP14	P	13.0～15.0	余量	—	—	—	0.15	—	—	—	—	—	—	900～1020	脆
CuAs23	As	20.0～25.0	余量	—	—	—	0.05	—	0.05	0.05	—	0.01	0.05	700～720	脆
CuP14	P	13.0～15.0	余量	—	—	—	0.15	—	—	—	—	—	—	900～1020	脆
CuP12	P	11.0～13.0	余量	—	—	—	0.15	—	—	—	—	—	—	900～1020	脆
CuP10	P	9.0～11.0	余量	—	—	—	0.15	—	—	—	—	—	—	900～1020	脆
CuP8	P	8.0～9.0	余量	—	—	—	0.15	—	—	—	—	—	—	900～1020	脆
CuMg20	Mg	17.0～23.0	余量	—	—	—	0.15	—	—	—	—	—	—	730～818	脆
CuMg15	Mg	13.0～17.0	余量	—	—	—	0.15	—	—	—	—	—	—	760～820	脆
CuMg10	Mg	9.0～11.0	余量	—	—	—	0.15	—	—	—	—	—	—	750～800	脆
CuCd48	Cd	45.0～51.0	余量	—	—	—	—	—	—	—	—	—	—	780	脆
CuCr7	Cr	—	余量	—	—	—	—	—	—	—	—	—	—	1150～1180	韧
CuB5	B	—	余量	—	—	—	0.05	0.02	—	0.05	—	0.01	0.01	1000～1100	韧
CuZr5	Zr	—	余量	—	—	—	0.05	0.01	—	0.05	—	—	0.01	970～990	韧

注：作为脱氧剂的 CuP14、CuP12、CuP10、CuP8、其余杂质 Fe 的含量可允许不大于0.3%。

生产某些重要用途的铜合金所用的中间合金有时需要更高的化学成分标准。

28. 中间合金的制备方法有哪些？工艺特性及操作要点是什么？

(1)熔合法

铜基中间合金大都采用直接熔合的方法制造。熔合法工艺简单，不需要复杂的熔炼和铸造设备，因此适用于大量生产。按照熔合工艺的不同，熔合法分为3种类型：

①先熔化易熔金属，并过热至一定温度后，再将难熔金属或元素分批加入而成。这种工艺操作简单，热损失较小。

②先熔化难熔金属，后加易熔金属或元素。

③首先将两种金属分别在两台熔炉内进行熔化，然后将其混合。

大多数铜合金用中间合金，如铜－磷、铜－镁、铜－锰、铜－铁等中间合金通常都是采用熔合法制造的。

(2)热还原法

此法是在熔融金属中加入金属氧化物或金属盐类(氯盐或氟盐)，并加入在该温度下与氧、氯、氟亲和力较大的活性元素作还原剂，使氯化物或盐类中的金属被还原或置换出来，融入基体金属而成中间合金。常用的还原剂有铝、镁、硅、碳等。铜－铍合金采用碳热法熔制，即以 BeO 为原料，碳作还原剂，铍被还原后溶于铜。

除上述两种配制中间合金的方法外，还有熔盐电解法，粉末法等。由于在重有色金属合金生产中很少使用，这里不作介绍。

(3)工艺特性及操作要点

①铈等易烧损的元素加入基体金属时，应采用压入法，就是将加入元素放于小坩埚中，迅速将小坩埚压入基体金属，直至全部熔化。

②中间合金的浇铸温度，要求不太严格，一般高于熔点 100 ~ 200℃均可。

③铝铁中间合金在大气中易碎成粉状，通常在配置铝铁中间合金时，外加3%铜以利长期保存而不粉化。

④铍、镉、砷的氧化物有剧毒，生产铜铍、铜镉、铜砷中间合金时务必采取防护措施。

29. 常用的中间合金怎样熔制？

(1)铜磷中间合金

熔炼炉：坩埚炉

覆盖剂或熔剂：木炭或木炭粉、焦炭粉等

制作方法：

方法 A：采用两个坩埚回埚法熔炼

①在第一个坩埚内先熔化铜，熔体表面用木炭覆盖；②在第二个坩埚(预热至 60 ~ 80℃)内装入赤磷粉，并用木锤捣实。赤磷粉上面盖 50 mm 左右厚的木炭或焦炭粉；③当第一个坩埚内的铜液温度达到 1250 ~ 1300℃时，将其浇入第二个盛有赤磷的坩埚中；④将盛有磷和铜的坩埚继续加热 15 ~ 20 min，直到成分均匀；⑤捞渣后，将铜 - 磷合金熔体浇入模中。

方法 B：采用一个坩埚炉直接熔炼

①在坩埚内装入赤磷和小块铜混合料，并用一个废坩埚底做成的盖子扣在坩埚上面，其间隙用黄泥密封；②将密封的坩埚放在炉内熔化。

方法 C：采用先混合、成形再挤压的粉末冶金法

①将赤磷粉与铜屑混合均匀，并用等静压机打包成块；②通过挤压机将包块挤压成棒状，并锯成需要的长度。

(2)铜镁中间合金

熔炼炉：坩埚炉

覆盖剂或熔剂：32% ~ 40% KCl、38% ~ 46% $MgCl_2$、5% ~ 8% $BaCl_2$、3% ~ 6% CaF_2

制作方法：①先在坩埚内熔化镁，熔体表面用熔剂覆盖；②分批把预热了的小块铜加入镁中并继续加热，直至铜全部熔化；③搅拌熔体使其成分均匀，然后浇入模中。

(3)铜锰中间合金

熔炼炉：中频炉

覆盖剂或熔剂：木炭、冰晶石等

制作方法：①在木炭覆盖下，先将铜熔化；②分批向铜液中加入锰，并使其迅速熔化；③搅拌熔体，用冰晶石清渣，然后将熔体浇入

模中。

(4)铜铁中间合金

熔炼炉：中频炉

覆盖剂或熔剂：木炭、冰晶石等

制作方法：①在木炭覆盖下，先将铜熔化；②提高铜液温度后，分批加入铁并使其迅速熔化；③搅拌熔体，用冰晶石清渣，然后将熔体浇入模中。

(5)铜镉中间合金

熔炼炉：坩埚炉

覆盖剂或熔剂：木炭

制作方法：①在第一个坩埚炉内先把铜熔化。熔体表面用木炭覆盖；②在第二个坩埚炉内(预热至120～180℃)内加入一小块镉，上面盖50 mm厚的碎木炭；③当第一个坩埚炉内的铜液温度达到1250℃时，将其浇入盛有镉的第二个坩埚中；④搅拌熔体，成分均匀后即可浇入模中。

(6)铜铬中间合金

熔炼炉：中频炉、真空炉

覆盖剂或熔剂：木炭

制作方法：①在木炭覆盖下，先把铜熔化；②当铜液温度达到1400℃左右时，把铬加入并使其迅速熔化；③搅拌熔体，成分均匀后即可浇入模中。(在真空炉内熔炼最好，真空炉内熔炼时不加木炭。)

(7)铜钛中间合金、铜锆中间合金

熔炼炉：真空炉

制作方法：将铜和钛(锆)同时装入真空炉的坩埚内熔化。两种金属都熔化完毕且又搅拌均匀时，即可浇入模中。

(8)铜砷中间合金

熔炼炉：坩埚炉

覆盖剂或熔剂：木炭

制作方法：①预热第一个坩埚，加入铜和木炭熔化，并升温至1250℃；②预热第二个坩埚至100℃，加入砷和木炭，将第一个坩埚内的铜液浇入；③搅拌熔体，成分均匀后即可浇入模中。

(9)铜铍中间合金

熔炼炉：电弧炉

覆盖剂或熔剂：炭粉

制作方法：碳热还原法。①10% ~13% BeO 和 3% ~7% 炭粉于球磨机中混匀并磨碎，一层铜一层 BeO 与炭粉混合物分批装入电弧炉；②通电熔化，化完后停电搅拌，扒渣，冷却至950℃浇铸。

(10)铜镁中间合金

熔炼炉：坩埚炉

覆盖剂或熔剂：KCl、NaCl、MgCl 及 $CaCl_2$等制作方法：

①先在炉内熔化镁，熔体表面用熔剂覆盖；②分批把预热后的小块铜加入镁熔体中，并使其很快彻底熔化；③搅拌熔体，成分均匀后即可浇入模中。

(11)铜铈中间合金

熔炼炉：坩埚炉

覆盖剂或熔剂：木炭

制作方法：①在坩埚炉内装入铜和木炭，熔化；②升温至 1200 ~ 1250℃，加入铈(或混合稀土)；③搅拌熔体，成分均匀后即可浇入模中(也可采用铜镁中间合金的配制方法。)

30. 为什么要使用木炭覆盖？木炭的要求和煅烧方法是什么？

(1)木炭覆盖

以碳为主要成分的木炭，具有对熔体保温、防止吸气和脱氧多种作用，还有利于减少某些合金元素的蒸发、氧化等熔炼损失，是一种非常适宜铜及铜合金熔炼用固体覆盖剂。

木炭覆盖层应该具有一定的厚度，而且需要定期更新。不能允许未经煅烧的潮湿木炭作覆盖剂。

(2)木炭的要求

表2－3 为国家林业部门颁发的木炭标准。木炭分为3种，即硬阔木炭、阔叶木炭和松木炭。国外经常推荐一种名为山毛榉的优质木炭。

表 2－3　木炭标准

指标名称	硬阔木炭		阔叶木炭		松木炭	
	特级	一级	一级	二级	一级	二级
全水分(%)，≤	7	7	7	7	7	7
灰分(%)，≤	2.5	3.0	3.9	4.0	2.0	2.5
固定碳(%)，≥	86	82	80	76	75	70
小于 12 mm 的颗粒(%)，≤	5	5	6	8	6	8
炭头及其他杂物(%)，≤	1	3	1	3	1	3

木炭的主要成分为碳。作为覆盖剂用的木炭，其中的硫、磷等杂质含量应该比较低。

做覆盖剂使用的木炭应仔细挑选，须将未完全烧透的夹生木炭及混入的树枝树皮、杂草、泥土、碎炭末等挑出。作为覆盖剂用的木炭的块度，一般应大于 40 mm。

虽然标准中规定水分不能大于 7%，实际上由于运输、贮存等条件限制，有时木炭的实际含水量最高时甚至超过了 20%，显然市购木炭是不能直接用作覆盖剂使用的。

(3)木炭煅烧(干馏)

木炭中含有的主要气体有氮、氧、碳氢化合物和水汽等，这对于铜及铜合金的熔炼是非常有害的。因此必须在高温下煅烧除去这些气体。

煅烧木炭的方法：将挑选好的木炭装入煅烧筒中，在封闭条件下将煅烧筒放到火焰加热炉或电炉中。随着温度不断升高，木炭中的水分及气体不断地逸出。木炭煅烧温度应保持在 800～900℃之间为宜，煅烧时间不少于 4 h。

煅烧过的木炭仍然需要密封，以防高温木炭在与空气接触时燃烧和重新吸气。煅烧过的木炭，在现场存放时间不宜过长。

31. 炉衬材料有哪些种类？如何选用？

根据耐火材料的化学性质，可以将其分为酸性料、碱性料和中性料 3 种。通常把以 MgO 为主的耐火材料(镁砂)称为碱性料(MgO 是碱性氧化物，和水反应生成 $Mg(OH)_2$）；把以 SiO_2 为主的耐火材料称为酸性料（SiO_2 是酸性氧化物，和水反应生成硅酸）；把以 Al_2O_3 为主的耐火材料（高铝砂）称为中性料（Al_2O_3 是中性氧化物）。

根据耐火材料的形态，可以将其分为耐火砖和耐火散料。耐火砖如镁砖、硅砖、高铝砖及黏土砖，耐火散料包括硅砂、镁砂、高铝砂等。

炉衬材料的选用应从以下几个方面考虑。

（1）石英砂及高铝砂

1）物理状态：各有两种形状，即圆锥料和筒磨料。圆锥料颗粒为多棱角，筒磨料为细粉。粒度应符合表 2－4 的规定。使用前应在电阻炉内烘干，300℃/3 h。

2）化学成分：成分应符合表 2－5 的规定。

表 2－4　石英砂及高铝砂的颗粒度要求（%）

材料粒度/mm	5～3	3～2	2～1	1～0.5	0.5～0.25	0.25～0.1	<0.1
石英圆锥料	10～14	24～26	14～16	10～12	7～9	16～19	9～11
石英筒磨料	—	—	—	—	—	—	100
高铝圆锥料	18	26	18	14	6	8	10
高铝筒磨料	—	—	—	—	—	—	100

表 2－5　石英砂及高铝砂的化学成分（%）

名称	SiO_2	Al_2O_3	MgO	CaO	Fe_2O_3	TiO_2	水分
石英砂	>95	<0.23	—	—	<0.8	—	<0.5
高铝砂	<20	>74	<0.13	<0.4	<1.6	<3	<0.5

（2）矿化剂或黏结剂

①硼砂（$Na_2B_4O_7 \cdot 10H_2O$，熔点 741℃）：粒度小于 0.5 mm，水分小于 0.5%，硼砂含量不小于 98%。

②硼酸（H_3BO_3，细粉状或鳞片状晶体）：粒度小于 0.5 mm，水分小于 0.5%，硼酸含量不小于 98%。

③水玻璃($Na_2O \cdot nSiO_2$)：半透明暗色黏性液体，固态呈玻璃状，可溶于水。

④工业磷酸：浓度85%，在20℃时的密度为1689 kg/m³。

(3)石棉板

石棉板厚度为3.2～10 mm，密度为900～1000 kg/m³，允许工作温度500℃，烧失不大于18%，含水率不大于3%。

(4)耐火土

熟耐火土是耐火黏土烧结后的粉碎物，化学成分应符合所使用的耐火黏土砖的成分，Fe_2O_3应小于1.9%，粒度为0.25 mm孔筛下物。

(5)泥浆

黏土耐火泥浆或硅藻土泥浆，用于砌筑耐火黏土砖或硅藻砖。泥浆的成分应与所砌筑的耐火砖成分相吻合。砌筑性能(保水性、稠度、黏度)应满足不同厚度的砖缝要求。

黏土耐火泥浆的生熟比为(20%～25%)：(75%～80%)；硅藻土泥浆的生熟料比则是(40%～30%)：(60%～70%)。

32. 熔剂的作用和要求是什么？有哪些分类？

(1)熔剂的作用和要求

使用熔剂的主要目的是为了防止熔体氧化和吸气。有些熔剂同时兼有清渣、精炼的作用。熔剂材料应该具有的基本条件：①必须经过脱水处理；②熔点低于合金，先于炉料熔化并成为熔体的保护层；③密度小于熔体，熔化后能浮在合金液体的表面上；④具有适宜的黏度和表面张力。既能形成连续的保护层，又容易与熔体分离；⑤尽可能不与炉衬起化学反应，但能很好地润湿炉衬；⑥不含有有害气体和杂质；⑦资源丰富、价格便宜，而且便于保存。

(2)熔剂分类

按照实际应用性质，可将熔剂分成保护型熔剂和精炼型熔剂。玻璃和硅砂之类，属于纯保护型熔剂。精炼型熔剂中，多为金属及碱土金属的氯盐或氟盐。例如：氯化钠、碳酸盐、氟化钠、萤石、冰晶石，以及苏打(碳酸钠)、硼砂和硅砂等物质中的一种或几种的混合物。熔剂除起到保护作用外，同时具有精炼或清渣的作用。

表2－6所示的是某些常用的铜合金覆盖和精炼用熔剂配方及用

途举例。

表2-6　铜合金覆盖和精炼用熔剂配方及用途举例

序号	适用合金	用途	熔剂材料名称及配比/%
1	铜及铜合金	精炼	冰晶石40，食盐60
2	铜及铜合金	精炼	碳酸钙55，食盐30，硅砂15
3	青铜、白铜	精炼	苏打50，冰晶石50
4	锡青铜、硅青铜	精炼	萤石50，冰晶石20，硼砂10，氧化铜20
5	锡青铜、硅青铜	精炼	萤石33，苏打60，冰晶石7
6	青铜、白铜	精炼	萤石50，碳酸钙50
7	青铜、白铜	精炼	萤石33，碳酸钙42，冰晶石25
8	青铜、白铜	精炼	硼砂60~70，玻璃30~40
9	铬青铜	覆盖	玻璃50，苏打25，冰晶石25
10	氧化性熔剂	脱硫	玻璃40，苏打20，萤石10，硅砂20，氧化锰10
11	氧化性熔剂	脱硫	硅砂20，苏打20，氧化铜30，氧化锰30
12	铝青铜	精炼	冰晶石80，氟化钠20
13	铝青铜	精炼	冰晶石50，萤石15，食盐35
14	黄铜	精炼	硅砂54，苏打40，冰晶石6
15	铜合金	覆盖精炼	玻璃60，冰晶石10，食盐15，氟化钠15

33. 保护型熔剂和精炼型熔剂的使用特点是什么？

(1)保护型熔剂

玻璃属于纯保护型熔剂。玻璃熔点为900~1200℃，性能稳定，吸附性很低，与有色金属一般不产生化学反应，也不易吸收空气中的水分及气体。高温下，熔融的玻璃层将熔池表面覆盖，使熔体与炉气完全隔开。熔炼某些青铜或白铜时，可以选择熔融玻璃作为覆盖剂。

使用熔融玻璃作覆盖剂时，可掺入适量的冰晶石或苏打、硼砂等物质，以形成熔点低、流动性好的复合硅酸盐，从而有利于调节覆盖层的黏度。无论是玻璃，还是冰晶石、硼砂、苏打等物质，都应进行干燥或脱水处理，以保证其中不含水分。

玻璃覆盖的缺点是覆盖物熔点高，黏度大，不利于搅拌、捞渣等炉前操作，且增大金属损耗。同时，从熔体中析出来的气体也不易穿过覆盖层逸出。因此，使用熔融玻璃作覆盖剂时，覆盖层不宜过厚，以免因导热性能差而凝结生壳，影响覆盖效果。

（2）精炼型熔剂

采用精炼型熔剂的主要目的是：①采用氧化性熔剂精炼，可以除去铜液中某些杂质例如硫；②采用还原性熔剂，例如采用石蜡熔剂可以使铜和含铝的铜合金熔体充气沸腾；③采用碱性熔剂，例如采用碳酸钠熔剂可以溶解产生于氧化性熔融物中的氧化锌（ZnO）或氧化铝（Al_2O_3）等；④采用酸性熔剂，例如硼砂、硅砂等可以用来除去合金中的碱性和中性氧化物。⑤中性熔剂，例如碱金属及碱土金属的氯盐或氟盐有时可兼有覆盖、除气、精炼和变质等作用。

由于在铜及铜合金熔体中产生的金属氧化物几乎都属于碱性的，故这些氧化物可以通过酸性渣（例如采用石英砂或硼酸等材料造渣）排出。当两者的分子结构和化学性质相似时，在一定温度下可以互溶，或者化合成低熔点的盐。熔渣和金属氧化物生成的盐的液相线温度至少应该比金属或合金的浇注温度高100℃以上，并且具有较强的反应能力。

熔炼铜合金时，碱性氧化物和酸性溶剂，或酸性氧化物和碱性溶剂，在一定温度下可以相互作用而形成体积较大、熔点较低，且易于与金属分离的复盐式炉渣。由于多数渣的密度都比铜熔体低，因此容易从熔池表面除去。

34. 使用熔剂时的注意事项有哪些？

①在使用含有少量磷的米糠熔炼紫铜时，应经常注意金属的含磷量，以防止金属增磷而降低铜的导电性。

②熔剂在使用前应经干燥或脱水处理，以防使用时带入水分。

③硼砂带有结晶水，工艺上要求使用无水硼砂时，应经脱水处理。方法是将硼砂在石墨坩埚中加热至900～1100℃，使硼砂充分熔融呈透明状，然后浇入铁制容器中，冷却后即是无水硼砂。

④木炭作覆盖剂要用优质白木炭，这种木炭不含气体。烧不透的

木炭往往含有气体，主要是氢、一氧化碳、甲烷等，这种木炭加热时，将析出大量气体。铜和有些铜合金为避免木炭带入水分，影响合金材料质量，要用煅烧木炭。制取煅烧木炭的方法是：将木炭装在带有出气孔的金属桶中，敞开出气孔，在煅烧炉中加热到 800℃左右，保持 4 ~6 h,然后将出气孔堵死，冷却即得到煅烧木炭，煅烧木炭必须随处理随用，保存时间过长，将再次吸收水分。

35. 铜合金常用的脱氧剂有哪些？有什么要求？

凡能从熔融金属中取得氧的任何物质，即氧化物的分解压比被脱氧金属氧化物分解压低的元素，称为脱氧剂。脱氧剂可分为表面脱氧剂和溶解于金属的脱氧剂两种。

表面脱氧剂基本不溶于金属，脱氧作用仅在金属接触的表面进行，脱氧速度较慢。优点是不溶于金属，不会影响金属的质量。常用的表面脱氧剂有碳化钙（CaC_2）、硼化镁（Mg_3B_2）、木炭、硼酐（B_2O_3）等。

溶于金属的脱氧剂，能在整个熔池内与熔融金属中的氧化物相互作用，脱氧效果显著得多。缺点是剩余的脱氧剂将留于金属中而影响金属的性能。铜合金常用的这类脱氧剂有磷、硅、锰、铝、镁、钙、钛、锂等。这些元素可以纯金属或中间合金的形式加入。脱氧反应所生成的细小固态氧化物，使金属黏度增大，或成为金属中分布不均匀的夹杂物。采用这类脱氧剂时，应控制加入。

目前，铜及铜合金中使用的主要脱氧剂是磷和镁，一般均以中间合金的形式加入，使用方便。从磷和镁的脱氧效果看，因为镁对氧的亲和力较大，故镁的脱氧能力强。但从防止熔体的二次氧化能力看，磷的效果比镁好。此外，磷脱氧后能够提高熔体的流动性，而镁则与此相反。

脱氧剂应满足下列要求：①脱氧剂与氧的亲和力应明显大于基体金属与氧的亲和力。它们相差越大，其脱氧能力越强，脱氧反应进行得越完全越迅速；②脱氧剂在金属中的残留量应不损害金属性能；③脱氧剂要有适当的熔点和密度，通常多用基体金属与脱氧元素组成的中间合金作为脱氧剂；④脱氧产物应不溶于金属熔体中，易于凝聚、上浮而被除去；⑤脱氧剂材料资源丰富，且无毒。

36. 铁模铸造的涂料种类有哪些？配方及制作方法是怎样的？

向铸铁模中浇注金属或者合金液体之前，都需要在模壁表面刷以涂料。涂料的作用，除了保护铸模以外，主要是可以改善铸锭表面质量。涂料的使用方法基本上有两种，即喷涂或刷涂。刷涂料之前，应该用钢丝刷子将残留在铸模工作表面上的渣子清理干净。

(1)涂料的分类

根据涂料中挥发物质的含量，可将涂料分为3类：

①油脂型涂料

油脂型涂料中含挥发物质在90%以上，含有闪点高的油脂成分较多时，适于浇注熔点比较高的金属，闪点低的适于浇注熔点低的金属。任何一种油脂涂料或者含有油脂的涂料，都应当首先进行脱水处理。油脂涂料可以在小型电炉或者火焰炉内进行熬制。

油脂型涂料的主要原料有：动物油、植物油以及矿物油，例如：猪油、豆油、蓖麻油、菜籽油、肥皂、桐油和松香，以及煤油、机油、变压器油等；

②耐火型涂料

耐火型涂料基本上不含有或者含有少量挥发物质，有的把此类涂料称为干性涂料。适于浇注过程中很少产生熔渣的熔体，主要作用是保护铸模。耐火型涂料的主要原料有：炭黑、石墨粉、氧化镁、滑石粉和骨粉等。

③混合型涂料

混合型涂料中，既含有油脂成分又含有耐火质成分。俗称半油脂或半干型涂料。

(2)涂料配方及制作方法

表2-7是铜及铜合金铸造时常使用的涂料的配方和制作方法。其中的骨粉水溶液(俗称“骨浆”)涂料，可通过喷雾器喷涂到铸模的工作表面上。大多数油脂涂料及半油脂涂料，可用毛刷刷到铸模的工作表面上。

刷涂料时，铸模应具有一定的温度，以使油脂涂料能够在模壁上均匀展开。模温过低时，涂料容易刷得过厚，而且不容易均匀。模温过高时，容易引起涂料的燃烧。喷涂骨粉水溶液时需要一定的模温，以保证其中的水分能够在浇注之前彻底蒸发。

表 2-7　铸模涂料的配方及制作方法

编号	配方	制 作 方 法	备 注
1	骨粉∶水 =6∶4	1. 将兽骨（例如牛骨）置于炉内，使其在1100℃左右的温度下煅烧 4～6h，煅烧后即成为白色骨炭； 2. 将白色骨炭和水混合在一起并放到球磨机内进行研磨加工，研磨后的骨粉粒度应在 200 目以上； 3. 使用前，将按比例调好的骨粉水溶液搅拌均匀	将骨粉水溶液喷到铸模的工作表面上，待其中的水分蒸发掉以后才能进行浇注作业
2	煤油∶炭黑 =(7～9)∶1	1. 将煤油稍微加热至 110～120℃，以去除其中的水分； 2. 将过了筛的干燥炭黑粉分批加入脱水煤油中，边加边搅拌直至均匀为止	煤油亦即火油
3	豆油∶肥皂 =6∶4	1. 将切成小片的肥皂分批加入脱过水的油中慢火加热熔化，熬到油表面泡沫消失为止； 2. 以上过程须仔细进行，即待第一批肥皂化完后再加第二批。以此类推； 3. 在整个熬制过程中，应不断地搅动油液，以利于豆油和肥皂的均匀混合。油液表面不再起沫时表示涂料已经熬好了	豆油可以用蓖麻油替代。熬制时蓖麻油脱水的标志是油表面开始冒烟。往蓖麻油中加肥皂的方法与熬制豆油肥皂涂料时相同
4	豆油∶煤油∶炭黑 =1∶(2～4)∶适量	1. 将豆油放在铁锅中用慢火加热，待油中水分全部蒸发完为止。其标志是油液表面上的泡沫消失； 2. 向脱水豆油中加入煤油； 3. 向豆油和煤油的混合物中加入干燥并过了筛的炭黑粉，仔细搅拌直到均匀为止	蓖麻油、机油都可以作为豆油的代替品。熬制方法与之相同
5	酒精∶松香 =98∶2	1. 将酒精放在铁锅中稍微加热； 2. 将松香加入预热了的酒精液中，边加边搅动，直至混合均匀为止	此涂料随用随熬。熬好的涂料不宜久放

37. 怎样配制金属型涂料?

金属型涂料的组成和配制方法列于表2－8。

表2－8　金属型涂料的成分及其配制

涂料名称	配　比	配制工艺
松香、酒精溶液	松香≈20% 酒精≈80%	将松香碾碎或慢慢加热熔化后注入酒精内，搅拌至全部溶解为止。其浓度用手指试验有黏性即可，或滴在金属型上有一层亮圈出现，便可使用
机油、石墨涂料	机油90% 石墨10%	将石墨倒入机油内，充分搅拌
松香、烟墨涂料	松香28% 烟黑(或墨铅粉)14% 汽油58%	将松香碾碎、过筛，再将汽油倒入松香桶内，充分搅拌至松香全部溶解，将此松香液以细流倒入盛有烟黑或黑铅粉的桶内，搅拌均匀备用(配制好的涂料可用0.5mm×0.5mm的筛子过筛，以提高铸件表面质量)

38. 铜合金砂型铸造对型砂的物理机械性能有什么要求?

铜合金的浇注温度比钢铁低，金属氧化物不与型砂作用，故对型砂耐火度的要求不高。但铜铸件一般有较高的表面质量和尺寸精度的要求，因此型砂要有细的粒度和好的流动性，以便能够精确地复制模型表面。另外，铸铜用型砂的透气性可以差些，配方中回用砂的比例可以很高，但水分必须控制得较低。铜合金大件常用干型浇注，因型砂的粒度细，不易烘透，所以需要较长的烘干时间。表2－9为铸铜用型砂的物理机械性能。

表 2－9　铸铜用型砂的物理机械性能

型砂类别	铸件类型	铸型特征	湿透气性/(cm·min^{-1})(不小于)	强度/(kg·cm^{-2})		湿度/%
				湿压强度	干拉强度	
单一砂	小型铸件	湿型	40	0.35～0.6	—	5.0～6.0
		干型	40	0.35～0.6	0.8～1.2	7.0～9.0
	中型铸件	干型	50	0.4～0.7	1.0～1.5	5.5～7.0
	大型铸件	干型	50	0.4～0.7	1.0～1.5	5.5～7.0
面砂	小型铸件	湿型	40	0.4～0.7	—	4.5～5.5
		干型	40	0.4～0.7	0.8～1.2	5.5～7.0
	中型铸件	干型	50	0.5～0.8	1.0～1.5	5.5～7.0
	大型铸件	干型	50	0.5～0.8	1.0～1.5	6.5～7.0
填砂	小型铸件	湿型	40	0.3～0.6	—	4.5～5.5
		干型	40	0.3～0.6	0.8～1.2	5.5～7.0
	中型铸件	干型	50	0.35～0.7	0.8～1.2	5.5～7.0
	大型铸件	干型	50	0.35～0.7	0.8～1.2	5.5～7.0

39. 铜合金砂型铸造用的型(芯)砂怎样分级?

我国有丰富的适用于铸造有色合金用天然黏土砂资源，这些黏土砂仅配入适量的水混碾便可直接用来造型。有时也加入少量膨润土或白泥等以提高强度。制芯用砂多采用油砂，因其成本较高应根据型芯的工作情况分级加以选用。根据型芯的形状和型芯在铸件中位置的不同，将他们分为 3 级。

(1)一级：长时间与进入铸型中的大量铜液相接触，承受相当大热作用的型芯。它构成铸件上难以观察的内腔。除了几个小型芯头以外，四周均受铜液包围，型芯因受热而产生的气体很难排除。

这一级所用的芯砂，应具有较高的总强度和表面强度，透气性要高，而发气量要低；要能抵抗高温合金液的作用，能获得清洁光滑的铸件表面；出型时又要易于取出。

(2)二级：承受的热作用较小，构成铸件易观察的内腔。这种型芯因受热而产生气体时，比较容易通过较大的型芯头而排出。大多数以复杂的组合型芯组的形式使用。

这一级型芯所用的芯砂，应具有中等的总强度和表面强度；型芯保存时吸湿性小；型芯制造和烘干过程中，保持尺寸的稳定；易于从铸件中取出。

(3)三级：大多数是构成铸件的外表面，与合金液的接触面比一、二级少，受热而产生的气体能顺利地排出。

2.2 铜及铜合金熔炼与铸造生产的工具

40. 怎样进行结晶器设计?

结晶器设计主要包括两个部分：结晶器热交换能力设计和结晶器结构设计。

(1)结晶器热交换能力设计

铸造金属在冷却及凝固过程中所放出的大部分热量，都需要通过结晶器及其附属装置传递给冷却水。当冷却水温度一定时，提高一次冷却强度的主要措施包括：

①在一定限度内增加冷却水量，例如加大水路横截面积或在一定限度内增大水的压力(即流量)。

②在冷却水流量一定时，提高水在结晶器水室中，特别是贴近内套表面壁层的流速，例如采用小水缝或小水槽水路。

措施②可以提高冷却水的利用率，但沿结晶器内壁的水流速度慢，不但冷却强度小，而且当水质较硬时，容易结垢而降低水冷强度。

当水温一定时，提高二次冷却强度的措施包括：

①在一定限度内增加冷却水的流量。

②水流量一定时，提高水贴近内套表面壁层的流速，出水孔总横截面积等于或稍小于进水孔的总横截面积。

③选择合理的射角及出水形状。

(2)结晶器结构设计

结晶器结构设计，除上述水路外，主要是工作腔横截面、锥度、高度方面的具体设计。结晶器内腔横截面取决于铸造金属的线收缩率，它通常比铸锭横截面尺寸大0.7% ~5.3%。

结晶器的热变形发生在距离上口约1/3高度处，因而把横向大汇流孔安排在这个高度，从而减缓结晶器的变形，缓冷带宽度通常定为 60 ~ 80 mm。

在结晶器所有构件中，其内套的工作环境是最差的。因此，内套材料的选择是结晶器设计的要素之一。

圆结晶器高度与直径比值在 0.6 ~ 4 之间，高度通常为 150 ~ 300 mm，超过 400 mm 高结晶器主要是为了提高生产效率。

41. 怎样合理地选择结晶器材质？

(1) 外壳

结晶器外壳可以采用铸铁、铸钢材料或者钢结构材料方式制造。

外壳壁厚一般取 8 ~ 15 mm，内壁多采用导热性能良好的紫铜或石墨加工而成，紫铜套厚度为 5 ~ 25 mm，石墨套的厚度在 3 ~ 15 mm。

铸造扁锭多采用整体式结晶器。整体式结晶器的外壳和内套是一个整体，其内壁工作面粗糙度要达到 $Ra1.6$，并镀以 0.05 ~ 0.12 mm 的硬铬层。

(2) 内套

在结晶器所有构件中，其内套的工作环境是最差的。其工作表面与高温铜液直接接触，另一侧被水室中的水冷却，两侧的最高温差达数百乃至上千度。因此内套材料的选择是结晶器设计的要素之一。

作为结晶器的内套材料，一般应该满足：①具有良好的导热性；②具有足够的强度和刚度，包括高温下强度和刚度，以避免或者减少在反复激冷激热工作条件下自身的变形，或者来自铸锭因收缩等原因引发的应力冲击；③具有足够的耐磨性，包括采用表面镀铬等手段获得的耐磨性；④资源丰富，容易加工。

紫铜是铜及铜合金铸造结晶器内套的主要材料。

铬青铜和银铜虽然比紫铜具有更优良的性能，但是由于价格比较高而受到了限制。

石墨由于具有某些特殊的性能，例如耐高温、与铜的不湿润性和良好的自润滑性等，因此得到了比较广泛的应用。

在高温作用下，由于温度变化引起结晶器壁变形和附加热应力，同时引起结晶器材料的机械性能发生变化，产生蠕变现象。因此，在高温条件下计算结晶器的工作壁厚度是比较复杂的。

目前，普遍采用的圆结晶器内套壁厚度为8～10 mm，扁结晶器的内套一般采用15～30 mm。在腔体结构布局合理的情况下，增加结晶器工作壁的厚度，可以提高结晶器的使用寿命。

42. 结晶器用石墨材料的基本要求有哪些？石墨模的材质怎样选择？

(1)石墨的基本特性

石墨在有水蒸气和空气的条件下具有良好的自润滑性质。因为石墨的结构是由许多平行于基面的片状层结构叠合而组成，层与层之间的相互作用极弱，石墨能在其表面上做完全的解理，并沿解理平面而滑动。当石墨工作面上吸附了水合气体分子时，解理面的距离增大，润滑性更好。此外，石墨还具有良好的导热性、耐热冲击性和机械加工性能，以及热膨胀系数小、无臭、无毒等性能。因此，它被广泛用作结晶器的内套衬里材料。

(2)结晶器用石墨材料的基本要求

对结晶器用石墨材料的基本要求是：纯度高、密度大、颗粒细小、质地均匀、无剥离现象。连续铸造中常用的石墨材料的主要特性如下：

最大颗粒直径：0.1 mm；

体积密度：1650～1750 kg/m^3；

气孔率：：13%～15%；

肖氏硬度：40～50HS；

热导率：0.2～0.3 cal/(cm·s·℃)；

热膨胀系数：$(3\times10^{-6})\sim(4\times10^{-6})$(1/℃)；

抗弯强度：30～40 MPa；

抗压强度：60～80 MPa。

(3)石墨模材质的选择

挤压成形的电极石墨材料，不宜用做石墨模。静压高纯石墨是理想的石墨模材料。质量不佳的石墨材料制成的石墨模，不仅使用寿命短，而且当其在使用过程中发生碎裂时可能带来安全隐患。表2－10所示的是高纯高密度石墨与普通异向石墨的性质比较。

表 2－10　高纯高密度石墨与普通异向石墨的性质

序号	项目	高纯高密度石墨	普通异向石墨
1	同向性(异向性)	1.02～1.08	1.2～1.5
2	平均粒径/μm	5～15	50～100
3	密度/(g·cm^{-3})	1.75～1.90	1.6～1.8
4	抗弯强度/(kg·mm^{-2})	400～950	300～500

43. 石墨模怎样设计和装配?

(1)石墨模的设计

铜带坯水平连铸结晶器石墨模可采用不同的结构方式(图 2－1)。

常见的石墨模结构主要是：对开半模结构以及四块组合(即两大块平石墨板和两小块条状石墨板的合成结构)。前者安装使用方便、安全，但采用半模方式耗费材料较多。后者安装和使用略显麻烦，但制造简单、节省石墨材料和便于旧模的复修。

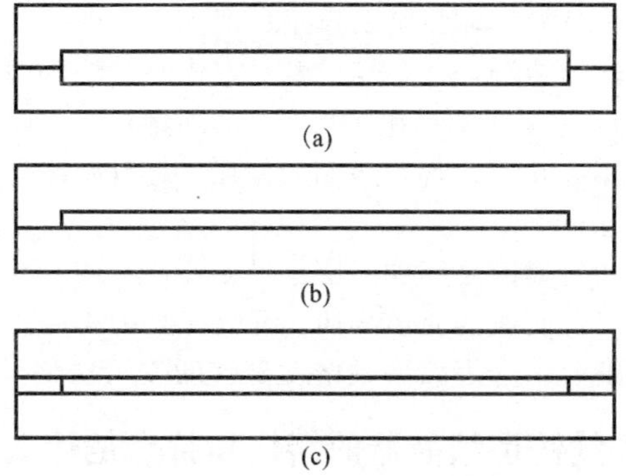

图 2－1　石墨模的组合形式

(a)对称式对开石墨模；(b)非对称式对开石墨模；(c)四块组合式石墨模

石墨模的工作腔的横断面尺寸决定了铜带坯的横断面尺寸。由于凝固过程中的收缩，铜带坯的实际断面尺寸将小于模腔的断面尺寸，而带坯的宽度方向的绝对收缩量远大于厚度方向的绝对收缩量。

值得提出的是：如果把石墨模大面壁设计成绝对的平面，那么带坯的大面表面有可能出现凹心现象，这是因为带坯宽向的中心，即液穴的中心最后凝固，随后发生的凝固收缩量不同。因此常常在设计时将工作腔中间部位的厚度尺寸适当加大。

石墨模的厚度与带坯的厚度有关，通常在 15 ~ 30 mm 之间。

石墨模的内腔工作表面应该精细加工，并进行抛光。

(2)石墨模装配

石墨模的冷却是通过冷却器水室间接进行的，因此石墨模与冷却器的装配很重要。为避免石墨模和冷却器装配过程中，以及随后工作中产生间隙、增加热阻，已有多种结构设计并在实际生产中得到应用。

在石墨模(大面)与冷却器相接合的一侧，加工出若干个螺纹孔，螺纹孔的相对位置与冷却器上的通孔一一对应。带有双头螺纹的拉杆的一端旋进石墨模内，拉杆穿过冷却器的另一端用螺帽紧固，使石墨模的结合面紧紧地贴合在冷却器的结合面上。石墨模与冷却器之间的紧固应该不完全是刚性的。既要拉紧石墨模，又不能防碍石墨模的自由变形，设计紧固方案时必须充分注意到。

在拉紧螺栓的两端，套上若干组元宝式弹簧垫圈可以缓冲对石墨的压力。装配石墨模时，使用力矩扳手紧固螺栓，可以避免用力不当造成石墨模损坏。元宝式弹簧垫圈的使用，可以始终保证石墨模处于理想的紧固状态。

在冷却器和石墨模之间加一层柔性石墨纸，或者涂一层石墨粉和耐热油脂材料混合而成的充填物质，可以在某种程度上冲减或弥补因冷却器或者石墨模结合表面平整精度不够的先天缺陷。

44. 立式半连续铸造结晶器的结构和特点是什么?

半连续铸造一般采用直接水冷铸造，最主要特征就是突出了二次冷却的功能，结晶器高度一般都比较短。为了强制水流方向，即强化一次冷却强度，组装式结晶器可在结晶器外壳内侧或铜套的外侧加工出若干道螺旋槽。也可把水室分成上、下两段，让温度较低的水和已经被加热了的水分别按照工艺的要求在不同区域流动。

最简单的二次冷却装置，只是由与结晶器水室下缘相通，并且呈等距离分布的若干个与铸锭表面呈一定喷射角度的小水孔构成。在这样的装置中，经过结晶器水室的全部冷却水都直接转换成了直接喷射向铸锭表面的二次冷却水。尽管这种结构不利于二次冷却强度的调节，但对于大多数导热性能及高温强度都不错的铜及铜合金而言，由于铸锭产品质量基本上都能够得到保证，因此直到现在为止该结构一直被工厂广泛采用。

其实，把二次冷却装置做成独立的设计并不困难。独立的二次冷却装置可以自由调节，不受一次冷却强度的限制，这对于同一种装置铸造不同的合金是非常重要的。

图 2－2 所示的是铸造铜扁铸锭用的结晶器及独立的二次冷却水装置。

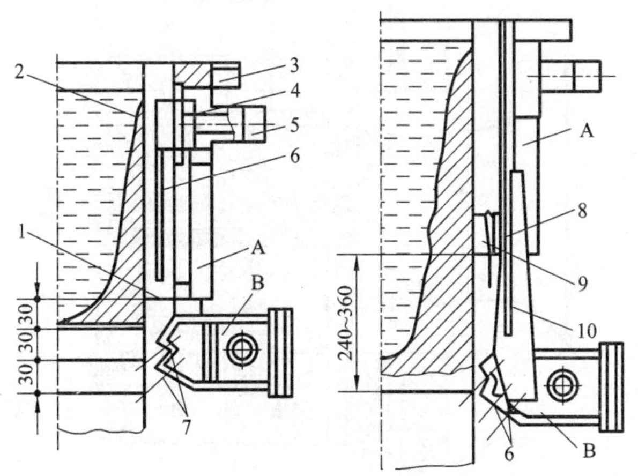

图 2－2　铜扁锭结晶器及二次冷却装置

A—结晶器；B—二次冷却装置

1—结晶器水室下缘的喷水孔；2—结晶器内套(内壁)；3—外壳；4—过滤管；5—进水管；6—隔板；7—开孔；8—向铸锭部分供给水的出水口；9—供水到水幕上的出水口；10—吊架

不管是冷却水直接从结晶器水室中喷射出来，还是独立的二次冷却水装置向铸锭表面上喷射水流，设计喷射水流的孔径和喷射角度时须注意到以下因素：喷射水流不能在与铸锭表面接触的瞬间全部反射出去，至少应该有一部分水流能够平稳地包围着铸锭表面流下，以对铸锭连续地进行冷却。

强化二次冷却的根本措施在于改进二次冷却装置的结构，例如把二次冷却装置设计成一个较长的区段，在这个区段上连续的有水流向铸锭表面喷射，或者使铸锭自结晶器下缘离开以后直接进入水池中。

45. 带坯水平连续铸造结晶器的结构和特点是什么?

图 2－3 所示的是铜带坯水平连铸用结晶器及其安装示意图。

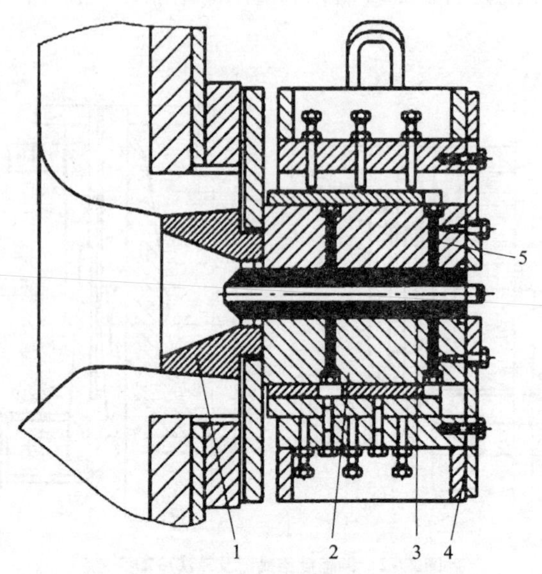

图 2－3　石墨模和冷却器的安装

1—炉前窗口砖；2—冷却器；3—石墨模；

4—组装框架；5—石墨模与冷却器结合用螺栓

结晶器是由冷却器、石墨模，以及石墨模与冷却器、冷却器与结晶器框架组装用的各种紧固件构成。冷却器及石墨模的结构，包括石墨模与冷却器的装配方法，是结晶器设计的关键。通常，铜带坯水平连铸结晶器只有一次间接冷却，没有二次直接水冷。离开结晶器一段距离以后，即进入牵引辊之前可设置二次独立的冷却水装置，目的是进一步降低带坯温度。实际上，此种二次冷却已与带坯的凝固与结晶过程无关。

结晶器，通常通过螺栓与保温炉前室的窗口连接，结晶器与炉前室窗口之间应该有可靠的耐火材料进行密封。当然，也不仅仅是密封，还应该便于拆卸。

46. 管棒水平连续铸造结晶器的结构和特点是什么?

水平连续铸造和立式半连续铸造所用结晶器的结构本身基本相似。不同的是，水平连续铸造用结晶器的前端需要与炉体或中间浇注包密封连接。一般多采用结晶器前端面直接与尺寸相当的炉前室窗口对接的连接方式。不过，直接连接时，做好结合面的密封是非常重要的。此种方式适合大断面铸锭的铸造，不宜频繁变换铸锭规格。需要更换结晶器时，需在炉内铜液的液面降到出铜口下沿以下位置时进行。

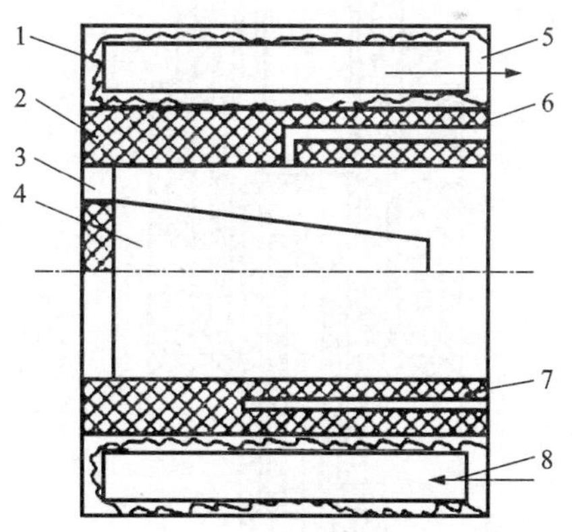

图 2－4　铸管结晶器示意图

1—水冷套；2—石墨内套；3—铜液入口；4—石墨芯杆；
5—出水孔；6—氮气输入口；7—热点偶插入孔；8—进水孔

水平连铸用结晶器通常由外壳、铜套和石墨套组装而成。外壳和铜套构成通冷却水的水腔，石墨套分为两段，与铜套壁接触的一段为工作部分，壁厚一般为10 mm左右，在装配时，这一段必须与铜套精密结合。

铸造空心铸锭(铸管)时，需要在结晶器中嵌入与铸锭内径尺寸相当的芯子。芯子通常也用石墨材料制造，和石墨内套表面一样应具有一定的锥度(图2－4)。铸棒结晶器结构与铸管相同，只是不需要芯子。

管棒水平连铸结晶器内衬通常采用高密度、高强度石墨制造，铸锭的凝固过程基本上是在石墨衬套中进行。

47. 上引连铸的结晶器的结构和特点是什么?

上引式连铸法主要用来生产无氧铜铜杆，也适合铜合金杆及铜管坯的生产。图2－5是上引铜管坯的结晶器结构图。

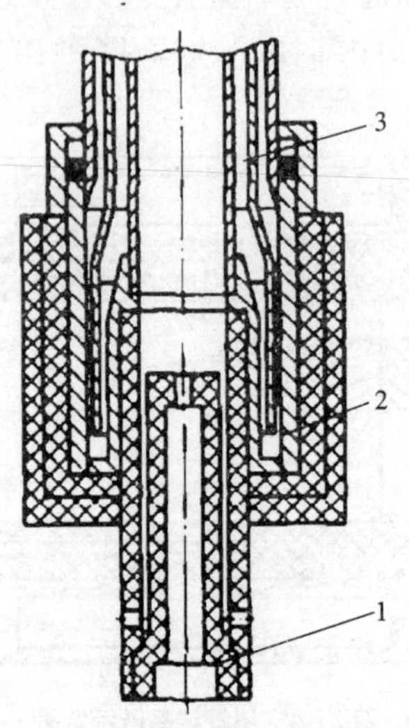

图2－5 上引式铜管坯用结晶器结构示意图

1—石墨模；2—保护套；3—冷却部分

该结晶器由石墨模、水冷套、保护套等组成。

石墨模采用高纯石墨材料且内外面及芯柱表面经过精细加工。石墨模由外模(石墨筒)和内模(芯模或芯柱)组成，装配时必须保证二者的同心度。内模为空心结构，以利于均匀预热和避免变形。外模和内模下端均有若干个进铜液的孔，例如：外模上有双排孔，每排有 20 个孔径为 $\phi4 \sim \phi12$ mm 的小孔。进铜液孔的设置，应有利于控制铜液流速、减少温降，防止管坯纵向裂纹。内模应有一定锥度，以加强冷却过程中热的传递。

冷却套的外管为不锈钢材料，中间管是铜质或不锈钢材料制作，内管是铜质材料制作，冷却水从内管与中间管之间通过。内管的内径稍大于上引管坯的外径，间隙可为 0.25 ~ 0.5 mm，以利于二次冷却。石墨模与冷却套之间的间隙为 1 ~ 1.5 mm。隧道流速应大于 6 m/s。

铜管坯的凝固收缩为顺利脱模创造了条件。铜管坯从结晶器上方被垂直引出，然后弯转 90°并沿水平方向输出。随着上引铜管坯管径的不断加大，上述弯曲的曲率半径也从最初的 0.8 m 逐步增加到 1.4 m、2 m、3 m、4 m 等。

2.3　铜及铜合金熔炼与铸造生产的设备

48. 有铁芯感应电炉的结构是什么样的?

(1)有铁芯感应电炉的结构

有芯感应炉的工作频率多为工业频率，即 50 Hz，有芯感应炉炉身下部是炉底，也称为炉底石，外部是用钢板焊成的外壳(最好用非磁性的青铜)，内部是用耐火材料散料捣筑而成的炉衬，它们构成炉膛。炉底石中安装熔沟，成为感应器的一部分。有芯感应炉结构的差别主要指其感应器的结构不同。按熔沟数量分，有单相、双相和三相 3 种。按熔沟设置的位置特征可分为立式、水平和一定角度 3 种。

图 2-6 为工频有铁芯感应电炉剖面示意图。

(2)感应体

感应体有单相、两相和三相不同的结构形式。

感应体设计，通常是以炉子的有效容量和熔化速率为依据。

首先，计算并确定感应体的有效功率，以及熔沟和线圈尺寸、熔

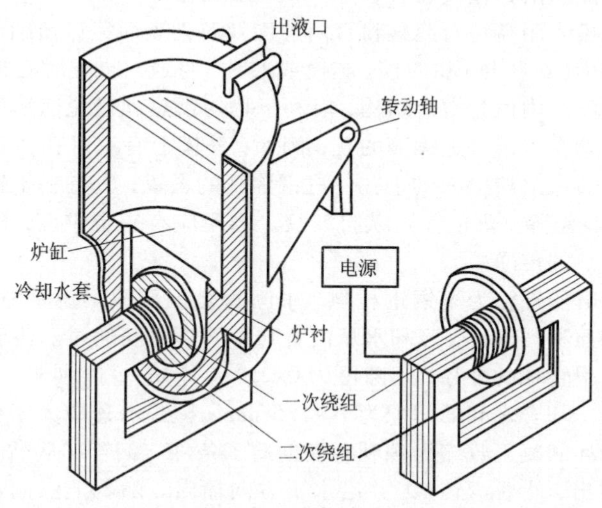

图 2-6　工频有铁芯感应电炉剖面示意图

沟断面、熔沟长度及熔沟环内、外径等各种尺寸。然后，结合实际经验确定熔沟与感应线圈之间的耐火材料厚度，以及保护线圈的风冷或水冷套等与感应体耐火材料相关的具体结构和尺寸。

通过感应器与炉料即被加热与熔化的金属系统的电计算，确定炉料与感应器系统的阻抗、炉子的自然功率因数、电效率、感应器因数及炉子的输入功率等。计算的熔沟电流需要进行校验，以确保熔沟电流因压缩效应产生的力，不能大于熔沟中各截面上液态金属所受的静压力，以避免熔沟中出现断沟现象而影响功率的输入。铁芯尺寸与线圈的冷却等亦需要通过计算确定。

49. 有铁芯感应电炉的感应体有哪些新技术？

（1）大截面熔沟感应体

相当长一段时间内，国内外一直都采用断面较小的熔沟。例如 22 mm×90 mm，单个熔沟的截面不超过 2200 mm^2，电流密度 6～9 A/mm^2。这种结构的特点是：熔沟下部温度高，熔沟中金属流动性差，炉衬寿命低。大功率感应体的体积也大，影响了大功率感应体技术的发展。而且，小断面熔沟在起熔过程中常常因为断沟引发许多困难，旧炉重开也会遇到同样的困难。

瑞典 ABB 公司首先扩大了熔沟截面，突破了传统的截面厚度小于电流透入深度的理论界限，厚度达两倍于电流透入深度。熔铜的 1000 kW 感应体的熔沟截面达到了 75 mm × 245 mm。由于加大了熔沟的厚度和截面，加大了熔沟中金属对流热交换的空间，因而减少了局部过热的倾向。

大断面熔沟对于熔炼黄铜，特别是熔炼铝青铜时熔沟的有效寿命方面也有优势。熔体中的氧化铝（Al_2O_3）在熔沟耐火材料壁上的不断积结，是熔炼铝青铜的难题。一旦熔沟的断面全部被积渣堵死，就得被迫停炉，尽管耐火材料尚未损坏。

大断面熔沟使炉子的自然功率因数大大降低，通过增加补偿电容器的数量可以得到改善，但相应地增大了设备造价。如果从生产的综合效益方面评价，一般情况下利大于弊。

（2）喷流感应体

感应体的熔沟设计是从等断面熔沟开始的。对等断面熔沟的研究表明，熔沟中各点熔体温度按照抛物线规律变化，即熔沟与熔池相通的两个口附近处温度最低，熔沟底处温度最高。600 kW 的感应体熔炼黄铜和铝青铜时，温差达 200 ~ 300℃，而且温差与输入功率成正比。感应体耐火材料寿命因为上述温差的存在而降低。熔沟底处温度增高，加剧了熔体与耐火材料之间的化学反应。熔沟扩大，熔体也容易向耐火材料中渗透，甚至可能引发黄铜中锌的蒸气产生而阻断熔沟的现象。

美国 AjaX 磁热公司“喷流感应体”制造成功，显著地降低了熔沟中熔体的温差，熔体温差最大不到 30℃，有利于输入功率的提高，单个感应体的功率达到了 3000 kW。熔体的流速非常高，800 kW 的感应体熔炼铜合金时，熔沟中熔体的喷流速度可达 762 mm/s，每小时熔体的循环量可以达到 270 t。目前，“W”形熔沟“喷流”感应体技术已经日趋成熟，并在世界范围内得到了广泛推广。

喷射流感应体的基本设计思想来自熔沟断面的变化，适当地改变侧熔沟口和中部熔沟口的形状和截面积，从中部熔沟起到侧熔沟口逐渐减少熔沟的径向厚度，从而形成熔体单向流动的压力梯度。金属熔体在流动过程中逐步升温，中央沟进口温度最低，两侧熔沟的出口处温度最高。

喷流感应体的主要缺点是：需要较深的喉口和炉膛熔池，因此不仅需要较多的起熔体，正常作业时炉膛内亦需始终保持一定数量的熔体。

(3)变频电源技术

变频电源，可以通过改变工作频率的方式调节感应器功率。工频有铁芯感应电炉的变频电源具有以下主要特征：①工作频率范围为50～100 Hz,输出功率可在1%～100%之间无级调节；②采用二级管整流，电网侧功率因数始终大于0.95。③采用电容器滤波，减少了谐波干扰。④采用IGBT作逆变器件，开关速度快，损耗低。⑤IGBT是可关断器件，发生故障时自关闭，可避免自身和其他电气零部件损坏。

采用变频电源技术，可以方便功率调节，使得功率的投入与炉料的投入选择与搭配变得更加方便。熔化期间投入较高的功率，保温期间投入较低的功率，可以减少电耗。900kW的感应器采用变频电源后，吨铜熔化的电耗只有260 kW·h，熔化率达3 t/h。

采用变频电源技术，主开关等器件不带负载动作，其通断靠电子开关元件实现，可降低运行故障率和备件消耗。

采用变频电源系统，为操作系统实现自动化创造了条件。当把PLC及熔化过程控制计算机引入系统后，某些安全运行参数和熔化过程参数，包括各水路温度、压力，炉内熔体温度和数量，感应体功率，线圈电流，甚至起熔过程中熔沟变化状况等，都可以实现连续监测和控制。

50. 感应体炉衬怎样捣筑、烧结和起熔?

感应体炉衬烧成后成为坚固整体，俗称炉底石。感应体中的耐火炉衬具有复杂的形状结构，感应线圈、铁芯和金属熔沟都贯穿其中，尺寸要求精确。炉底石是炉子电热交换的中心，熔沟中熔体温度最高，感应线圈的绝缘却不能破坏。最薄位置，即厚度仅为50～100 mm的熔沟内侧的环状耐火材料层，一边承受着高温熔体的冲刷、侵蚀，另一边承受着强烈冷却，工作环境十分恶劣。感应体中的耐火炉衬寿命，比上炉体炉膛寿命短的多。若熔沟内侧环状耐火材料层发生严重磨损，或发生严重地漏铜现象，即表明炉衬已经损坏。

感应体的耐火材料施工，通常采用不定形耐火捣打料捣筑的方式进行。感应体筑炉技术，包括耐火材料选择、捣筑施工、烧结等不同的方面。

(1)耐火材料捣筑

感应体耐火材料捣筑，分为干打和湿打两种不同方式。干打，即使用干散的耐火材料捣筑。半干打，即使用含有少量水分的所谓潮料进行捣筑。干打，可以人工进行，亦可采用震动器进行。半干打，通常通过捣固机进行。

直立式捣筑，是比较传统的方法。捣筑时，感应体中的熔沟模直立放置，分层次填料和捣筑，熔沟模周围的耐火材料是沿着熔沟高度方向自下而上，一层接着一层捣筑。侧立式捣筑时，感应体中的熔沟模水平放置，熔沟模周围的耐火材料亦是自下而上，但是沿着熔沟壁厚方向分层捣筑。

侧立式时，熔沟模周围部分的耐火材料，通常通过 1 ~ 2 次填料和捣筑即可全部完成。而直立式捣筑时，由于捣筑方向需要不断地适应溶沟模曲面的变化而变化，容易出现受力不均匀现象。图 2 - 7 是干打时直立式和侧立式两种筑炉方法。

熔沟模材质取决于烤炉时的加热和起熔方式，电感应加热时一般采用实心铜模，火焰加热时常采用空心铜模或实心木模。

为了防止分层，在每次填料前，都需要把上次的捣固层表面划松。如果是多人手工捣筑，应该每隔一定时间轮换一次工人站位，以求捣筑均匀。为了捣实，每层加料厚度 100 ~ 120 mm 为宜。

(2)烧结与起熔

捣打料成形或砌筑成形后，必须经过烘烤和烧结才能投入使用。

应根据耐火材料的特点，采取不同的加热方式(即温升曲线)进行烘炉，促其硬化和烧结。通常在 200℃ 以下时升温速度稍慢一些，以便既能充分排除水汽，又能不形成大的孔洞和裂纹。表 2 - 11 是 1000kW 感应器耐火材料(石英砂干打方式筑炉)烘炉升温曲线。

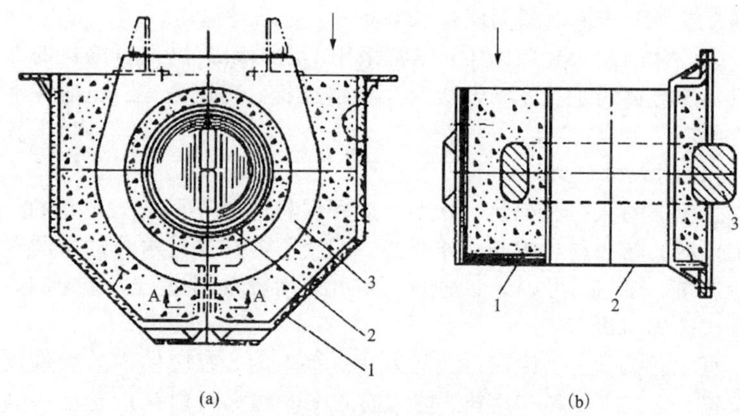

图 2－7 感应体耐火材料的捣筑方式

(a)直立式捣筑；(b)侧立式捣筑

1—感应体外壳；2—水冷套；3—熔沟模

(图中箭头方向，代表添料和捣筑方向)

表 2－11 1000kW 感应器烘炉升温程序

序号	温度区间/℃	温升速度/℃·h^{-1}	温升时间/h
1	室温		8
2	20～150	10	10
3	150	0	19
4	150～1150	20	50
5	1150	0	至熔沟模板熔化

起熔就是开始熔化。工频有铁芯感应电炉起熔，意味着感应体内金属模板已经完全熔化，熔沟中金属已经能够流动，即能够送电进行正常运行。采用实心金属熔沟模板筑炉时，直接向感应体送电即可完成起熔过程。采用木质熔沟模或空心铜管做熔沟模板筑炉时，通常采用另外的烘烤和加热方式烧结耐火材料。例如：预先进行感应体耐火材料的干燥和预烧结，当空心的熔沟槽内耐火材料达到规定温度时，

直接向空心的熔沟槽中浇注高温熔体，并同时送电以完成起熔过程。

实心熔沟模板，通常采用紫铜制造。如果采用黄铜或者其他铜合金材料，如果其熔点比较低，则不利于耐火材料的烧结。尚未烧结好的耐火材料过早的接触高温金属熔体，容易引起渗漏现象。采用空心熔沟模时，燃气可使熔沟槽内温度升高到 1200℃，而许多高铝质耐火材料，需要这样高的温度才能完成烧结。显然，这对提高炉衬的使用寿命无疑是有益的。

实际上，起熔以后，即最初几天的熔炼和保温，亦是继续烧结炉衬耐火材料的过程。因此，最初几熔次的加料、扒渣等作业应特别小心。

51. 感应体炉衬材料寿命的影响因素有哪些?

通常，工频有芯炉上炉体炉衬寿命比下炉体炉衬长，因此炉衬寿命实际上指感应体炉衬寿命。感应体耐火材料的使用寿命与很多因素有关，耐火材料自身性质，筑炉质量、使用过程中的维护等都是很重要的因素。

(1) 筑炉质量的影响

筑炉质量，主要包括以下几个方面：①耐火材料材质质量，包括化学组成、粒度、干燥度及添加剂材料质量等；②捣筑质量，包括捣筑力度，包括受力均匀度以及粒度偏析等情况；③安装及维护质量，包括搬运及与上炉体对接，以及日常维护工作质量。例如：熔体温度的稳定性，通风或通水冷却系统的可靠运行等。

(2) 合金熔体质量的影响

合金对感应体耐火材料寿命的影响来自两个方面：合金的熔化温度；合金中组成及某些元素氧化物的性质。熔化温度越高，或者熔化过程中产生的氧化物与炉衬耐火材料之间，越可能发生某些化学反应，都会加速感应体耐火材料的熔蚀和破坏。例如：CuO 和 SiO_2 在 1050℃时可能形成一种低熔点混合物，CuO 和 Al_2O_3 在 1150℃时可能生成低熔点混合物，发生化学反应的同时，耐火材料遭到熔蚀和破坏。铜液中氧含量的增加，都可能促使上述反应发生。显然，熔炼过程中应尽可能在无氧或者低氧的条件下进行。

(3) 感应体耐火材料磨损预测

熔炼过程中如果发生漏铜，可能破坏线圈绝缘，甚至烧坏线圈和铁芯，以致发生事故。因此，预测感应体炉衬受冲刷、浸蚀和热裂、漏铜的情况，采用主动停炉，或者按照计划更换感应体则是最经济、最安全的办法。

耐火材料沟槽的磨损，引起了感应体－炉料系统等值阻抗 Z 即电阻 R 和电抗 X 的规律变化。其中，R 随炉温和被熔金属成分及熔沟截面的变化而变化，X 则与熔沟形态紧密相关。感应体耐火材料磨损，也可以通过在熔沟环与水冷套(或风冷套)之间的耐火材料中予埋热电偶的方式，监视并对温度变化进行分析和判断。热电偶可对称放置 4 支或 8 支，以便于通过各点温度的异常变化，判断耐火材料变化的相对位置。

52. 怎样热更换感应体?

通常更换损坏的感应体要在倒空熔体、停电并适当冷却后进行，这样操作费时、影响生产效率。特别是上炉体状态甚好只因单个感应体损坏时，也要全部更换。热更换感应体是指在不断电、局部仍在运行的条件下更换感应体。

热更换感应体应具备以下条件：①同一台炉子至少装有两只以上感应体。拆掉其中的一个或多个感应体时，另外的一个或多个感应体能够正常工作；②感应体和上炉体是可以分离的；③有备用的感应器。

感应体与上炉体对接时，如果采用干料捣打感应体耐火材料，应该具有硬化对接表面耐火材料的技术。因为对接感应体时，对接面通常呈垂直方向，耐火材料不能倾倒出来。其次，感应体耐火材料上表面和上炉体喉口下对接表面对接时，对接面上应该敷以必要厚度的能够密封但不烧结，即可以顺利分离的特种耐火材料层。

作为密封和分离材料，高温下应该具有较好的稳定性能，保证铜熔体不能从结合处渗漏，又能在需要更换感应体时轻易地与喉口分离，并且保证喉口的结合面毫不损坏，以方便感应体的拆卸与安装。

更换感应体的一般程序是：①首先将炉内多余熔体倒出，只保留另外感应体进行保温所需要的熔体数量；②炉体倾斜，使将要更换的感应体与上炉体喉口对接面呈垂直位置，并使另外感应体能够正常送电，熔体保温；③拆除需要更换的感应体；④对接新的感应体；⑤如果新的感应体的耐火材料尚未进行烧结，则应在对接后按照一定的程序进行烘烤烧结。

如果是感应体的耐火材料已经在结合前进行了烧结，则可随即投入正常熔炼作业。通常，热更换一只感应体需要，1 ~2 h 的时间。

53. 无铁芯感应电炉的结构是什么样的?

(1)设备组成

无铁芯感应电炉主要由炉体及其倾动系统、电源及控制系统，液压系统、水冷却系统等几个部分组成。炉体及其倾动系统包括：固定支架、炉体框架、感应器、磁轭、炉衬(坩埚)、炉盖，以及炉体倾动液压缸、输电母线、冷却水输送管等。

现代的中频无铁芯感应电炉中，已经普遍采用了 SCR 并联逆变中频电源和 IGBT 串联逆变中频电源，取代了传统的发电机组。IGBT 串联逆变中频电源具有许多优点：功率因数始终保持最佳；比较高的过载保护，安全可靠；恒功率输出。

(2)结构特点

图 2 -8 是无铁芯感应电炉的炉体结构图。

感应线圈是产生电磁感应的核心器件，在高电压、强电流下工作，其耐压大于 5000V，并且不怕潮湿。感应线圈贴近坩埚绕制，温度很高，需要通水冷却，因而线圈都用铜管(最好是偏心铜管)绕制，铜管既导电也通水冷却。在感应器线圈的上部和下部，都应当另外设有几匝与感应器线圈尺寸相近似的不锈钢质的水冷圈，以使炉衬材料在轴向方向上的受热均匀。有的还设有若干个用于安装的测温探头，以对感应线圈的工作温度进行连续监测。

磁轭通常由 0. 3 mm 左右的高导磁率冷轧取向硅钢片叠制而成，主要起磁屏蔽作用，改善炉子的电效率和功率因数的。磁轭同时具有支撑和固定感应器的作用，因此应该采用仿形结构，当其紧贴感应线圈外侧时，可以最大限度的约束线圈向外散发的磁场，减少外磁路磁阻。比较大的磁轭，应该考虑通水冷却。

炉衬，即坩埚，略呈圆锥形，上口直径大于平均直径。熔炼作业时，液体金属上表面不应超过水冷线圈上的平面。

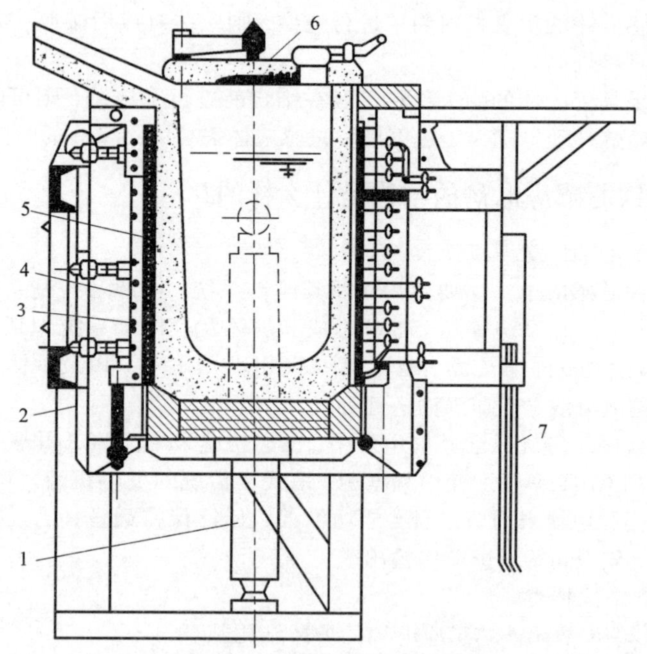

图 2-8　无铁芯感应电炉炉体结构

1—倾动油缸；2—支架；3—炉衬；4—磁轭；
5—感应器；6—炉盖；7—输电母线

除了通过炉嘴向外倾倒铜液方式以外，无芯中频感应电炉中的铜液也可以通过炉体倾转枢轴中心的出铜管道向外注铜，即液体金属通过枢轴中心的出铜管道直接注入铸造机的中间包中，这样可以避免熔体飞溅，同时有利于减少熔体吸气的机会。

54. 无铁芯感应电炉的炉衬怎样选材、捣筑及烘烤？

(1) 坩埚

铜合金熔炼用无芯感应电炉的坩埚有两种，中、小型容量的中、高频无铁芯感应电炉，可以采用黏土石墨坩埚或干式振动料捣打坩埚；小型真空感应炉，通常采用的是纯石墨质坩埚。前者用耐火材料捣筑而成，后者用高纯石墨挤压件机加工而成。大型坩埚则多用复合炉衬，即内圈用耐火砖砌筑，外圈用耐火料捣打。

(2)炉衬材料的选择

中、高频无铁芯感应电炉的坩埚，通常都采用干式振动料，并在现场通过捣打的方式进行施工。

干式振动料根据熔炼铜合金的种类不同，应分别选择硅质、镁质、镁铝质、刚玉碳化硅质、铝镁质等。通常炼紫铜、黄铜，可选用硅质干式振动料；熔炼铝青铜、锡青铜，可选用硅质干式振动料；熔炼铬青铜、铁青铜，可选用刚玉碳化硅质、铝镁质干式振动料；熔炼白铜，可选用铝镁质干式振动料。

(3)炉衬的捣筑成形

炉衬捣筑一般分两步进行：

1)在线圈每匝间和内圈面用刚玉基耐火浆料(俗称耐火胶泥)涂敷线圈，涂抹层厚度6～10 mm，匝间涂料同时起到绝缘作用。新线圈或进行较大的修补后的线圈，涂抹施工结束后首先在环境温度下养护，然后按照规定的加热程序进行充分干燥。

2)捣打坩埚。捣打坩埚也分为两个阶段。

①首先捣打炉底部。加料厚度不宜过厚。从炉底中心开始，采用圆头或平头工具以螺旋线底形式向外圆周捣打。每层加料厚度和捣打次数依照材料性质而定。通常，加料厚度 120 mm 左右，捣打次数应不少于3～4 次。每层加料捣实后，都需用叉子把表面刮松，再加入下一层料进行捣打；炉底料打结厚度应比规定高 30 mm 左右，刮回到规定高度后再安放坩埚模具。

②坩埚壁捣打。首先，放置坩埚模胎具。放置时，一定注意其与感应器线圈的同心度，并固定牢靠。开始捣打坩埚壁之前，需将底部耐火材料暴露部分的表层划松。捣打时，每层加料亦不超过 120 mm。先用叉子轻插除气，然后用平头工具捣打。依此类推，直到将坩埚壁捣打至高出渣线以上 20～25 mm 的位置。炉口，采用湿料封顶的方式施工。

(4)烘炉技术

捣打铜合金坩埚时采用的模板胎具材质通常有两种：一种是紫铜坩埚模，亦称消失模，用6～8 mm 厚度的紫铜板制造；另一种是铸铁或钢坩埚模。后者熔点比铜高，坩埚烧结温度可以更高，因而耐火料烧结得更好，模具易于制造，成本也低，可以重复使用，应用较普遍。

采用铜质坩埚模胎具捣打坩埚时，可将铜原料直接加入炉内并送电，按照规定的温升曲线烘炉，烘炉后期铜坩埚模胎具将被熔化。

采用厚壁铸铁坩埚模胎具时，可在烘炉后期即当耐火材料具有一定强度时脱模，铸铁坩埚模胎具可重复使用，亦称重复模。

采用普通钢板焊接时，可在其内加入电极石墨块或焦炭块的情况下送电进行烘炉。烤炉后期，即在坩埚模胎具未熔化之前及时将其取出，以防铁质污染合金熔体。

根据筑炉用耐火材料材质不同，应该采用不同的温升制度进行烘炉。其要点是：①初期升温速度不应过快，即不大于 100℃/h；②在 250 ~ 300℃时，保温 1 ~ 2 h，在 650 ~ 800℃时，再保温 5 h 以上，此后升温速度可适当提高一倍；③在烤炉后期应加热到比铜合金出炉温度高 150℃以上的温度下保温 1 ~ 2 h，然后降至铜合金的熔炼温度投入正常使用。

55. 反射炉结构与特点是怎样的？怎样砌筑与烘烤？

(1)设备与结构

反射炉由炉基、炉底、炉体及炉体支架、炉门、燃烧系统烟道等部分构成。图 2 - 9 是固定式 100 t 铜反射炉。

1)炉基、炉底与炉体支架

炉基通常用混凝土构成，有些炉基中预留有冷却通道，利用空气自由流通冷却炉底。混凝土上面铺铸铁板或钢板，架空高度通常在 350 mm 左右。

反射炉通常采用砖砌反拱形炉底。砖砌反拱炉底砌筑依次为：炉底铸铁板或钢板、石棉板 10 ~ 20 mm、黏土砖 230 ~ 345 mm、捣打料层 50 ~ 100 mm，最上层砌镁砖或镁铝砖反拱 230 ~ 380 mm。反拱中心角 33° ~ 40°。

2)炉墙与熔池

砌体的外层采用硅藻土一类的保温砖，内墙采用镁砖或镁铝砖砌筑。重要部分如炉门口、扒渣口、渣线位置采用铬镁砖砌。炉墙上部厚度为 460 ~ 690 mm 左右，熔池下部逐渐错台加厚。

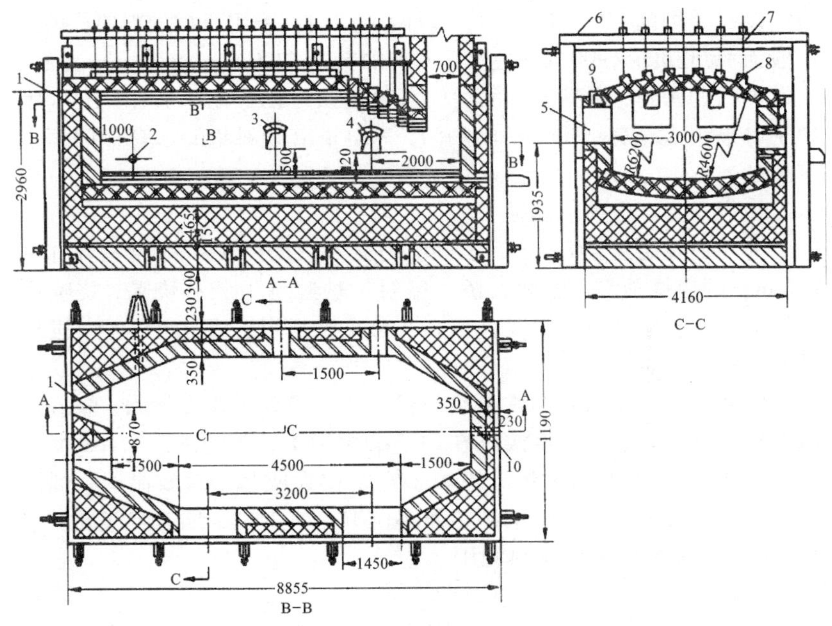

图2-9 固定式100 t铜反射炉

熔池面积与深度、与容量有关。通常小炉子熔池深度300～400 mm，120～140 t的炉子熔池深度达750～950 mm。

3）炉顶

根据熔池大小从结构形式上分为砖砌拱顶和吊顶，大容量炉子采用悬挂吊顶。吊挂炉顶的优点是：①可以降低炉顶拱高，有利于强化炉气与炉料之间的热交换；②可以减少炉顶对炉墙的压力，有利于改善炉墙受力状况；③炉顶维护比较方便；④不容易发生大面积的炉顶塌落，延长炉顶使用寿命。

熔池液面至炉顶拱底的高度称为炉空。炉空低，有利于火焰充满炉膛，火焰和炉料接触好，热损失小。但炉空低，辐射面亦减少。100 t铜反射炉的炉空一般为800～1100 mm。

4）加料门

反射炉根据熔池大小可设1~2个炉门(加料口),一般60 t以下炉子设一个炉门,70~100 t炉子设两个炉门。采用机械加料时,炉门一般为1500 mm×900 mm左右,人工加料为1200 mm×600 mm左右。

炉门的密封:小型炉子的炉门可采用铁框内嵌耐火砖结构,大型炉子可采用水冷套结构的活动炉门,靠自重沿倾斜状的水套护门框上下滑动。

5)燃烧室、烧嘴及烟道

为使炉膛温度能沿长度方向均匀分布,反射炉一般都有1.1~1.2 m长的燃烧前室,俗称火桥。反射炉炉膛壁上装有烧嘴,烧嘴由燃气进口、热空气进口、混合室、喷嘴及控制阀组成。进气量、进风量及压力可调。

周期作业的反射炉通常采用竖式烟道。当炉子宽度不大,竖式烟道垂直部分不高时,可直接压在炉子的拱顶上,此处拱顶采用"加强拱环",以承受烟道的重量。当炉子宽度较大或竖烟道较高时,则需要另设钢架支承。由于反射炉热效率仅15%~30%,烟道废气温度很高,应当采取措施实施预热利用。

6)扒渣口及出铜口

扒渣口尺寸应根据渣量多少及操作情况确定,其位置多设定在烧火口对面的后端墙,此处便于插木还原,也有少数设在加料口对面的侧墙。渣口下沿一般应低于最大液面50~200 mm。

反射炉通常采用小洞眼放铜,化铜时用耐火泥和钎子堵塞。

(2)砌筑与烘烤

砌筑应注意以下要点:砖缝要小,渣线以下1~1.5 mm,渣线以上炉墙砖缝一般小于1.5~2.5 mm;砖缝应为"Z"形,不允许有直通砖缝;除正常砖缝外,要根据各部分受热和受力情况留有纵向或横向膨胀缝,膨胀缝用纸板充填;炉底在砌镁砖前,应先将填料层烘干;镁砖反拱一般采用干砌,砌完后用细镁粉扫灌砖缝,务必将砖缝填满。

根据炉子容量、耐火材料材质、施工方式,以及施工季节不同,炉子烘烤制度不尽相同。烘炉,应按照以预先编制的烘炉制度和升温曲线进行。

反射炉烘烤时间较长,多达300 h左右。一般情况下,先用木柴烘干。当炉温高于 600 ~ 700℃时，方可用重油烘烤。

图 2 - 10 是某厂实际应用的 100 t 铜反射炉(硅砖炉顶)的烘炉升温曲线。

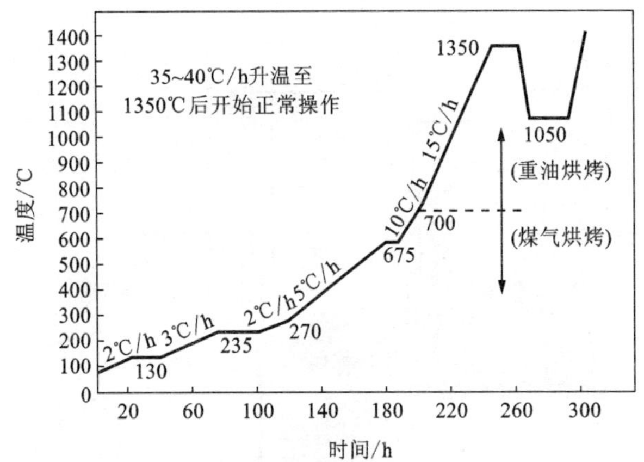

图 2 - 10　100 t 铜反射炉烘炉升温曲线

56. 竖炉的结构是怎样的？炉衬材料有什么要求？

(1)竖式炉的组成与结构

图 2 - 11 是竖式炉结构的示意图。

竖式炉由炉基、炉体、烟囱、加料车、燃烧系统等部分组成。炉体内部衬有耐火材料，可分为炉身、熔化室、炉缸、炉底等不同的工作区。在熔化室周围，安装有数排高速烧嘴。工作期间，炉料经提升机送到加料口并装入炉内，炉料在下降过程中被火焰加热，并在熔化室附近熔化，铜液落入带斜坡的炉缸(炉底)并在形成液流后经出铜槽流出。

炉子内径以稍大于阴极铜对角线尺寸为宜。最初的竖式炉高 6 m，后来为了使炉料吸收更多的炉气余热以提高热效率，炉子高度有所增加。

(2)燃烧系统及燃料

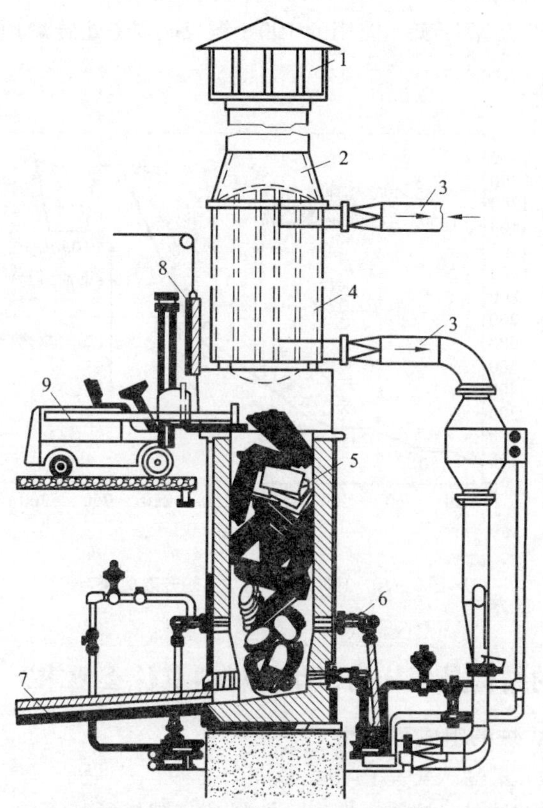

图 2-11　竖式炉结构示意图

1—烟罩；2—烟囱；3—冷热风管；4—护筒；5—炉膛；
6—热风烧嘴；7—流槽；8—装料门；9—装料小车

竖炉多使用天然气或甲烷、丙烷、石油液化气等气体燃料。若使用低硫液体燃料例如煤油等燃料时，需进行气化。

燃气经针阀微调后，在混合筒与空气混合，再经过烧嘴喷射管向炉内喷射。为使混合气在断面内的氧含量均匀，在烧嘴弯管的法兰处安装一个节流孔板。该烧嘴的特征是：燃料和空气混合均匀，烧嘴断面内氧含量差值小，混合气可微调呈弱还原性气氛并保持为较短的火焰形状。

烧嘴都安装在炉体腹部，位于自炉底起1/3炉体高度处。根据需要，烧嘴可设2～4排，每排6～8个。

(3)炉衬及其材料

竖式炉内衬的热面通常采用碳化硅质或氮化硅质耐火砖砌筑。最内层耐火材料一般为碳化硅或氮化硅砖，中间层为高铝砖，最外层为高铝质可浇注耐火材料。此种复合式结构的炉衬，一方面可以减少热的损失，同时也可以节约成本。

砌筑完成之后经过一昼夜自然干燥，即可进行烘炉。开炉时，先经过15～30 min的低效率燃烧，预热炉衬和炉料。当炉料被加热到熔化温度之前的炽热状态时，即可转换成高负荷燃烧以加快熔化速度。随着熔化过程的进行，大约经过30 min就可以达到正常的熔化效率。之后，随着炉膛内炉料的下降不断地补加炉料，应同时调整各个烧嘴，并密切监视炉内状况和熔体质量的变化。

停炉时，停供燃料1～2 min以后即停止出铜。之后，为保持炉内剩余炉料呈铅笔状锥体形状，由烧嘴继续向炉内供风，强制冷却炉料。需要注意的是，冷却过程中不要引起过度氧化。

通常，炉衬最容易损坏的部位发生在最下层烧嘴周围。轻微损坏时，可进行局部维修。炉膛上部温度低，主要是遭受固体炉料重力冲击。为了保证安全，根据炉膛容量及实际熔炼产量等情况的不同，应该有计划地对炉衬进行中修和大修。

57. 真空炉结构是怎样的？对坩埚有什么要求？

感应炉的主要参数包括：冶炼真空度，即炉子在工作期间保持的真空度；极限真空度，指炉子在室温下空炉时所能达到的最高真空度；抽气速率，指每秒钟真空机组自炉内抽出的气体量；升压率，指单位时间真空室内真空度下降值。

(1)真空炉的组成与结构

真空感应电炉装置，按照其真空室的启闭方式可分为卧式和立式两种。

卧式是真空室在垂直面上分开，开启时真空室的可移动部分向一侧水平移动，将感应线圈和坩埚暴露出来。这种结构便于坩埚的制作、真空室的清理、维修、检查，大型炉子以该方式较多。

立式的真空室上方有一个盖，用来启闭真空室，这种结构占地面积小，容量 5～5000 kg 均可。由于立式的真空结构可以提供高度方向上的优势，可以浇注规格相对较小、较长的铸锭，并且可以一次浇注 2～3 根铸锭。

真空感应炉使用的工作电压比普通中频感应炉低，通常在 750 V 以下，以防止电压过高引起真空下气体放电而破坏绝缘，造成事故。

图 2－12 是立式真空感应炉示意图。

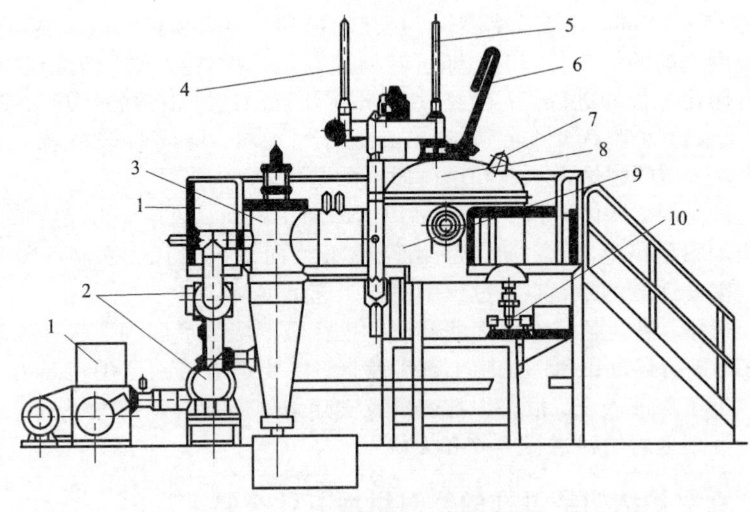

图 2－12　立式真空感应炉装置示意图

1—机械泵；2—增压泵；3—扩散泵；4—取样装置；5—测温装置；6—捣料装置；7—观察孔；8—炉盖；9—炉体；10—铸模移动机构

（2）炉衬材料

真空能促进耐火材料和金属液的反应，所用的耐火材料要求有更高的化学稳定性。真空熔炼所用坩埚，通常选用高纯氧化物制成，如氧化镁、铝镁尖晶石、氧化铝、氧化锆等。熔炼铜及铜合金最常用的坩埚是石墨，熔炼镍及镍合金最常用的耐火材料是电熔镁砂。

（3）筑炉和烤炉

筑炉工艺与无芯感应电炉基本相同，新筑的炉子，需经8～24 h自然干燥，然后进行烤炉。烤炉制度按选用的炉衬材料特性制定，可以装入热电偶，利用调整输入感应器的功率控制，以一定的升温速率烤炉。

烤炉过程中，需要注意的事项包括：①烤炉在非真空下进行，若炉口太湿，可用煤气烘烤。②以石墨芯子作炉胎的炉子，当温度达到1700℃时，停电拔石墨芯子，从停电到拔出芯子，应在20 min内完成。③为使炉壁上部进一步烧结，第一炉按最大容量投料，缓慢升温，然后逐渐升高功率化料，根据炉容大小，确定升温化料时间。④石墨坩埚和坩埚样板筑的炉子，烤炉前要装满石墨块。⑤其他注意事项可参照中频感应电炉。

准备重开的炉子，停炉前趁高温时将炉壁、炉底清理干净，然后迅速合炉抽真空，防止炉衬急冷。数小时后关炉壳冷却水，线圈冷却水时间再长一些。

再开前仔细检查炉衬，进行补炉，补炉料根据所用的炉衬，可以自配或外购，通常采用60%的中粒砂、40%的细粒砂，加适量硼酸和水玻璃。

对于短期(8～24 h)重开的炉子，可以直接加入炉料，缓慢升温化料，然后正常生产。

58. 立式半连续铸造机有哪些种类？各有什么特点？

立式半连续铸造机分为3种：丝杠传动式半连续铸造机、钢丝绳传动式半连续铸造机和液压传动式半连续铸造机。

(1)丝杠传动式半连续铸造机

丝杠传动式半连续铸造机主传动系统中，中、小型铸造机可采用单丝杆传动，大型铸造机应采用双丝杆传动。现代设计中可以采用一台交流变频调速电机。图2-13为丝杠式半连续铸造机示意图。

丝杆传动式半连续铸造机，具有控制系统简单、铸造速度稳定、运行可靠和牵引能力比较大，有利于克服铸造过程中铸锭的悬挂现象等优点。最主要的另一个优点是，铸造过程中的铸造速度不受铸锭自身重量逐渐增加的影响。

丝杆传动式半连续铸造机的主要缺点是：主要设备安装在深井

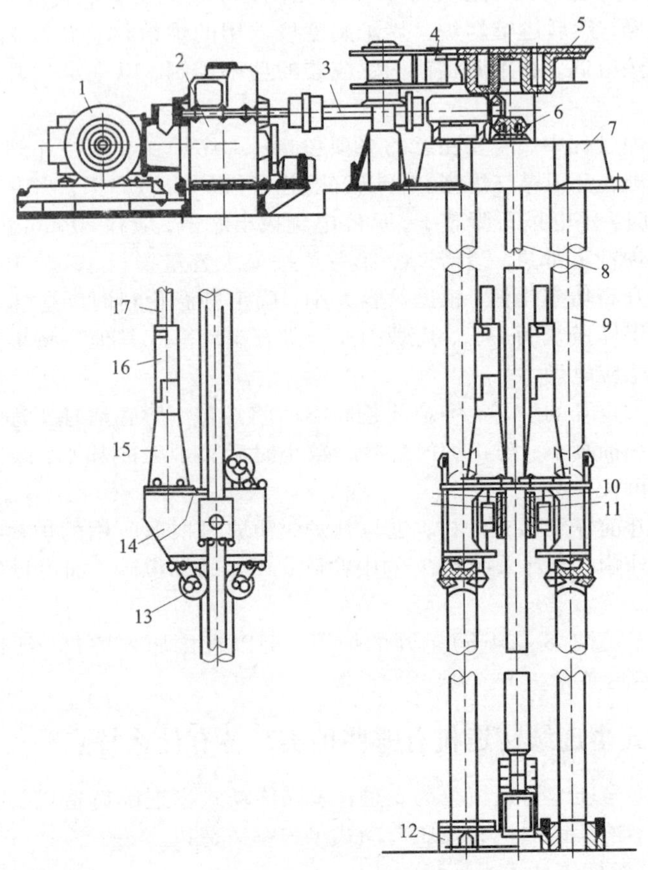

图 2-13 丝杆传动式半连续铸造机示意图

1—电动机；2—减速机；3—传动轴；4—结晶器回转盘；5—结晶器；6—伞齿轮；7—上部固定架；8—传动丝杆；9—导向杆；10—螺母座；11—对开螺母；12—下部固定架；13—导向轮；14—升降台车；15—引锭器固定座；16—引锭器；17—铸锭

中，工作条件不好，维护也不方便。另外，虽然丝杆传动比钢丝绳传动平稳，但却不及液压传动平稳。

铸造机的运行期间，应经常对各传动机构进行润滑。尤其是铸造机丝杆、螺母、导向杆、滑块等活动部位，通常以采用机械化干油泵注入润滑油的润滑方式较为合适。浇注过程中，应注意避免高温的铜液落入丝母。如果发现丝母严重磨损，应及时更换，以避免丝母脱落。铸造机运行过程中，应注意防止升降台车超越上、下极限位置，以免造成顶弯丝杆，或者滑块(轴瓦)脱落等事故。

(2)钢丝绳传动式半连续铸造机

钢丝绳传动式半连续铸造机的主要优点是结构简单，容易制造，造价较低，一般不需要安装在深井中，维护方便。钢丝绳传动式半连续铸造机适于铸造中、小断面规格铸锭。图2－14为钢丝绳传动式半连续铸造机示意图

与丝杠传动式半连续铸造机不同的是，钢丝绳传动式半连续铸造机通常都布置在车间的平面以上，或者采取半地下布置的方式。

钢丝绳传动式半连续铸造机的主要缺点：在升降台车运行过程中，容易出现摇晃现象，不如丝杆传动式铸造机运行稳定。当钢丝绳出现打滑现象时，铸造速度将可能发生失控现象。此外，由于钢丝绳长期在与冷却水接触的环境下工作，容易磨损、容易生锈，直至发生断股。

使用钢丝绳传动式半连续铸造机时，应严格控制升降台车的上极限和下极限行程，以避免钢丝绳被拉断，以及因此而发生升降台车坠落事故。此外，应避免高温熔体溅落到钢丝绳上，以防钢丝绳被烧坏。

(3)液压传动式半连续铸造机

现代的液压传动式半连续铸造机最长铸锭已经达到了12 m，铸造过程可以实现高度的自动化。随着液压传动及其控制技术的不断发展，液压式半连续铸造机的各项技术亦日趋成熟。现代的液压铸造机不仅其铸造速度得到了精确地控制，而且自动化控制水平亦越来越高，加上铸造速度的调节范围较宽，运行平稳，构造简单等优点，因此应用越来越普遍。

图2－15为液压传动式半连续铸造机示意图。该液压传动式半连续铸造机主要由液压动力站、液压缸和升降台车、导轨、结晶器及供排水系统，以及铸造速度、铸锭长度和结晶器的冷却水控制等系统组成。

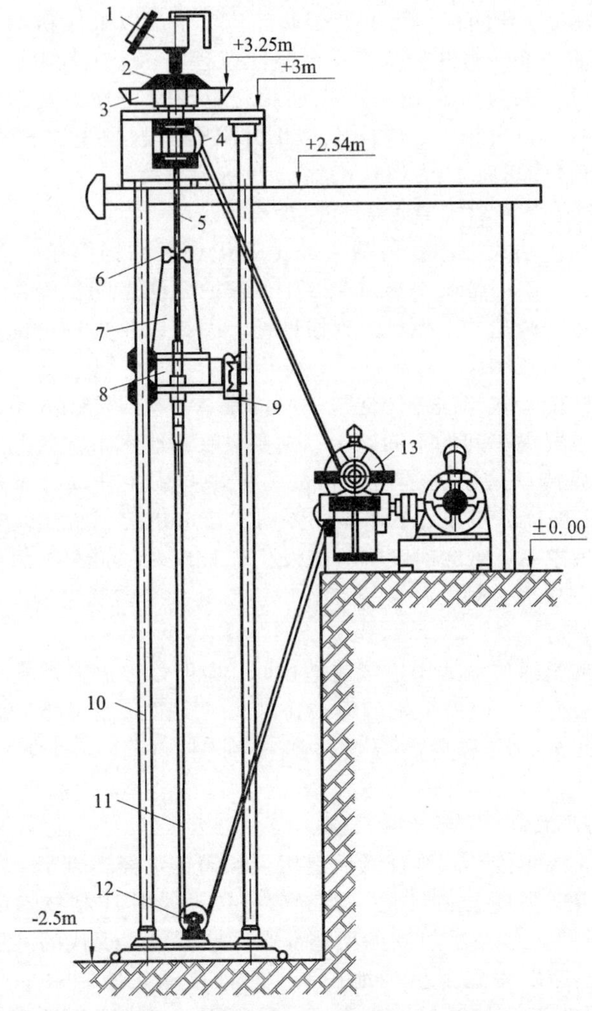

图2-14　钢丝绳传动式半连续铸造机示意图

1—浇注箱；2—结晶器；3—回转盘；4—上部滑轮；5—向上牵引台车的钢丝绳；6—引锭器；7—引锭座；8—升降台车；9—滑瓦；10—导向杆；11—向下牵引台车的钢丝绳；12—下部滑轮；13—卷扬机

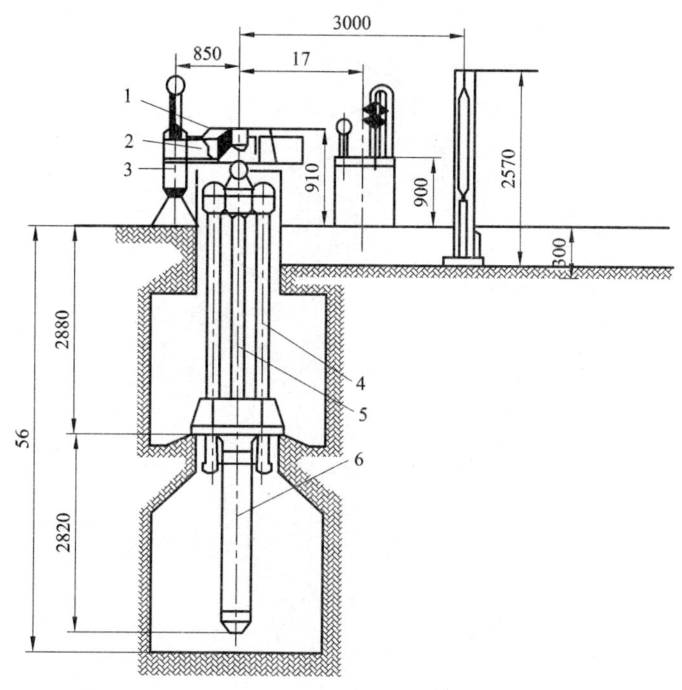

图2－15　液压传动式半连续铸造机

1—结晶器；2—回转台；3—引锭器；4—导杆；5—柱塞；6—柱塞缸

与其他形式的半连续铸造机相比，液压传动式半连续铸造机最大的缺点是，液压缸须安装在较深的地下，即需要一倍于有效行程的深度，并且要求较高的垂直精度。

59. 立式全连续铸造机的特点是什么？

大型立式连续铸造机组，首先需要有相应容量及生产率的熔炼炉组与之配套。铸造机的机架通常为坚固的钢结构，铸造机可以建在地上，也可以建在地下或者半地下。与立式半连续铸造机不同的是，立式连续铸造时从结晶器下方及其冷却系统中排放的水，需要通过专门的带密封的集水箱导引并通过系统管道输送出去。而且，锯切过程中产生的屑以及使用的润滑液都需要进行收集。图2-16为大型立式连续铸造机组示意图。

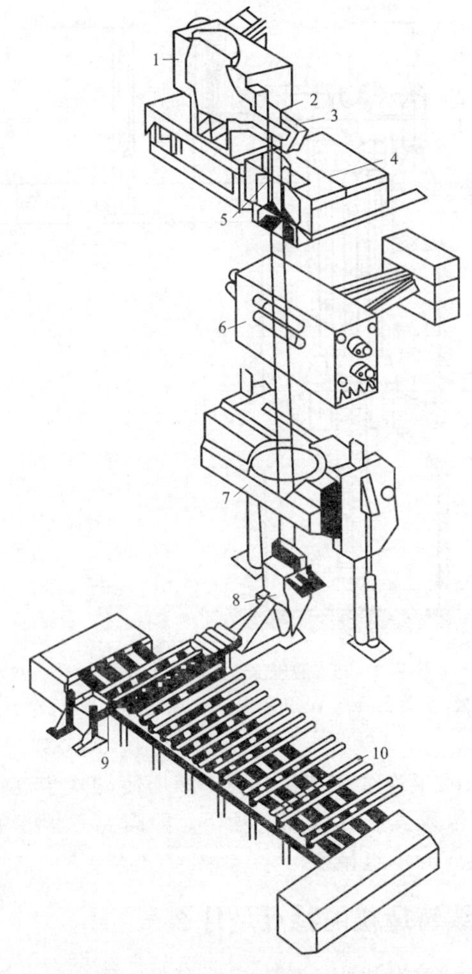

图2-16 大型立式连续铸造机组示意图

1—浇注炉；2—液体金属流量控制系统；3—浇注炉前室；4—平台及振动装置；5—结晶器；6—铸锭拖动(牵引)装置；7—随动锯；8—铸锭接收筒及倾翻装置；9—打印机；10—铸锭输送辊道

立式全连续铸造机组的最大优点是生产能力、生产效率，以及铸造成品率等都比较高，适合较大规格、单一品种铸锭的大规模生产。此外，由于全连续铸造机组设备的机械化和自动化程度都比较高，因此工人的劳动条件比较好。

但是，大型的立式全连续铸造机组占地面积和空间都比较大。一台生产宽度1200 mm、铸锭长度8 m的机组，仅铸造机设备的高度就将近20 m。显然，无论是投资，还是建设周期都远远超过相同铸锭规格的半连续铸造设备。

现代的大型立式连续铸造机组，多用来生产各种韧铜、磷脱氧铜和无氧铜大型铸锭。据报道目前圆铸锭直径已经超过了ϕ400 mm，扁铸锭的宽度已经超过1200 mm，在线锯切的铸锭长度达10 m。

60. 带坯水平连续铸造机的特点是什么？

由于铜带坯通常采用带反推的微程引拉程序，因此在线的双面铣床、剪切机、卷取机等设备都应是随动设备，即都能与铸造程序中的“拉—停—反推”等动作保持同步移动。水平连续铸造的铜带坯，其厚度通常在13～20 mm，其宽度有的已经超过1000 mm。小规格铸坯，可以同时引拉两条。

图2－17所示的是一种现代铜带坯水平连续铸造生产线。

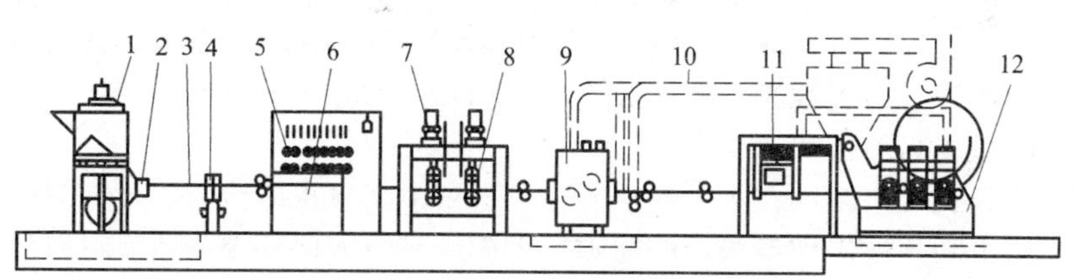

图2－17　现代铜带坯水平连续铸造生产线

1—保温炉；2—结晶器装置；3—铸造带坯；4—托辊；5—冷却水分配器及控制系统；6—保温炉和牵引装置的操作台；7—压紧辊；8—牵引辊；9—双面铣床；10—抽吸铣屑系统；11—液压剪装置；12—卷曲机

现代水平连续铸造机的控制精度一般都比较高，例如：不仅自由调节正向引拉和反推速度，而且运行的速度曲线亦可以进行设置，正向引拉和反推行程精度达到了 ±0.1 mm；停歇时间精度达到了 ±0.1 s。

每一个铸造程序的组成都可以自行设计，并在运行过程中根据需要调整。把铸造带坯表面温度监测信息引入计算机系统之后，当温度发生异常时引拉程序可以进行自动调整，即实行完全自动化的控制。编制铸造程序时，亦可以加入清理结晶器的程序。

铜带坯水平连续铸造机列的主要优点在于：解决了某些铜合金例如锡磷青铜、锌白铜和高铅黄铜等采用厚断面铸锭热轧开坯困难的工艺难题，同时省去了热轧需要预先加热铸锭所需的大量能源消耗。

铜带坯水平连续铸造机列尤其适合单一合金品种和单一规格带坯生产，所生产的带坯产品质量稳定，成品率比较高。

61. 管棒水平连续铸造机的特点是什么?

铸造复杂铜合金棒坯及管坯时，经常采用“拉－停”，包括带有微程反推程序的铸造程序，有利于改进铸锭的表面质量和内部结晶组织。当铸坯拉出长度达到设定值时即触发定位器，并按照以下顺序开始工作：液压钳夹紧铸坯－圆盘锯启动，锯片旋转－锯床横向前进，切断铸坯－液压钳松开铸坯－锯床沿斜坡轨道滑回原位。夹钳的夹紧与松开，锯片的前进和后退，皆通过电液系统控制的液压缸自动完成。

图 2－18 所示的是简单的铜棒坯及管坯水平连铸机组。

水平连铸机列适合铸造中、小规格断面的铸锭。目前水平连续铸造的铸锭规格大致为：棒坯 ϕ15～500 mm，管坯外径 ϕ25～500 mm，壁厚最小为外径的 10%。

较大规格铸锭在水平连续铸造过程中由于自重效应，在铸锭与结晶器之间往往出现不均匀的间隙。铸锭规格越大此间隙越大，阻碍热交换的行为越严重，结果使铸造速度受到限制，进而可能影响到铸锭的表面质量。另外，由于上述间隙不均匀的结果，也导致了铸锭结晶组织的不均匀。

水平连续铸造适合各种铜及其合金。通过对结晶器及铜液分配系统不断改进设计，上述收缩间隙和铸锭组织缺陷正在逐步得到克服。

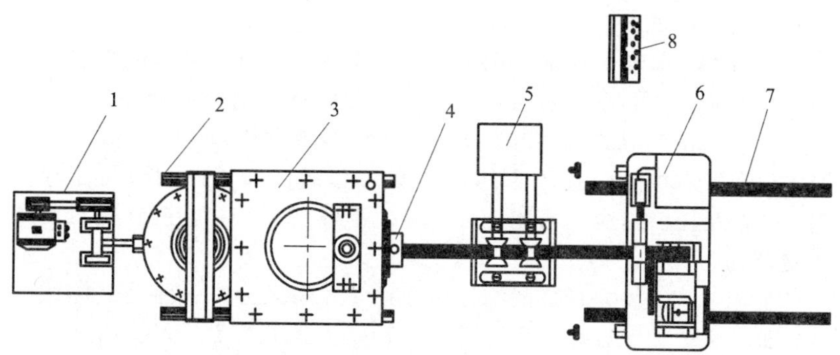

图2－18　铜棒坯及管坯水平连铸机组

1—振动装置；2—保温炉行走轨道；3—浇注炉；4—结晶器装置；5—铸锭牵引装置；6—自动锯切装置；7—锯床行走轨道；8—操纵台

62. 上引连铸机列的特点是什么？

上引式连铸法是利用真空将熔体吸入结晶器，通过结晶器及其二次冷却而凝固成坯，同时通过牵引机构将铸坯从结晶器中拉出的一种连续铸造方法。

图2－19是同时铸造4根铜线坯的上引式连铸装置示意图。

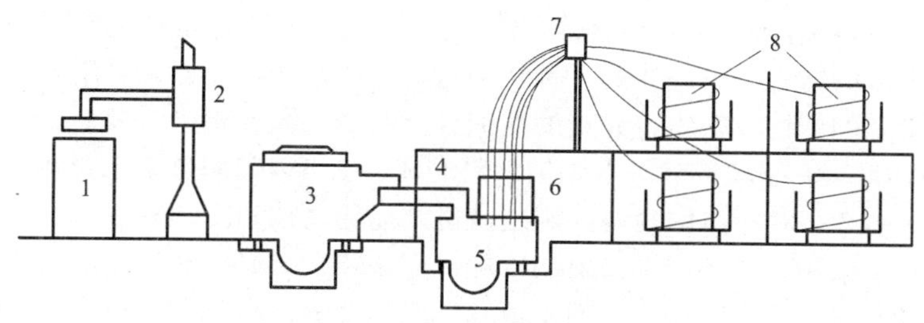

图2－19　上引式连铸生产线示意图

1—料筒；2—加料机；3—感应熔化电炉；4—流槽；5—感应保温炉；6—结晶器；7—夹持辊；8—卷线机

一套完整的上引连铸机列包含有熔炼炉、保温铸造炉、牵引系统和收线机4个部分。

熔炼炉、保温炉通常采用工频感应电炉，也有的采用电阻炉。结晶器装载在牵引机的悬挂装置上。伺服电机依靠对电源的控制，使其具备在规定的时间内完成正转动、停歇、反转等多项功能，具有运行稳定、维护简单等特点。收线系统有一套铜杆杆长控制限位器和牵引、盘卷及托盘组成。收取 ϕ10 mm 以下收线系统中，铜杆托盘需配置旋转动力。

如果从熔化炉和保温铸造炉的配置方面区分，一种是分体式配置，即熔炼炉和保温炉分别独立，一种是连体式配置，是指将保温炉和熔炼炉做成一体，熔化炉中的铜液通过两熔池间的通道自动进入保温炉。目前上引式铸造铜杆生产线中，越来越趋向于采用连体式配置。

对于上引连铸过程，一般采用"停－快速提升"铸造方式，实现比较稳定的连续铸造过程并保证产品质量的相对稳定。由于在结晶器中铜液的冷却和凝固所散发出的热量都是通过间接方式进行，而且铸坯发生收缩时即已离开模壁，加上模内又处于真空状态，铸坯的冷却强度受到一定限制，生产效率比较低。因此，上引连铸通常都是采取多头即多个结晶器同时进行铸造的生产方式。

63. 轮带式连铸机列的特点是什么?

轮带式连铸，指采用由旋转的铸轮以及与该铸轮相互包络的钢带所组成的铸模进行浇注的一种特种铸造方式。结晶轮通常采用导热性能良好的紫铜或含铬等元素的高铜合金制造，然后装在辐板上。钢带可用厚2.0～3.0 mm的低碳钢材料制成，也可以采用合金钢材料。

图2－20所示的是塞西姆连铸机结晶轮结构和冷却装置。

在结晶轮槽环周围喷射的冷却水应该符合金属结晶规律沿结晶槽环分段控制压力和流量。喷水范围一般从浇嘴入口处起，按铸轮旋转方向转90°～110°。钢带外侧的冷却水亦分段进行控制。

牵引机主要起牵引铸坯作用，以及防止从连铸机出来的铸坯抛下较大的活套或被后继连拉机拉得太紧而影响铸坯质量。牵引机通常由机架、牵引辊、万向接轴、齿轮分动箱、减速机及电动机构成，类似小

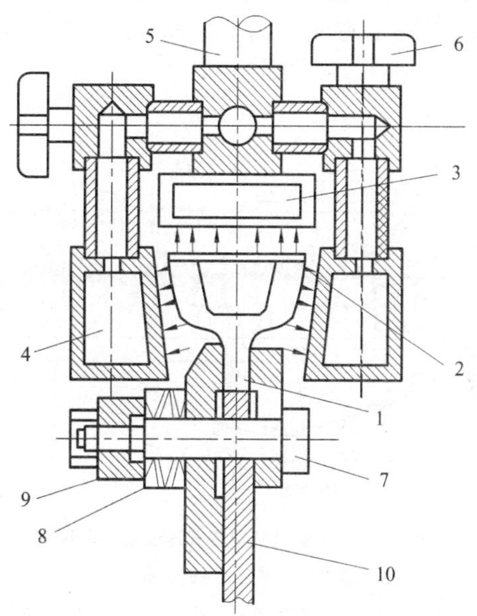

图 2-20　塞西姆连铸机结晶轮结构其冷却装置

1—结晶轮槽环；2—钢带；3—外冷却；4—侧冷却；5—进水管；6—调整阀；7—螺栓；8—蝶形弹簧；9—螺母；10—辐板

型两辊轧机。

轮带式连铸通常通过中间包并采用小断面流嘴进行浇注，因而有利于细化结晶组织。但是，由于结晶过程是在圆弧形结晶器内进行，凝固收缩容易引起裂纹，铸造低氧铜是比较困难的。而且，轮带式铸造的铸坯进入连轧前矫正铸坯的矫直应力比较大，也容易引起裂纹。因此，轮带式连铸机主要用来铸造氧含量 0.025% ~0.045% 的韧铜线坯。

64. 钢带式连铸机列的结构特点是什么?

钢带式连铸，即金属熔体被浇注入由上下环形钢带和左右环形青铜侧链组成的结晶腔，从而被冷却和凝固成坯的一种特种铸造方法。

美国哈兹列特连铸机是这一类装备的典型代表。图 2－21 是哈兹列特双带式连铸系统示意图。图 2－22 是哈兹列特双带式连铸结晶器。

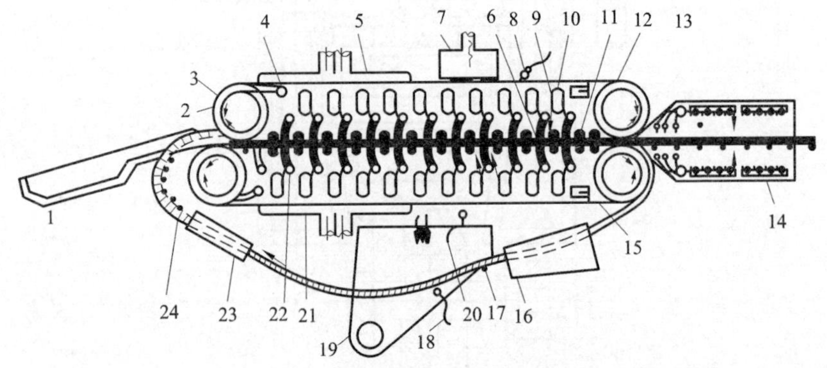

图 2－21　哈兹列特双带式连铸系统示意图

1—浇注漏斗；2—压紧轮；3—盘圆管喷嘴；4—集流水管；5—钢带烘干器；6—回水槽；7—排风系统；8—钢带涂层；9—分水导流器；10—集水器；11—鳍状支撑辊；12—上钢带；13—后轮；14—二次冷却室；15—下钢带；16—挡块冷却；17—下支撑辊；18—挡块涂层装置；19—排风系统；20—钢带涂层；21—钢带烘干器；22—高速冷却水喷射口；23—挡块预热器；24—挡块

铸造过程在两条同步运行钢带之间进行。两条钢带分别套在上、下两个框架上，每个框架上的钢带可用 2 个、3 个或 4 个导轮支撑。框架间的距离可以调整，从而可得到不同厚度的铸坯。下框架带上带有不锈钢绳连接起来的金属块，以构成模腔的边块，它通过钢带的摩擦力与运动的钢带同步移动。调整两边块之间的距离，可以得到不同宽度的铸坯。

结晶器用钢带，是一种专用的冷轧低碳特种合金钢带。为了保证钢带的平直度，上下框架内都装有多对支撑辊，从两钢带的内表面成对地顶着钢带，并通过相应的机构控制其张紧程度，使钢带保持一定的平直度。

金属浇注是通过漏斗进行，此漏斗的浇口正对着由上、下框架构成的模腔入口。

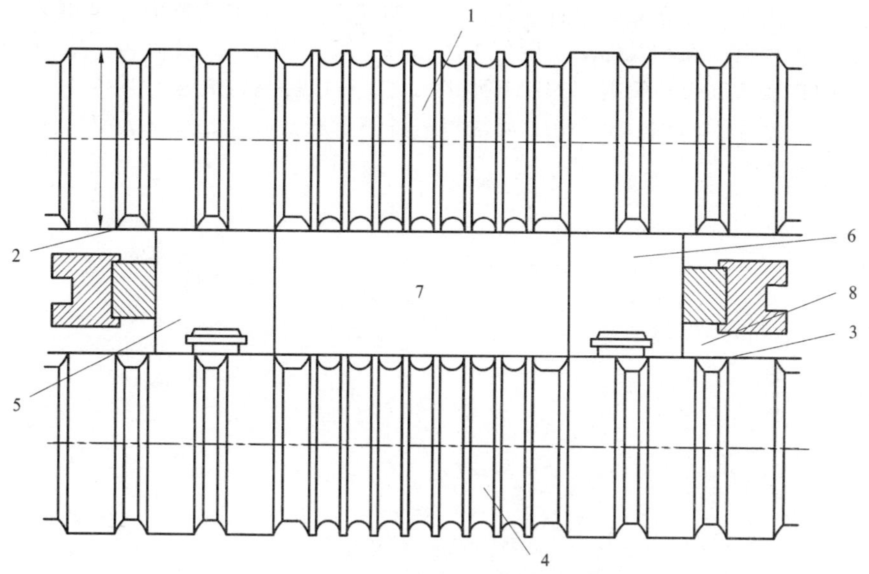

图2-22　哈兹列特双带式连铸结晶器

1、4—上、下鳍状支撑辊；2、3—上、下钢带；
5、6—左右挡块；7—模腔；8—穿块带子

结晶器的倾角是可以调整的。浇注时，如果想使金属流的湍流小些，应采用较小的倾角。如果想缩小结晶器入口处熔池长度，以防金属的氧化，应采用较大的倾角。通常浇注铜线坯的连铸机结晶器倾角采用10°。

铸造开始前，将引锭头插入钢带与边块构成的模腔中，使结晶器封闭。金属熔体通过流槽、前箱和浇注嘴或分配槽进入结晶器。开动连铸机的同时，必须保证钢带移动速度和金属流量之间的平衡，使液面刚好保持低于结晶器开口处。

高速冷却水从给水管上的喷嘴射出，经过金属制作的弧形挡块后，切向冲刷钢带，穿过支撑辊身上的环形槽，流入集水器，再从集水器进入排水管返回冷却水池。

钢带在出口端离开铸坯后在空气中自然冷却，当重新运行至浇口之前又受到喷嘴射出水的冷却。

由于金属在凝固过程中伴随有收缩现象发生，因此整个冷却和凝固过程可能在结晶器总长度的1/3、1/2，乃至全长上连续进行。采用向铸坯表面直接喷射二次冷却水的方式，可以提高铸造速度。

结晶器的钢带寿命短，通常每运行一个班就需要更换一次钢带。

第 3 章　铜及铜合金的熔炼技术和工艺

3.1　铜及铜合金的铸造方法

65. 熔炼生产的基本步骤有哪些?

铜合金熔炼常用的方法有以下几种：反射炉熔炼、竖炉熔炼、感应炉熔炼、真空炉熔炼、电渣炉熔炼。反射炉多用于紫杂铜回收，竖炉用于线坯连铸连轧，感应电炉使用最广泛，真空炉和电渣炉分别用于高纯、活泼易烧损合金和高温难熔合金的熔炼。

无论采用何种方法熔炼，铜合金熔炼工艺流程通常如图 3－1 所示。

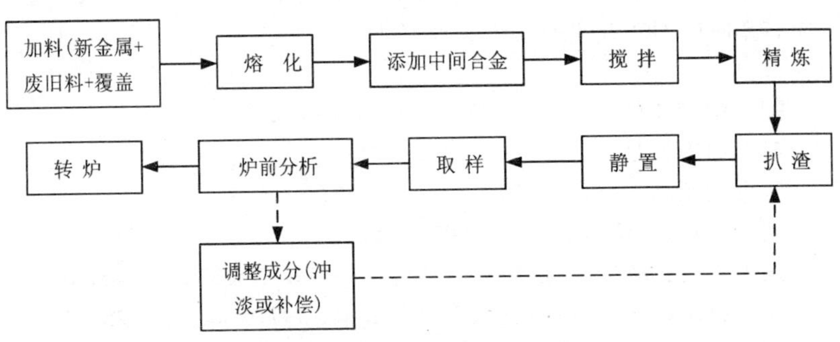

图 3－1　铜合金熔炼工艺流程图

66. 如何进行炉前配料计算?

配料比，即配料中合金各组成元素所占的比例，通常以百分数表示。确定配料比，应以保证合金熔体的炉前分析结果完全符合规定的标准为主要依据。应该指出，在实际生产中确定合金的配料比时，对于不易熔损的元素配料比可取标准范围的中限；对易熔损的元素配料比可取标准范围的中、上限；对个别熔损特别大的合金元素配料比有时也可超过标准化学成分范围的上限。初步确定的配料比可根据铸锭化学成分检测结果，再进行修正。

例1：全部使用新金属时，合金配料的计算。

试计算出每炉投料量为300 kg，并全部使用新金属时NCu28－2.5－1.5镍铜合金的配料。假设NCu28－2.5－1.5合金的配料比为Cu，28%；Fe，2.5%；Mn，2%；Ni，67.5%。

计算：

Cu：$300\times28\%=84(kg)$

Fe：$300\times2.5\%=7.5(kg)$

Mn：$300\times2\%=6(kg)$

Ni：$300-84-7.5-6=202.5(kg)$或$300\times67.5\%=202.5(kg)$

例2：新金属和旧料混合使用时，合金的配料计算。

试计算出每炉投料为1500 kg，配料中使用50%新金属，其余为本合金旧料时H68的配料。假设①H68的配料比为：Cu：67%，Zn：33%；②使用H68旧料时，应补偿锌1%。

计算：

配料中使用的旧料量：$1500\times50\%=750(kg)$

对旧料应补偿锌：$750\times1\%=7.5(kg)$

应再配新料：$1500-750-7.5=742.5(kg)$

其中配铜：$742.5\times67\%=497.5(kg)$

其中配锌：$742.5-497.5=245(kg)$或$742.5\times33\%=245(kg)$

即配料组成为：H68旧料，750 kg；铜，497.5 kg；锌，252.5 kg。

例3：使用中间合金时，合金配料的计算。

试计算出每炉投料量为1000 kg的QSn6.5－0.1合金配料。原料要求：磷以含13%磷的铜磷中间合金形式使用，其余元素均用纯金属。假设QSn6.5－0.1的配料比为：Sn，6.7%；P，0.22%；Cu，93.08%。

计算：

①配料中需要的铜磷中间合金数量为：$1000\times0.22\%\div13\%=$

16.92(kg)

其中，磷：1000 × 0.22% = 2.2(kg)，铜：16.92 − 2.2 = 14.72(kg)。

②需另配纯金属的数量为：

铜：1000 × 93.08% − 14.72 = 916.08(kg)

锡：1000 × 6.7% = 67(kg)

即配料组成为：铜，916.08 kg；锡，67 kg；铜磷中间合金 16.92 kg。

例4：使用化学废料时，合金配料的计算。

当使用化学成分不合格的废料进行配料时，应同时使用适量的新金属与之搭配，以冲淡不合格的元素。计算时，先求出需要新金属的最低量，然后再计算总的配料组成。

试计算出每炉投料量为500kg的QSi3 − 1合金配料。原料要求：每炉料中带入一块50kg重的含铁为1%的本合金废料，并且尽量少用新金属。假设：①QSi3 − 1合金的配料比为Cu，95.1%；Si，3.4%；Mn，1.5%。②使用本合金旧料配比时，应补偿Si，0.1%；Mn，0.1%。③各新金属中铁杂质的限量为：铜为小于0.005%，硅为小于0.5%，锰为小于2.5%。④QSi3 − 1标准化学成分中，铁含量小于0.3%。

计算：

考虑到冲淡杂质时应留有余地，因此计算时把合金中铁杂质含量控制在0.25%以下，这样50 kg化学废料将带入合金中的铁量是：50 × (1% − 0.25%) = 0.375(kg)

各新金属自身都含有一定量的铁杂质，每100kg新金属配料中，最多可带入铁的数量是：

Cu带入：95.1 × 0.005% = 0.00475(kg)

Si带入：3.4 × 0.5% = 0.017(kg)

Mn带入：1.5 × 2.5% = 0.0375(kg)

合计：0.05925 kg

若把合金中铁杂质控制在0.25%以下时，每100 kg新金属配料可以冲淡铁的数量：0.25 − 0.05925 = 0.19075(kg)

若把化学废料中带入的0.375 kg铁全部冲淡，至少应搭配新金属

量为：0.375/0.19075×100=190(kg)

实取新金属配料重量为200 kg，其中：

铜：200×95.1%=190.2(kg)

硅：200×3.4%=6.8(kg)

锰：200×1.5%=3(kg)

对旧料中的硅和锰两元素应进行补偿，其数量为：

硅：250×0.1%=0.25(kg)

锰：250×0.1%=0.25(kg)

由此而得总的配料组成为：

化学废料：50 kg；本合金旧料：250 kg；新金属：铜190.2 kg，硅7.05 kg，锰3.25 kg。

例5：由一种合金旧料改作另一种合金配料时的计算。

在熔制主要组成元素不相矛盾的同类型合金时，较高品位的合金旧料，可以改作较低品位合金的配料。

试计算出每炉投料量为500 kg，以H96合金旧料改制做H62合金配料的配料量。假设：①H96旧料的平均含铜量为96%，余量为锌。②H62合金的配料比：Cu为61%；Zn余量。③在H96合金旧料重熔及H62合金熔炼时，锌的熔损率为合金旧料总重的1.5%。

计算：

在500 kg H62合金的配料中，含铜量：500×61%=305(kg)

在500 kg H62合金配料中，能够使用H96合金旧料的最大量：305/96×100=317.7(kg)

在500 kg H62合金配料中，当使用317.7 kg的H96合金旧料时，还需另配锌：500−317.7=182.3(kg)

另外，需要补偿锌：500×1.5%=7.5(kg)

由此可得出总的配料组成为：H96合金旧料317.7 kg；锌189.8 kg。

67. 如何进行补偿、冲淡以及变炉洗料的配料计算？

由于配料计算，称重的错误或废料混料，以及金属在熔铸过程中的烧损等原因，有时熔体的合金元素含量可能超出或低于标准所要求的范围。遇此情况，必须对熔体化学成分进行调整，成分低的要补偿，成分高的要冲淡。

(1)补偿计算

当炉前分析结果中，某元素含量低于规定的出炉范围的下限时，应对该元素进行补偿。

1)采用纯金属作原料进行补料时，可采用以下简易公式计算：

根据$(Q\times b\%+X)/(Q+X)=a\%$，可推导出补偿公式：

$$X=[(a-b)/(100-a)]\times Q$$

式中：X——应补料量，kg；

a——某元素的要求量，%；

b——该元素的炉前分析结果，%；

Q——熔体总量，kg。

2)采用中间合金作原料进行补料时，可采用以下简易公式计算：

$$X=[(a-b)\times Q+(x_1+x_2+x_3+\cdots)\times a]/(d-a)$$

式中，X——应补料量，kg；

a——某元素的要求量，%；

b——该元素的炉前分析结果，%；

Q——熔体总量，kg；

x_1，x_2，$x_3\cdots$——应补充的不同料各自的加入量，kg；

d——补料用中间合金或该金属中该元素的含量，%。

例：已知炉内有 500 kg H62 合金熔体，炉前分析结果是 59% 铜，余量为锌。H62 的标准含铜量为 61%。试求出应补加铜的数量。

解　欲将含铜量由 59% 调整到 61%，将有关数据代入补料公式中：

$$X=[(61-59)/(100-61)]\times 500\approx 25.6\ (\text{kg})$$

即应向炉内补加铜 25.6 kg，对其他成分(锌)影响不大，可不作调整。

(2)冲淡计算

当炉前分析结果中，某元素含量高于规定的出炉范围的上限时，应对该元素进行冲淡。

根据$(Q\times b\%)/(Q+X)=a\%$，可推导出补偿公式：

$$X=[(b-a)/a]\times Q$$

式中：X——应补加的冲淡料数量，kg；

a——某元素的要求量，%；

b——该元素的炉前分析结果，%；

Q——炉内原有熔体总量，kg。

如果需要补加的炉料应由不同的元素组成，每种元素的量可通过以下公式计算：

$$x_1=[n_1/(100-a)]\times X$$

$$x_2=[n_2/(100-a)]\times X$$

$$\cdots$$

$$x_n=X-(x_1+x_2+x_2+\cdots)$$

式中，X——应补加的冲淡料总量，kg；

x_1，x_2，x_3，…，x_n——应补充的各元素的分量，*kg*。其中 x_n 为余量元素；

n_1，n_2，n_3，…，n_n——应补加的各元素的配料比。

炉前分析结果中，如果除被冲淡元素外，其余各元素含量均符合要求时，上述公式可被简化为：

$$x_1=n_1\cdot X;$$

$$x_2=n_2\cdot X;$$

$$\cdots$$

$$x_n=X-(x_1+x_2+x_2+\cdots)$$

例：已知炉内 QAl9－2 熔体 500 kg。炉前分析结果为：10.2% 铝、2.1% 锰，余量为铜。计算出将熔体化学成分调整至合格范围时应补加料的量。

解：首先确定 QAl9－2 合金的配料比为：Al　9.5%，Mn　2.1%，Cu　余量

将铝含量由 10.2% 冲淡至 9.5%，将有关数据代入冲淡公式中：

$$X=[(10.2-9.5)/9.5]\times 500=36.84\ (\text{kg})$$

即为了冲淡铝，应向炉内补加其他元素 36.84（kg）。补加料由铜和锰两种元素组成，其中

Mn：$x_1=[2.1/(100-9.5)]\times 36.84=0.85\ (\text{kg})$

Cu：$x_2=36.84-0.85=35.99\ (\text{kg})$

如补加料中，锰以含 30% Mn 的铜－锰中间合金形式加入，则补加料为：

Cu－Mn 中间合金：$0.85\div 30\%=2.8\ (\text{kg})$

Cu：$35.99-(2.8\times 70\%)=34.03\ (\text{kg})$

(3)洗炉变料

需要更换熔炼的合金时，应根据合金中杂质允许含量，确定是否需要洗炉和洗炉次数。

例： 工频有芯感应电炉原生产 HPb59－1，变料生产 H62，计算第一炉配料。每炉投料量 600 kg，起熔体重量 200 kg。

HPb59－1 中铅含量以 1.3% 计算，根据 H62 标准中铅的允许含量不大于 0.08%，应用 T2 铜洗 2 炉，每炉洗炉料 600 kg，理论计算洗二炉后起熔体成分如表 3－1。

表 3－1　理论计算洗二炉后熔体主要化学成分含量

起熔体含有元素	Cu / %	Pb / %	Zn / %
HPb59－1 起熔体	59	1.3	39.7
洗一炉后起熔体	余量	0.325	10.0
洗二炉后起熔体	余量	0.081	2.5

200 kg 起熔体中各成分的重量为：

Zn：2.5 × 200 ÷ 100 = 5（kg）

Cu：200 － 5 = 195（kg）

确定 H62 的配料比，铜为 61%，则 800 kg H62 中各成分的重量为：

Cu：61% × 800 = 488（kg）

Zn：800 － 488 = 312（kg）

则第一炉配料单为：

Cu：488 － 195 = 293（kg）

Zn：312 － 5 = 307（kg）。

68. 装料及熔化顺序是怎样的？

在铜及其合金熔炼时，采用合理的装料及熔化顺序，一是可以保证熔体的化学成分合格，减少吸气机会；二是可以加快熔化速度，减少金属的熔炼损失，提高劳动生产率。

装料及熔化顺序原则：

(1)炉料中比例最大的金属，应首先装炉熔化；易蒸发、易氧化的合金元素，如铜合金中的镉、锌、铬等，一般应该最后装炉熔化。

(2)合金化过程中有较大热效应的金属，不应单独加入。例如，若将铝单独加入到铜液中时，可以使熔体局部温度升高200℃以上，结果可能引起熔体的大量吸气和金属的严重烧损。因此，熔炼此类合金时，通常预先留下一部分金属，作为冷却料。熔炼铝青铜时多以铜作冷却料，其数量可为铜总量的1/3。

(3)熔点高于合金熔炼温度的某些元素，应通过溶解的办法使之熔化，不必将熔化温度提高到熔点较高的合金元素的熔点。例如熔炼熔点为1170～1230℃的B30时，采用在铜液中溶解镍的办法，熔炼温度1300℃左右就可以使镍全部熔化。反之必须把炉温提高到镍的熔点温度1453℃以上才行。

(4)能够减少熔体大量吸气的合金元素，应先加入炉内熔化。例如在熔炼硅锰青铜时，若将硅和锰两种元素先熔在起熔体中，所得合金熔体的含气量就可以大大降低。

(5)为了安全生产，加料及熔化时还要注意以下几点：①熔炼黄铜时，应采取低温加锌和逐块加锌的原则。②较大块炉料，应在先加入一定数量的小块料后再装炉，以防引起金属液的喷射和砸坏炉衬。③屑料应在炉内始终保持有一定数量的熔体的情况下加料和熔化，并且在熔化过程中应及时搅拌、捞渣，以防炉料“搭桥”和损坏炉衬。④含有油、水或乳液等潮湿的炉料不能直接装炉熔化。因为湿炉料将会引起熔体大量吸气，严重者甚至会引起“爆炸”事故。

69. 怎样选择合适的熔炼气氛?

熔炼气氛一般分为还原性熔炼、微氧化性熔炼和熔剂保护熔炼。

(1)还原性熔炼

还原性熔炼是感应电炉熔炼铜及铜合金常采用的方式。还原性熔炼气氛可通过熔体表面覆盖固体炭质介质，或以还原性气体保护的方法实现。

木炭和一氧化碳气体是被广泛采用的介质。炭黑、石墨粉、米糠、稻壳等也是可以利用的覆盖介质。采用米糠作覆盖剂时须注意防止磷增高的现象。中频炉内用炭黑覆盖铬青铜熔体可有效减少铬的熔损。

(2)微氧化性熔炼

微氧化性熔炼即指不用任何覆盖介质，在大气下直接熔炼。铝青铜、硅青铜、铍青铜等合金可采用此种熔炼方式。熔池表面由氧化铝、二氧化硅以及氧化铍等氧化膜自行保护，可以使熔池内部熔体免受进一步氧化。由于铝、硅和铍又都是铜合金良好的脱氧剂，在熔体得到良好脱氧的情况下必须注意防止氢的吸入。

(3)熔剂保护熔炼

铜及铜合金熔体中产生的金属氧化物几乎都是碱性的，故可以通过酸性熔剂如石英砂或硼酸等材料造渣排除。熔渣和金属氧化物产生的盐的液相线至少应该比金属或合金熔体的浇注温度低100℃以上，并且具有较强的反应能力。

熔炼某些青铜或白铜时可以选择熔融玻璃作为覆盖剂。掺入冰晶石或苏打、硼砂等物质可以形成熔点低、流动性好的复合硅酸盐，有利于调节黏度。玻璃覆盖物的缺点是熔点高，黏度大，不利于搅拌和捞渣操作，增加金属损耗。

70. 减少熔炼损耗的途径有哪些？

(1)合理选择熔化炉的炉型。

工频有铁芯感应电炉熔池表面积较小，熔炼紫铜时的熔炼损失约为0.4%～0.6%。而反射炉熔炼时，不仅氧化性气氛会加大熔炼损失，同时熔池表面积也较大，熔炼损失可达0.7%～0.9%；无铁芯工频感应电炉，由于具有强烈的熔体搅拌功能，则有利于加快细碎的炉料熔化速率，同时有利于减少细碎炉料熔化过程中的烧损。因此，目前广泛选用工频或中频感应电炉熔炼铜、镍及其合金。

(2)尽可能地实行快速熔炼。

合理的原料加工，包括大块原料的破断加工，以及干燥、打包或制团等，保证投炉料的装料密度；预热炉料等；采用合理的装料与熔化顺序，包括在感应电炉内熔炼时保持必要的起熔体数量；尽量减少打开炉门次数，保证炉子尽可能地始终保持在较高功率下运行。

(3)制定合理的操作规程。

易氧化、挥发的合金元素应制成中间合金在最后加入，或在熔剂覆盖下熔化。装料时要做到炉料合理分布，尽量采用高温快速熔化，缩短熔炼时间。熔炼黄铜时采用低温加锌。尽可能地采用连续熔炼作业方式，不轻易更换熔炼的合金品种。

(4)合理选择和控制炉内气氛。

炉气一般以微氧化性气氛较好，尽可能地避免采用强氧化气氛熔炼；熔炼含有易氧化损失元素的合金，例如熔炼铬青铜时，可选用熔剂覆盖或采用真空熔炼等具有良好保护的方式进行熔炼；避免频繁搅拌熔体。

(5)选用合适的覆盖剂

正确选择覆盖剂或熔剂，使其有足够的流动性和覆盖能力，含有铝、铍等元素的合金，由于能在熔融金属表面形成致密的氧化膜，一般不再加覆盖剂，但操作时应注意勿使氧化膜遭到破坏。同时采用高温扒渣或捞渣等措施，降低渣中金属损耗。

(6)合理控制炉温和减少易氧化元素损失。

在保证金属熔体流动性及精炼工艺要求的条件下，应尽可能地采用较低的熔炼温度；避免长时间在高温下保温等。对少数极易挥发和氧化的合金元素采取特殊的加入方式，如包套压入熔池、在保温炉或浇包中分批加入等。

71. 铜合金熔炼过程中气体的来源途径有哪些?

能溶解于铜中的气体主要是氢和氧。主要来源有：

(1)炉气

非真空熔炼时，炉气是金属中气体的主要来源。炉气中除氮和氧外，还有一氧化碳、二氧化碳、二氧化硫、碳氢化合物、氢和水等。另外，炉气成分随炉型、燃料及燃料燃烧情况而变化。如在燃煤、石油、天然气的反射炉中，水蒸气和一氧化碳较多，而电炉中一般不含一氧化碳。

(2)炉料

铜的新金属一般为电解铜板，其表面残留电解液；加工车间返回的厂内废料一般表面黏有油、水、乳液等，外来物料大都有锈蚀，表面氧化物；在潮湿季节或露天堆放时，炉料表面都吸附有水分。它们使熔炼过程中熔体吸气增多。

(3)熔剂

许多熔剂都带有水分。熔炼铜合金时常用的木炭、米糠含有吸附的水分，而有些熔剂(硼砂等)本身带有结晶水。所以一般熔剂使用前要进行干燥和脱水处理。

(4)耐火材料及操作工具

新砌熔炉的耐火材料中含有大量的水分，即使烘炉也不能完全除去；熔炼操作工具使用时常涂有涂料，涂料未彻底烘干或放置时间较长，表面吸附水分，入炉使用也会使金属吸气。

72. 炉中气体与铜液的作用关系是怎样的？气体的溶解特性怎样？

铜合金熔炼时，炉中的气体主要有：H_2，O_2，N_2，CO，CO_2，SO_2，H_2O(水蒸气)等。这些气体有的能使铜液氧化，有的能溶解在铜液中，使铜液凝固时产生气孔。高温下，炉气与铜液的相互作用见表3－2。

表 3－2　炉中气体与铜液之间的作用关系

气体	气体与铜液之间的作用
H_2	原子态的氢可大量溶于铜液中，有害
N_2	对 Cu 呈惰性(即中性)，不溶于铜液
O_2	可发生化学反应，产物 Cu_2O 溶于铜液，有害
CO	与铜液中 Cu_2O 发生化学反应，结果 Cu_2O 含量减少，不溶于铜液
CO_2	与铜液不直接发生反应，不溶于铜液
SO_2	与 Cu 发生化学反应，生成的 Cu_2O 和 Cu_2S 溶于铜液，均有害
H_2O(水蒸气)	不溶于铜液，但在凝固时溶于铜液中的 H 和 O 结合成水蒸气分子 H_2O 形成气泡

(1)氢

由表 3－3 可见，氢在铜液中的溶解度很大，特别是在高温下，随着温度的升高，氢的溶解度急剧增高；当铜液冷却时，氢的溶解度下降；凝固时氢的溶解度急剧降低，氢呈气泡状态析出，并成为铜及铜合金锭(铸件)中的气孔。

表3-3　0.1 MPa氢分压下，氢在铜中的溶解度与温度的关系

温度/℃	400	500	600	700	800	900	1000
溶解度/mL/100 g	0.06	0.16	0.30	0.49	0.72	1.08	1.58
温度/℃	1084.5	1100	1200	1300	1400	1500	
溶解度/mL/100 g	2.10(固) 6.8(液)	6.3	8.1	10.0	11.8	13.6	

铜液中的氢除了直接来自炉料、燃料(煤气、重油)外，主要是由水蒸气分解后产生的，由炉料、燃料、熔剂及工具中带入的水分，在高温下遇到铜液中的活泼元素(如铝、硅、锰、锌等)后，便将这些元素氧化并产生氢，而氢立即溶入铜液中。

加入不同的合金元素，对氢在铜液中的溶解度有不同影响。如铜液中含有铝、锡，则能减少氢在铜液中的溶解度；而铜液中含有镍，则会明显增加氢在铜液中的溶解度。一般认为，由于铜铝合金液表面容易产生致密的 Al_2O_3 膜，阻碍氢的溶解，因此氢在加铝的铜合金中溶解度降低(但实际熔炼过程中，Al_2O_3 膜常遭破坏，而使其合金液中溶有较多的氢)；而纯镍的表面吸附有较多的氢原子，加入铜液后，必然造成含氢量的急剧增加，因此含镍的铜合金吸气比较严重。

(2) H_2O(水蒸气)

H_2O(水蒸气)不能直接溶解于铜液中，但在熔炼的高温条件下发生分解，生成的原子态氧、氢溶解于铜液中，其中氧存在于 Cu_2O 中，并以 Cu_2O 的形式溶解于铜液中。

在铜液冷却凝固过程中，随着温度降低，铜液中的原子态氢和氧因过饱和而析出，结合成 H_2O(水蒸气)，并在铜液中以非常分散而均匀的气泡形式存在，如果该气泡在凝固过程中来不及逸出，即成为气孔。

因此，在铜合金的熔炼中，要求做到炉料、熔剂、工具等都必须充分预热干燥，不能带入水分。

(3) CO与 CO_2

在铜液中，CO 与 CO_2 的溶解度很微小，并且在铜液凝固时它们的溶解度变化也很小，因此对铜合金的危害性不大。CO 能使 Cu_2O 还原，但对大部分铜液不起作用，可视为中性气体。

然而在 Cu－Ni 合金中，Ni 对 CO 和 CO_2 具有强烈的化学吸附作用，反应生成的化合物 NiO 和 Ni_3C 均溶解在铜合金液中。而凝固时 NiO 和 Ni_3C 在铜合金液中的溶解度急剧下降，因此上述化合物重新析出，并在凝固后期生成 CO 和 CO_2，由于逸出困难，很容易在 Cu－Ni 合金中造成气孔。

(4) SO_2

SO_2 能溶解在铜液中，并能与 Cu 迅速作用生成 Cu_2O 和 Cu_2S，反应产物 Cu_2O 能直接溶解在铜液中对铜及铜合金都十分有害。Cu_2S 在铜液凝固时析出在晶界上，也成为有害的夹杂物，导致合金易发生热裂。

但是，在严格控制燃料质量的情况下，通常炉气中 SO_2 含量较低，一般由于 SO_2 而形成的气孔缺陷是很少的，因此危害性很小。

73. 铜合金熔炼过程中除气方法有哪些?

金属熔体除气的途径有：一是气体原子扩散至金属表面，然后脱离吸附状态而逸出；二是以气泡形式从金属熔体中排除；三是与加入金属中的元素形成化合物，以非金属夹杂物形式排除。这些化合物中除极少数(如 Mg_3N_2 等)较易分解外，大多数不会在金属锭中产生气孔。当铜合金中含有一定数量的锌、铝、硅等一类对氧有较大亲和力的元素时，由于这些元素本身就是良好的脱氧剂，因此合金中可能存在的主要气体是氢，而不会是氧。

溶解于金属中的气体，在铸锭凝固时析出来最易形成气孔。经分析，这些气孔中的气体主要是氢气，故一般所谓金属吸气，主要指的就是吸氢。金属中的含气量，也可近似地视为含氢量。除气精炼，就是从熔体中除氢。

(1) 氧化除气法

氧化除气法是利用，当铜液中的水蒸气的分解压一定的条件下，氢和氧之间存在一个动态平衡关系的原理，有意识地使铜液中的含氧量增加，以降低氢的含量。凡氧化物能溶于金属中、最后又能脱氧的金属，均可采用氧化除气法。如在大气下熔炼铜、镍时，氧化生成的Cu_2O和 NiO 分别溶于铜和镍液中，增高含氧量即可相应降低铜、镍中的含氢量。

当向熔体中鼓入氧时，大量的铜将被氧化生产氧化亚铜，生成的氧化亚铜溶于铜液中。随后，氧化亚铜又与铜液中的氢发生反应，结果铜被还原，水蒸气从熔体中逸出。当上述两个反应能够连续不断地进行时，铜液中的氢将不断减少。

这种除气方法只适用于紫铜和 Cu－Sn、Cu－Pb 等合金。如果合金中含有铝、硅、锰等活泼元素，则在加入这些元素前，先用氧化方法除气，脱氧后再加入合金元素，这样仍可获得良好的除气和脱氧效果；如果铜液中已加入某些活泼元素(如炉料中有回炉料时)，则采用氧化法处理铜液时，只能使合金元素剧烈氧化，加剧氧化夹杂，而不能除氢。

氧化除气时铜液增氧的方法主要有：造成氧化性炉气、加入氧化性熔剂和吹入压缩空气的方法。

①造成氧化性炉气

尽量增加炉气中氧的浓度，提高氧的分压力，从而增加氧在铜液中的溶解度，提高铜液中氧的浓度，造成氧化性气氛的主要方法是增加鼓风量，提高炉气中剩余氧量。对于自然通风焦炭炉可适当增加烟囱高度；对于油炉必须调节风量及给油量，使油充分燃烧并有一定的剩余氧量。

氧化性炉气的特征是火焰呈强烈白光，并带有淡绿色透明焰冠。弱氧化性炉气的特征是火焰呈光亮无烟。熔炼时，将紫铜先在氧化性火焰中不加覆盖剂进行熔炼，然后加 P－Cu 合金脱氧，脱氧后使炉气控制为弱氧化性后，再加入气体合金元素进行熔炼。

由于炉气成分变化，稳定控制很不容易，因此用该方法除氢时，效果很不稳定。

②加入氧化性熔剂

铜液中常加的氧化性熔剂是一些高温下不稳定的高价氧化物，如MnO_2(锰矿石)、K_2MnO_4(高锰酸钾)、CuO(氧化铜)等，熔剂装在坩埚底部，与炉料同时加热。高温下，这些熔剂分解并析出的氧溶解在铜液中，而本身变为低价氧化物。生成的低价氧化物中，MnO，K_2O

虽溶于铜液，但可脱氧除去。该方法实施方便，效果好，特别是带有油污的杂铜，含氢量又较高时，采用此法补救，可达到较彻底的除氢。

通常，氧化性熔剂加入量为1%～2%，处理后用Cu－P合金脱氧，其Cu－P合金加入量要比正常的高，并且应由铜液氧化程度来决定。一般在氧化性熔剂下熔炼时，加磷量为0.15%～0.2%。

③吹入压缩空气

向铜液中吹入压缩空气也是增氧除氢方法之一，主要用于导电紫铜的精炼。

(2)沸腾除气法

沸腾除气法是利用金属本身在熔炼过程中产生的蒸气泡内外气体分压差来除气的。该法是在工频感应电炉熔炼高锌黄铜时常采用的一种特殊方法。黄铜中锌的蒸气压高，且随温度的升高而增加，沸点只有907℃。含锌高的黄铜受其影响，也有较高的蒸气压，而且黄铜的沸腾温度随含锌量的增加而降低。

在工频有芯感应电炉中熔炼黄铜时，熔沟部分温度高，形成锌蒸气泡随即上浮，由于熔沟上部的金属液温度低，在气泡上浮过程中，可能有部分蒸气泡冷凝下来，只有那些吸收了氢以及来不及冷凝的蒸气泡，才能顺利逸出熔池。随着熔池温度升高，金属蒸气压也逐渐增大。当整个熔池温度升高到接近或超过沸点时，大量蒸气从熔池喷出，形成“喷火”现象。这种喷火程度越强烈，喷的次数越多，则熔体中的氢进入蒸气泡也越多，除气效果就越好。由于蒸气泡自下向上分布较均匀，所以沸腾除气的效果较好，一般喷火2～3次即可达到除气的目的。此现象还可作为工频有芯感应电炉熔炼黄铜时出炉的标志。

对于含锌量低于30%的黄铜，由于沸点较高些，在熔炼温度下不沸腾，因此对于低锌普通黄铜及HSi80－3等低锌特殊黄铜必须在熔炼后期，快速加热至沸点以上(1200～1300℃)，使铜液短时沸腾，以除去溶于其中的气体，然后立即降温至浇注温度进行浇注。含锌低于20%的黄铜，一般不用沸腾除气。沸腾除气的缺点是低沸点元素(如锌等)的熔炼损耗较大。

(3)惰性气体法

用钢管将氮气、氩气等通入金属熔体时，气泡内的氢气分压为零，而溶于气泡附近熔体中的氢气分压远大于零，基于氢气在气泡内外分压力之差，使溶于熔体中的氢不断向气泡扩散，并随着气泡的上升和逸出而排除到大气中，达到除气目的。

气泡越小，数量越多，对除气越有益。但由于气泡上浮的速度大，通过熔体的时间短，且气泡不可能均匀地分布于整个熔体中，故用此法除气不容易彻底；随着熔体中含氢量的减少，除气效果显著降低。为提高除气精炼效果，应注意控制气体的纯度。精炼气体中氧含量不得超过0.03%（体积数分数），水分不得超过3.0 g/L。

吹N_2除气的基本要点：①在铜液脱氧前将干燥的N_2用石墨管吹入铜液内，铜液温度应比平时高50℃左右，处理时间3～10 min，插入管时边吹边插，以防堵塞出气孔，吹入压力略高于铜液静压力，即不使铜液喷溅为宜。石墨管的端部（一般用石墨塞堵上）和侧壁应多钻ϕ2～3 mm 小孔，以增加气泡数。②吹N_2处理可促使合金中的夹杂上浮，并具有细化晶粒效果，故显著提高机械性能。③亦可以用Cl_2或Cl_2-N_2联合处理，不仅效果好，而且还具有消毒和保护设备的作用。④铝青铜包底以多孔铝质透气砖吹N_2气，取得更好的除气效果。

（4）真空除气法

在真空条件下，由于熔池表面的气压极低，原来溶于铜液中的氢等气体，很容易逸出。其特点是除气速度和程度高，是一种有效的除气方法。难熔金属及其合金、耐热及精密合金等，采用真空熔铸法除气效果较好。

真空除气的基本要点：①在铜液上面建立6～14 kPa的部分真空，然后在大气下结晶，便可获得无气孔的铸件。②设备造价高，除了有特殊要求外，一般不采用。

（5）熔剂除气法

使用固态熔剂除气时，将脱水的熔剂用干燥的带孔罩压入熔池内，依靠熔剂热分解或与金属进行置换反应，产生不溶于熔体的挥发性气泡而将氢除去。

例如铝青铜常用冰晶石熔剂除气，白铜常用萤石、硼砂、碳酸钙等熔剂除气。为提高除气效果，也可采用干燥氮气将粉状熔剂吹入熔池罩。熔剂在除气的同时，还可去渣。

加氟盐、氯化物等除气的基本要点：①铜液中加入受热能分解出气体的物质（除气剂）。常用的除气剂有$ZnCl_2$、$MnCl_2$、石灰石、大理石、锰矿石等。前两种主要用于铝青铜的除气，除气剂在使用前一律要烘干。②$ZnCl_2$和$MnCl_2$的加入量，为铜液重量的0.2%～0.4%，以钟罩压入。③$ZnCl_2$脱水方法：缓慢加热至熔点(365℃)以上温度，然后倒在铁板上使之成玻璃状物质。

(6)预凝固除气法

在大多数情况下，气体在金属中的溶解度随温度的降低而减少。预凝固除气法就是利用这一规律，将熔体缓慢冷却到固相点附近，让气体按平衡溶解度曲线变化，使气体自行扩散析出而除去大部分气体。再将经过预先凝固除气处理的金属快速升温重熔，即可得到含气量较少的熔体。

由于预凝固除气法需要额外消耗能量和时间，不经济，因此在实际生产中并没有得到广泛应用。

74. 怎样防止铜合金熔体吸气?

①精心备料，对炉料进行必要的处理(如烘烤)，除去炉料表面的油、水、乳液、锈蚀、氧化物等杂物；预先对炉料进行加工，将大块料分切(剪)成适宜的小块料，将细碎的屑和松散的带材切边料打包制团等，都可减小炉料体积，增加装料的致密度。

②采用高温快速熔化和低温精炼、静置保温的工艺制度，熔炼过程应该基本上在关闭炉门的状态下进行。

③新投入使用的熔炉、浇包、炉头、流槽、浇注管、托座、取样勺及扒渣用等工具和覆盖剂在使用前应充分烘烤。

④采用适当的覆盖剂覆盖，减少熔体与炉气接触的机会。

⑤扒渣、补料、取样等作业要迅速准确，尽量减少炉门敞开时间。

⑥熔体转炉路径要短，尽量采用密闭、气体保护或潜流转炉，液流应平稳，防止搅动和飞溅。

75. 铜合金熔炼过程中脱氧方法有哪些?

将熔体中氧化物还原除氧的过程称为脱氧。熔体的脱氧过程属于置换反应过程。脱氧需借助于脱氧剂进行，铜的脱氧剂分两类，即表面脱氧剂和溶解于金属的脱氧剂。铜合金脱氧的方法有扩散脱氧、沉淀脱氧和复合脱氧等。

(1)扩散脱氧

表面脱氧剂不溶于铜液中，脱氧反应主要在熔池表面进行，熔池内部熔体的脱氧，主要是靠氧化亚铜不断向熔池表面扩散的作用实现的。表面脱氧速度较慢，达到完全脱氧需要较长时间。但是由于脱氧反应仅在表面进行，所以熔池内部的熔体不会受到污染。

常用表面脱氧剂除了木炭以外，还可以用某些密度远小于铜的可还原氧化亚铜的熔剂，例如硼化镁(Mg_3B_2)、碳化钙(CaC_2)、硼渣($Na_2B_4O_6 \cdot MgO$)等。

(2)沉淀脱氧

熔于金属的脱氧剂，能在整个熔池内与熔融金属渣的氧化物相互作用，脱氧效果显著得多。它的缺点是剩余的脱氧剂会形成夹杂，影响金属性能。

铜及铜合金常用的这类脱氧剂有磷、硅、锰、铝、镁、钙、钛、锂等。这些金属以纯金属或中间合金形式加入，脱氧结果形成气态、液态或固态生成物。

脱氧反应所产生的细小固体氧化物，使金属的黏度增大或成为金属中分布不均匀的夹杂物。采用这类脱氧剂时，应控制加入量。

两种脱氧方法各有利弊，生产中可采用综合脱氧法。例如，用低频感应炉熔炼无氧铜时，先用厚层木炭覆盖进行表面脱氧，然后加磷铜进行熔池内部脱氧。也可采用以下措施：精选炉料，用足够厚度的煅烧木炭覆盖铜液，密封炉盖，尽量少开启炉盖，浇注时流柱尽可能短，并用煤气保护。

(3)复合脱氧

采用两种或两种以上脱氧方式时，称为复合脱氧。在利用木炭扩散脱氧的同时，再通过加磷或镁等进行沉淀脱氧剂的方法进行复合脱氧的工艺，在实际生产中已经得到了广泛地应用。

“木炭－氩气”复合脱氧，指在传统的木炭覆盖熔体的基础上，同时向熔体中吹入惰性气体氩，从而达到比较彻底脱氧的目的。

在熔体表面采用木炭覆盖的条件下，通过直径 ϕ20 mm 的石墨管，以及同样直径但头部具有孔径为 70 μm 多孔喷头的石墨管，包括采用旋转石墨管的方式，向熔池深处吹入氩气。采用上述旋转石墨管的方式，向中间包内的熔体中吹入氩气。中间包中铜液的流速为 0.2

m/s，石墨管旋转速度为900 r/min，氩气吹入量为20 ml/min。

"木炭－氩气"复合脱氧方式，同时有促进除氢的效果。增加氩气吹入量，比增加石墨管旋转速更能有效地促进脱气效果。

76. 磷铜脱氧的工艺要点是什么？

我国铜加工生产厂家在熔炼铜及铜合金时所用的脱氧剂主要是磷（P），磷以磷铜中间合金加入。

（1）磷的加入量

用磷铜脱氧，其加入量主要取决于铜合金液中总的含气量、磷铜中磷的含量，同时与铜合金的温度和操作工艺也有直接关系。在实际生产中磷的加入量一般为0.03%～0.06%。

铜合金用砂型铸造时加入0.03%～0.04%的磷，用金属型铸造时加入0.05%～0.06%的磷，脱氧效果极好。采用氧化法熔炼的锡青铜中，磷的加入量可以比其他铜合金高一些，当锡青铜采用金属型铸造时可加到0.07%～0.1%的磷。

含有微量的残余磷，对电工器材用的高导电率紫铜和铜合金的导电性能产生不良影响，即强烈地降低它们的导电率，因此，对电工器材用的紫铜和铜合金是不适宜用磷铜脱氧的。

（2）磷铜的加入工艺

含磷8%～14%的磷铜合金，其组织为Cu_3P与（$\alpha+Cu_3P$）共晶体所组成，Cu_3P硬而脆，故磷铜呈脆性。含磷越高，Cu_3P相含量越大，脆性越大，因而磷铜可以很容易地破碎呈小块，配料很方便。

熔炼铜合金时，磷铜常分为二次加入，第一次是紫铜熔化后，铜液温度达到1150～1200℃时，加入磷铜总量的2/3，其主要目的是把紫铜中的Cu_2O还原，然后再加入其他合金元素，以免这些合金元素被紫铜中的Cu_2O氧化，从而减少合金元素的氧化烧损和氧化夹杂物的含量。第二次在浇铸前加入余下的1/3磷铜，起辅助脱氧和精炼作用，因为P_2O_3能与铜合金液中的SiO_2，Al_2O_3等高熔点悬浮夹杂物形成低熔点的复合化合物，如$Al_2O_3 \cdot P_2O_5$、$SiO_2 \cdot P_2O_5$等，这些复合化合物熔点低，密度小，易于凝聚和上浮而排除。故此，二次加磷铜有一定的精炼作用。

实践证明，浇注前加入少量的磷铜，铜合金立即清亮起来，流动性也显著改善，主要原因就是由于脱氧产物和高熔点氧化物夹杂进一步被排除。

除普通黄铜和铝青铜外，一般铜合金熔炼都需要加磷铜脱氧，这是因为锌和铝都是铜液优良的脱氧剂。

77. 铜合金熔炼过程中杂质来源有哪些？如何控制？

“杂质元素积累”是指在连续生产某一合金铸锭（坯）较长时间以后，个别杂质元素的含量逐渐升高的现象。造成杂质元素积累的原因主要有以下几种。

(1) 从炉衬材料中吸收杂质

熔炼过程中，当高温熔体中某些元素与炉衬之间发生某些化学反应，而且反应产物又能被熔体吸收时，则会造成金属或合金熔体中相应杂质元素的含量增高。

感应电炉的炉衬材料多是由氧化硅、氧化铝以及氧化镁等氧化物所组成的。由于铝和镁对氧的亲和力都比硅对氧的亲和力大，即氧化铝和氧化镁都比氧化硅稳定，因此用高铝砂和镁砂制造炉衬时，炉衬材料不易与熔体发生化学作用；而用硅砂制造炉衬时，熔体与炉衬材料之间发生化学作用的可能性就较大。实践表明，在酸性炉衬的工频有芯感应电炉内熔炼铝青铜时，由于熔沟中的熔体温度过高而造成的含硅量过高的废品有时达10%以上。

为防止熔体与炉衬之间发生化学作用，除应尽可能地降低熔炼温度以外，主要还应根据所熔制的金属或合金化学性质不同，分别选用不同性质的炉衬材料。紫铜、黄铜、硅青铜、锡青铜等宜在硅砂炉衬中熔炼；铝青铜和低镍白铜宜在高铝砂炉衬或镁砂炉衬中熔炼；熔点较高的合金宜在镁砂炉衬中熔炼。

在真空下熔炼化学活性强的钛、锆等金属时，它们几乎能与所有耐火材料反应而吸收杂质。只有用水冷铜坩埚代替耐火材料坩埚，才能解决炉衬污染金属的问题。

(2) 从覆盖剂材料及炉气中吸收杂质

若覆盖剂选用不当时，不仅无精炼作用，有时甚至会得出相反的结果，即覆盖物中某些元素可能通过物理或化学作用而进入熔体，使其杂质增加。在中频感应电炉中熔炼普通白铜时，如果采用木炭做覆盖剂，且熔炼温度较高，同时又大量使用多次重熔过的旧料，那么，由于多次吸收碳及其积累的结果，最终可能因含碳过高而报废。而且当合金含碳量超过其溶解度时，结晶过程中碳就会以石墨形态沿晶界析出，导致合金轧制困难。

使用含硫的煤气或重油作燃料时，在加热和熔炼铜、镍的过程中，铜、镍和硫反应而增硫，即使吸收微量的硫，其危害性都是非常明显的，如含硫 0.0012% 以上的镍锭热轧即裂。

此外，在米糠及麦麸等物覆盖下熔炼的紫铜，亦明显发现随着重熔次数的增加，其中的磷含量也随之增高。

因此，在选用覆盖剂时，除应考虑到覆盖效果以外，亦应充分注意到某些覆盖剂可能污染熔体的情况。

(3)添加剂残余及其积累

在熔炼多数铜及其合金时，大都需要向熔体中加入一定数量的脱氧剂、变质剂等添加物，当旧料多次被重熔使用时，这类添加剂的残余量及其积累情况必须引起注意。

①大量使用多次重熔过的旧料时，脱氧剂的用量应适当减少。例如，全部使用旧料做炉料时，可把脱氧剂的用量减去一半(与全部使用新料做炉料时相比)。

②熔炼某些对化学成分要求比较严格的金属或合金时，可采用多种脱氧剂，即复合脱氧的办法。例如，单纯用镁做 B19 合金的脱氧剂时，镁的用量为投料量 0.04%；若用镁、锰两种元素进行复合脱氧时，则其中镁的用量为投料量的 0.03%。

③当发现旧料中某些脱氧剂的残余量有所积累，且已显出危害作用时，应立即停用原来的脱氧剂，而改用其他元素作脱氧剂。例如，长期用磷脱氧的紫铜，待其旧料中磷杂质已积累到一定程度之后，可改用镁或其他元素做脱氧剂；长期用硅脱氧的白铜，待其旧料中硅杂质已普遍增加时，可改用镁或钛等另外一些元素做脱氧剂。

(4)变料与洗炉的影响

在同一熔炼炉内，先后熔炼化学成分不同的金属或合金时，中间需要变料。变料前，如果炉内残留的熔体或炉壁上黏结的残料、残渣过多时，那么在变料后的最初几个熔次中，就有可能发生杂质明显增加的现象。为了避免此类现象发生，在变料时应进行洗炉。洗炉就是用纯净的金属熔体清洗炉衬。对工频有芯感应电炉来说，由于炉内熔体不能全部倒尽，因此其变料过程较为复杂，一般的办法是：尽量将炉内熔体倒出，然后投一炉或数炉紫铜料将起熔体中某些元素冲淡至要求范围内。

在大型熔铸车间里，可根据所熔金属及合金的化学成分不同，分别固定在专门的炉子中熔炼。例如，紫铜和各种简单黄铜可固定在工频有芯感应电炉内熔炼；化学成分复杂、产量不大的各种青铜和白铜等，应该在坩埚式感应电炉内熔炼，因为这类炉子的洗炉和变料比较方便。

另外，混料也是直接造成金属或合金中杂质高，以致发生化学废品的主要原因。

控制杂质的途径主要有：①加强炉料管理，杜绝混料；②在可能条件下，新金属和旧料搭配使用，旧料的使用不超过炉料的 50%；③变料时，必须按金属的杂质要求，准确计算洗炉次数；④选用化学稳定性高的耐火材料，如镍合金用镁砂炉衬，铝青铜用中性炉衬等；⑤与熔融金属接触的工具，尽可能采用不易于带入杂质的材料，或用涂层保护。

78. 铜合金变质处理的方法、目的是什么？怎样合理地选择、使用变质剂？

变质处理的方法很多，例如添加变质剂、振动下结晶、强化冷却等，其中添加变质剂是应用最为广泛的方法。

添加变质剂的目的主要是：①细化铸锭的结晶组织，变粗大柱状晶为细小等轴晶；②减少晶界上某些低熔点物，或促使其球化；③改变某些有害元素在铸锭结晶组织中的分布状况；④兼有脱氧及除气作用；⑤提高铸锭的高温塑性。

选择及使用变质剂的原则是：

①变质剂元素应具有至少与合金中的一种组元形成化合物的能力，最好是通过包晶反应形成大量的化合物质点。为了达到最大的变质效果，变质剂元素能与合金中的主要组元形成化合物最为理想。

②变质剂元素成为晶核或形成的化合物质点，其熔点应高于合金熔点。在合金结晶之前，应以分散的质点均匀地分布于熔体中。

③变质剂元素具有较强的变质能力，以较小的添加量即能达到变质的目的。有的变质剂添加量过多，可能引起其他的负面影响。

④变质剂应在临出炉前加入炉内或加入浇注包中。如加入时间过早，可能造成较大的烧损。

表 3－4 为铜及铜合金熔体变质处理的应用实例。

表 3－4　铜及铜合金熔体变质处理实例

合金	变质剂及添加量/%	加入方法	实际效果	备注
紫铜	①锂：0.005～0.02；②钛：0.05	以纯金属形式出炉前加入	①细化铸锭结晶；②提高合金塑性	加锂前应加磷预脱氧
无氧铜	①Y：0.1；②混合稀土：0.1	以铜基中间合金出炉前加入	①细化晶粒；②提高抗氧化性；③提高导电率	
H62	铁：0.3～0.6	以铜－铁中间合金形式加入炉内	①细化铸锭结晶；②提高冷加工塑性	特殊用途时采用
HPb59－1	①铈：0.1；②混合稀土：0.1	以铜基中间合金形式加入炉内	①细化晶粒；②提高高温塑性，热轧温度可提高到 830～840℃；③提高切削性能和耐磨性能	使用于铁模、水冷模铸造
QSn6.5－0.1	①铈：0.1；②混合稀土：0.1	以铜基中间合金出炉前加入	①细化晶粒；②提高高温塑性，Ce 含量 >0.014% 可热轧开坯；③抗拉强度随添加量增多而升高	
铝青铜（Al>10%）	B：0.0025～0.03	铜－硼中间合金形式加入炉内	细化晶粒	
B19 B30 BMn40－1.5	①钛：0.05～0.1；②锆：0.1	①以纯金属形式加入炉内；②以铜－锆中间合金形式加入炉内	①细化晶粒；②提高高温塑性；③消除热轧裂纹	加变质剂前先用磷预脱氧

79. 铜合金的炉前温度怎么控制?

熔炼温度对铸锭质量影响较大，如温度过高不仅易产生粗大晶粒、裂纹、偏析等缺陷，而且会促使金属与炉气、炉渣、熔剂、炉衬间的相互作用加强，增加金属的氧化及挥发损失，并促使金属吸气；而温度过低又会使熔体去渣效果降低、铸锭操作困难。因此，正确控制熔炼温度与选择出炉温度甚为重要。

(1)出炉温度

通常，感应电炉熔炼时，都以熔体出炉时的温度同时作为铸造温度。确定出炉温度的原则是：①保证金属液有一定的流动性；②保证浇铸操作的正常进行，防止产生冷隔、夹渣等缺陷；③保证熔体凝固过程中的气体析出，以及各种夹杂能够顺利地从液穴中上浮并排出；④根据不同合金的铸造特性，在保证浇铸操作正常进行的情况下，尽量采用低温出炉。

在大、中型有芯感应电炉内熔炼铜及铜合金时，可在炉膛内固定安装浸入式热电偶进行连续的温度测量。

(2)炉前温度的控制

感应电炉内炉料温度控制，分为间接和直接两种控制方式。

温度的间接控制，通常是通过改变加于感应器的电压、电流、功率来实现，即采用电压、电流或功率的自动调节系统。

温度的直接控制，即以炉料温度作为直接控制对象进行的自动控制系统。通常是在电压或功率自动控制的基础上，增加温度调节器、温度变送器和温度设定器等单元。最简单的温度自动控制系统，是把测温热电偶信号送到 XCT 动圈式温度指示调节仪，由调节仪输出信号到接触器，从而实现温度自动控制。

80. 扒渣、捞渣的操作要点是什么?

①扒渣前要检查扒渣工具是否完好、牢靠，防止在扒渣时“扒头”脱落进入熔池熔化，造成含铁高而报废。

②扒渣前扒渣工具应充分烘烤，防止将水、气带入熔体。

③扒渣时应依次“地毯式”进行，防止遗漏。

④扒渣时应一扒到底，不要将炉渣扒到中间堆集，更不能搅动

熔体。

⑤扒渣时动作要准确、用力均匀，防止碰坏炉衬。

⑥扒渣时要适当降温，在保证扒渣彻底的前提下要尽可能缩短时间，减少金属烧损和吸气。

81. 怎样取炉前、炉后化学成分分析试样？确定出炉范围的依据是什么？

(1)炉前化学成分分析

炉前分析是决定金属熔体可否出炉铸造的关键工序，是保证炉后成分合格、减少盲目性的措施。为了提高生产效率，炉前分析一般只针对几个主要元素进行。炉前分析取样通常用取样勺在保温炉(或熔炼炉)内舀取，倒入试样模内凝固后即可送检。

取样时应注意：取样应有代表性，即炉内熔体应是经过精炼、充分搅拌和静置，炉内各处成分应当均匀一致。特别是在熔炼后期或在保温炉加入某些合金元素时，必须充分搅拌、静置后才能取样。取样部位应大体在熔池中央，深入熔体内部。不允许在炉口或熔体表面舀取。取样勺和试样模要烘烤干燥、清洁。

(2)炉后化学成分分析

铸锭化学成分的判定一般以炉后试样的分析成分作为判定依据。绝大部分铜合金在铸造之前要取炉前试样，进行炉前化学成分快速检测，合格后方可进行铸造。炉前、炉后化学成分分析试样的采取，应具有代表性，即应在熔池中部舀取，取样勺和试样模应清洁并经充分烘烤，以免使样品失真。炉前分析试样要在熔炼工作完成后经过搅拌和静置后来取。铁模、水冷模铸造的炉后试样，多在临近铸造前采取；半连续铸锭的炉后样，一般是在铸造到铸锭长度接近一半时采取；而连续铸锭的炉后试样，一般是在该炉次铸造中期和接近终了时各取一样作为炉后试样。

当炉后成分不合格时，可在铸锭上有代表性的部位取试片或钻取试样进行复查，复查后仍不符合标准的，则该炉次将被判定为化学成分废品。

(3)确定出炉范围的依据

为了保证铸锭(铸坯)的化学成分符合技术标准的要求，在实际生产中各企业都制订有区别于标准的熔体化学成分出炉范围供熔炼工掌握、执行。这是因为：炉前分析是快速分析，精度有限；炉前分析取样的代表性也有局限；浇铸过程中某些合金元素仍然有损耗的可能，熔体也有二次吸气的可能；少数情况下，补偿或冲淡后不再做炉前分析等。确定出炉范围通常依据技术标准，适当考虑具体生产条件下各合金元素损耗和二次吸气的经验数据。出炉范围一般都低于标准规定的上限而高于标准规定的下限。

82. 怎样提高熔化效率?

提高熔化速度的基本途径有 3 个方面：选择适当的炉型，包括热源、结构、炉衬技术等；选择恰当的熔炼工艺，包括原料结构和预先处理、加料顺序、精炼方法；熟练而准确的操作。

(1)设备配置与选择

应选择最适合该合金熔炼的炉型，炉型确定后，则应优化其配置和设计，如燃气炉炉膛尺寸、烧嘴布置、火焰形状控制、空气和燃料的预热处理、空燃比控制水平；感应炉功率、电流效率、感应体结构；炉衬材料选择及砌筑工艺及其质量等都对熔化效率有重要影响。应当采用先进技术装备，为快速熔化提供保障条件。

(2)熔炼工艺设计及优化

原料选择直接影响熔化效率。如全部屑料的熔化时间比部分代用屑料的长，制团打包的切屑料比散装的要易于熔化；某些高熔点金属以中间合金的形式加入要比以单质金属加入更易于熔化；加料和熔化顺序也有重要影响。如高熔点元素应在母体金属熔化之后加入，这样可以使一部分合金元素以溶解的方式进入母体，促进其熔化。炉料的预热处理肯定有利于提高熔化速率。选用合适的精炼剂和覆盖剂，可以缩短精炼时间和保温温度。

(3)优化操作

①尽可能地减少加料、扒渣次数，尽量减少炉门开启次数，防止热量散失。

②采用机械化加料，缩短加料时间。

③采用机械化扒渣，比人工扒渣要准确、快速。

④采用先进的分析及检验等仪器设备，缩短炉前分析时间、加快

生产节奏。

⑤加强对炉衬的维护，避免因炉壁挂渣而不断地减小有效容积或避免浸蚀炉衬，延长炉龄。

83. 烤炉、清炉、洗炉的操作要点是什么？

(1)烤炉

新投入使用的、大中修后投入使用的或者正常停炉重新启动使用的炉子都要进行烤炉(或称烘炉)。烤炉的目的是去除炉衬中的水汽，保证炉体干燥，使捣打料烧结，并逐渐预热炉体，防止急剧升温造成各部分温差过大，因应力不均而开裂。对低频感应电炉而言，还能使熔沟样板化开，获得足够的起熔体。

不同炉型不同的容量、不同的筑炉方法的炉子因其结构和状况(是指旧炉重开还是新砌筑的炉子)不同，烤炉的规程即烤炉方法和升温曲线也各不相同。通常采用缓慢升温的节奏，尽量使各部分温度均匀，在200℃左右保持较长时间，以便充分驱走水汽。

实际生产中，还应当根据气象条件适当修订烤炉曲线，特别是修订升温速度。如在0℃以下和潮湿季节，升温速度应适当减缓，如10～15℃/h，在40℃以上高温和干燥条件下，升温速度应适当加快，如15～20℃/h。

(2)清炉

清炉是将残存在炉内的金属与残渣清理干净。通常每一次熔体出炉后都要简单地清理一次。由于平时扒渣不净、炉壁上渗漏黏挂等情况，应根据合金特性和炉况，每5～10天再彻底清理一次。一般在更换合金牌号时也安排清炉。每炉次的简单清炉主要是清理炉壁和转炉流口，炉内金属可以不倒空，而大清理时一般应尽量将金属倒空或仅保留少量起熔体，以便彻底清查。

(3)洗炉

在实际生产中，除专业生产线上一个炉子只生产一种合金以外，几乎都是一个炉子担负几种合金的生产任务。而不同合金之间的转换就是一个“兼容”与“不兼容”的问题，在铜加工厂将此种熔炼合金的转换称为“变料”。“兼容”时变料应根据下列原则进行：①前一炉的合金元素不是后一炉合金的杂质；②前一炉合金的杂质含量应低于后一炉合金的杂质含量；③同一合金系列的，前一炉的合金元素含量应低于后一炉的。根据上述原则，黄铜炉的变料顺序应当是 H96→H90→H85→H70→H68→H65→H62→H59。

熔沟式低频感应炉在变料时不可能将金属倒净，此时应估算起熔体的质量，再根据估算结果和新合金成分计算尚需补加的炉料量。

以黄铜为例，起熔体含铜为 $a\%$，加入 b kg 锌后取样含铜为 $c\%$，由于加锌前后的数量未变，因此存在下式关系：

$$ax = c(x + b)$$

解上式可得起熔体量 x 为：

$$x = bc/(a - c)$$

然而更多的情况是“不兼容”。因此为了防止合金元素和杂质互相污染，必须进行洗炉。洗炉的目的是将残留在炉内各处的金属和炉渣清洗干净，以保证下一炉合金不被污染。下列情况通常均应洗炉：①前一炉的合金元素是后一炉合金的杂质；②由杂质含量高的合金转为熔炼纯度高的合金；③不同合金系之间转换；④用新炉子或停炉后重开的炉子熔炼杂质要求严格的合金等。

洗炉用炉料应根据炉况和转换合金间成分情况决定，一般用阴极铜和大块的一级高铜合金本旧料。每次洗炉的加料量应不少于炉子容量的50%，通常要洗2~3次，直到试样中杂质含量达到规定值，否则应继续洗炉。每次洗炉应多次、充分搅拌，每一次都要将铜液尽可能放净，同时要彻底清炉。洗炉时的熔炼温度要比前一种合金熔炼时温度高一些。

84. 真空感应熔炼工艺的操作要点是什么?

真空炉熔炼是在密闭的较小空间内进行的，许多在敞开式大气条件下的作业和过程在真空炉内就比较困难。真空熔炼时，首先要保持良好的密闭状态。其次坩埚须经烧结和洗炉后才能用来炼制合金。第三，炉料的纯度、块度和干燥程度应符合要求。第四，为防止炉料在炉内搭桥，装料应下紧上松，能尽快形成熔池。此外，熔炼时不宜过快地熔化炉料，否则因炉料中的气体来不及排除而在熔化后造成金属液的溅射，影响合金成分、增大烧损。但温度升高时熔体与坩埚反应也很强烈。因此，必须严格控制温度和真空度，采用短时高温高真空度精炼法。为进一步脱氧除硫而加入少量活性元素时，以在较低的温度下加入为宜。熔炼完毕后应静置一段时间并调整好温度，即可带电浇注。真空铸造时可适当降低温度，先快后慢、细流补缩。

85. 电渣重熔工艺有什么要求?

电渣重熔，是指首先将初步合金化的合金熔体制成棒状锭坯即自耗电极，然后进行再次重熔精炼的一种特殊的二次熔炼方法。

电渣重熔过程中，自耗电极既是电渣重熔的原料，水冷金属坩埚同时也是结晶器。通过电弧及渣料的电阻热熔化自耗电极，熔体通过熔渣时得到精炼，然后熔体在水冷结晶器中凝固结晶。

电渣重熔，不仅有利于提高纯度和保证化学成分的稳定，同时可以减少熔体中的气体含量和某些杂质元素的含量，而且由于同时采用了相当于无流浇注的水冷模铸造方式，因此获得的铸锭结晶组织亦比较致密。

电渣重熔过程的质量，实际上是通过熔渣即熔剂对熔体进行过滤和精炼的质量。

电渣重熔所用的渣料，应具备以下条件：

①熔渣具有较高的比电阻，有利于渣中的电热交换过程从而产生足够的热量。

②具有与熔体相适宜的熔点和沸点。较低的熔点有利于提高渣的流动性，较高的沸点有利于避免挥发现象。

③具有良好的脱氧、排气以及吸附、去硫及其他夹杂物的作用。

电渣重熔所用渣料分为起熔渣料（有的称引弧渣或引燃渣、导电渣）和工作渣料两种。前者在开始引弧即起熔期间使用，需要在熔炼前炼好。后者在正常工作即整个重熔精炼期间使用，需在使用前时仔细烘烤。

氟化钙、氧化铝等，是铜合金重熔精炼时被广泛选择的熔渣料。

3.2　铜及铜合金的熔炼工艺

86. 普通紫铜熔炼的工艺特性及操作要点是什么?

(1)工艺特性

工频有芯感应电炉熔炼紫铜多采用硅砂炉衬，熔炼技术条件见表3－5。

表3－5　紫铜、无氧铜、磷脱氧铜的熔炼技术条件

牌号	铸锭规格/mm	覆盖剂厚度/mm	脱氧剂	出炉温度/℃	操作顺序
T2	ϕ180	50～100	磷铜	1200～1220	铜＋木炭→熔化→升温→扒渣→加磷铜→搅拌取样→测温→出炉
	75×340			1180～1200	
	80×260			1220～1240	
T3	ϕ180	50～100	磷铜	1200～1220	
	ϕ145			1180～1200	
TU1 TU2	ϕ180	100～150		1200～1220	同上，但不加磷铜
	ϕ145			1180～1200	
TP2	ϕ180	50～100	磷铜	1120～1180	铜＋木炭→熔化→升温→加磷铜→搅拌取样→测温→出炉
	ϕ145				
TAg0.1	ϕ180	50～100		1200～1220	铜＋木炭→熔化→加银→搅拌→升温→测温取样→出炉
	ϕ145			1180～1200	

说明：熔炼炉容量为3t，炉衬材料为硅砂，覆盖剂为木炭。

(2)操作要点

①紫铜吸气性大，熔炼时必须注意减少气体的来源。

②电炉熔炼时，木炭的作用特别重要，它起着覆盖、脱氧和保温等多方面的作用。为减少气体来源，木炭必须经煅烧处理。

③磷脱氧铜所用脱氧剂磷的加入量为：新料0.06%～0.07%，旧料0.03%。

④有些工厂生产紫铜和无氧铜时，加少量磷脱氧，加入量为 0.002% ~0.003%。

87. 反射炉熔炼紫铜的操作要点有哪些？

图 3－2 为反射炉熔炼紫铜的工艺流程。其各工序的操作要点如下所述。

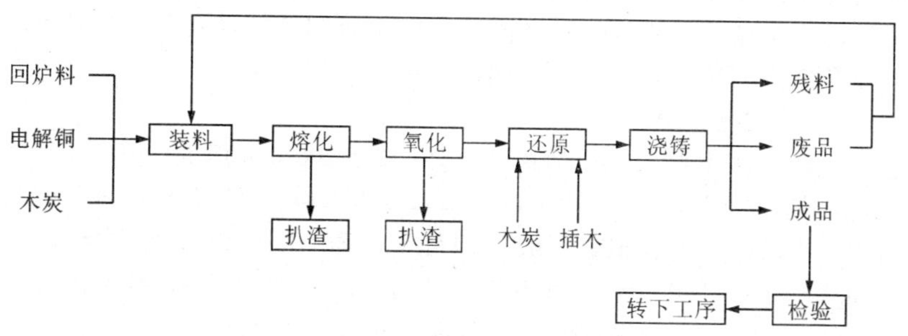

图 3－2　反射炉熔炼紫铜的工艺流程

(1)配料

一般配料比为电解铜 30%、回炉料 70%，炉料要清洁、干燥、无夹杂。

(2)反射炉与工具的准备

检查反射炉的情况，并进行修补、预热，工具完备、齐全，干燥、预热。

(3)装料

①熔炼第一炉时，装料前先向炉内加入部分木炭；②装料要迅速，根据炉料情况分数次装完；③打制放铜口时，先清除掉溜口老料，然后一层一层捣结实；④装料完毕将炉门封严。

(4)熔化

①炉温 1300 ~1400℃，炉内保持弱氧化气氛和正压；②当全炉铜水表面翻动，沸腾冒泡，炉底木炭浮起时，标志炉料已彻底熔化完；③熔化完毕，扒净铜水表面浮渣。

(5)氧化

①炉内保持氧化性气氛，氧化开始时料温为1170～1200℃，炉温1250～1300℃；氧化终了时料温1150～1170℃，炉温1200～1250℃。②压缩空气压力视炉子容量和铜水深度而异，一般在0.1～0.4 MPa。③氧化终点的确定：断口结晶由开始氧化时细丝状转成较粗的柱状，最后呈砖红色，当砖红色部分占试样断面的30%～50%时，氧化结束。④氧化用风管通常用直径为1 in左右的钢管，一端弯成60°～80°，表面涂耐火泥，烤干待用。⑤氧化时，风管应插入铜水深度2/3处，风管应搅动到熔池的各部位。⑥氧化后期取试样观察断口，以确定氧化终点。⑦氧化后结束后扒净浮渣，升温。

(6)小还原(脱硫)

①还原用木材应选用活松、榆木，直径200 mm以上，长度6 m以上，插木一根时间为5～10 min。②为节约木材，可用重油、木屑代替插木，若燃料含硫较低，一般不进行小还原，例如以重油作燃料时，重油含硫量小于0.6%时可不进行小还原。③炉内保持弱氧化或中性，正压。④小还原结束时，试样断口砖红色氧化斑消失。

(7)还原(脱氧)

①所用木材要求同小还原，可用重油、木屑代替插木。②炉内保持强还原性气氛和正压。③还原结束时，铜水温度控制在1180～1200℃。④还原终点的确定：试样凝固表面平整，有细致皱纹，断口呈玫瑰红色，并有丝绢光泽。⑤还原后期勤取试样，以确定还原终点，还原结束将炉门封严。

(8)相关说明

①插木还原是传统的还原方法，效果较好，但消耗大量木材，现在较成熟的还原方法是用重油还原和木屑还原，效果与插木还原大致相同。

②重油还原法：要求含硫小于0.5%，一般在0.2%～0.3%，蒸气压力为0.3～0.45 MPa；利用蒸气将重油吹入铜水中，确定还原终点时，试样表面皱纹较插木稍粗大。

③木屑还原法：木屑过26目筛，蒸气压力0.2～0.25 MPa；利用蒸气经铁管将木屑吹入铜水，还原终点确定同插木。

④木屑炭粉还原法：配比为木屑(过26目筛)80%，炭粉(过30目筛)20%，蒸气压力为0.2～0.25 MPa；操作要点同木屑还原法。

⑤重油还原法在最后阶段很难把极少量的氧化亚铜还原，致使合金含氧量较其他方法稍高，但不影响成品质量，有些工厂为了更好地控制还原质量，在重油还原后期插入一根松木，直到还原结束。

⑥为了节约木炭，有的工厂在反射炉熔炼紫铜时用石油焦代替木炭作覆盖剂，效果很好，对石油焦的技术要求是：成分为硫<0.3%，灰分0.3%左右，挥发物5%左右，水分<8%，余量为固定炭，粒度要求25～35 mm。石油焦的消耗量视反射炉容量而异，一般每吨铜消耗石油焦5～10 kg。

88. 竖式炉熔炼紫铜的技术特点有哪些？

(1)工艺特性

竖式炉熔炼紫铜是20世纪80年代中期由国外引进的技术。其特点是可连续快速熔化和供应过热铜液，可随时开炉、停炉，熔化效率高，设备简单，占地面积小，炉衬寿命长，但是要严格控制空气过剩量。

竖炉熔炼紫铜要注意的是开炉熔炼时要防止炉内炉料相互黏结搭桥，为此，开炉之初要先预热好炉料和炉衬，当炉料快要熔化时(即出现铜液滴落)再加大火力高温快速熔化。停炉时，只要先停止送燃气，并继续送风一段时间，使铜料凝固即可，快速开炉和停炉是竖炉的独特之处，有利于检修和遇到故障时临时停炉。

(2)操作要点

①气体燃烧的成分$H_2S<0.1\%$，热值>10050 kJ/m^3；炉膛温度1200～1250℃，气氛保持还原性和正压，炉料不低于T2的电解铜和本厂的回炉料。

②炉料要清洁、干燥，不得有夹杂，电解铜表面要光洁平整，不允许有铜豆存在，不允许有铜锈，切掉挂耳。

③第一次开炉时，要先缓慢点火，预热炉膛，装炉前先在炉底将电解铜板架空一部分，再将炉料装至下料口。

④开炉时要缓慢点火，加热炉料，当有熔融金属滴落时，再转为高速燃烧，使炉料快速熔化，随后，陆续向炉内加料，使之连续熔化。

⑤加料速度要均匀，不要过快、过慢，应一直保持炉料平面与下料口相平。

⑥铜液需要还原作业时，要在保温炉内进行，操作过程与反射炉相同。

89. 磷脱氧铜熔炼的工艺特性及操作要点是什么?

(1)工艺特性

磷脱氧铜几乎可以在所有类型的炉子如工频有芯感应电炉、中频无芯感应电炉等熔炉中熔炼。若采用竖式炉熔炼及电弧炉熔炼时，磷应该是在保温炉或流槽、中间浇注包等中间装置中加入。

磷的熔点和沸点都远低于铜的熔炼温度，而且熔体中的磷又可能被脱氧反应所消耗，因此磷含量的控制是个比较突出的工艺问题。按照惯例，磷都以含13%P左右的Cu－P中间合金形式配料和投炉进行熔化。只有知道铜液中的氧的含量，即在添加磷的同时，考虑到可能在熔炼过程中由于脱氧被消耗的量，才有可能保证最终熔体的磷含量。实际上，铜液中的磷含量是熔炼结束时最终剩余的量。

(2)操作要点

①熔炼磷脱氧铜和熔炼无氧铜类似，铜液都需要严密保护。虽然合金中有磷存在时一般都可使铜液免受氧的污染，但如果铜液保护不当，则很容易造成磷的大量烧损，而且当磷与铜等元素之间发生某些化学反应而产生大量熔渣时，又可能影响到铜液的流动等铸造性能。

②熔炼磷脱氧铜时，如果炉组因故长时间处于保温状态，磷的熔损增多将不可避免；因此必须在准备恢复生产前对熔体成分重新分析并进行磷的补偿。

③连续铸造时，由于持续的时间比较长，必要时应该考虑在铸造过程进行中定期向熔体补加一定数量的磷，或者从浇注一开始就连续不断地在流槽或中间包中添加磷。球状的小颗粒Cu－P中间合金，更适合于浇注过程中连续加磷的精确控制。

磷脱氧铜的熔炼技术条件见表3－5。

90. 无氧铜熔炼的工艺特性及操作要点是什么?

(1)工艺特性

无氧铜应分为普通无氧铜和高纯无氧铜。普通无氧铜可以在工频有铁芯感应电炉中进行熔炼，高纯无氧铜的熔炼则应该在真空感应电炉中进行。

采用半连续铸造方式时，熔体在熔炼炉和保温炉内的精炼过程可以不受时间约束。连续铸造则不同，铜液的质量不仅依赖于熔炼炉和保温炉的精炼质量，更重要的是还需要依赖于整个系统和全过程的稳定性。

在熔炼、转注、保温以及整个铸造过程中，对熔体采取全面的保护是无氧铜生产的必要条件。许多现代化的无氧铜熔炼铸造生产线，已经在熔炼、炉料的干燥预热、转注流槽、浇注室等都采取了全面的保护。现代化的大型无氧铜生产线，有些是以发生炉煤气作为保护性气体，而煤气发生炉则大都以天然气为原料。

国外普遍采用的一种保护性气体的制造方法是：首先使硫含量比较低的天然气和 94% ~96% 甲烷用理论值空气进行燃烧，以氧化镍为媒介除去氢，制成的气体主要由氮和碳酸气组成。然后，通过热木炭使碳酸气变成一氧化碳，得到含一氧化碳为 20% ~30%，其余为氮的无氧气体。除发生炉煤气外，也有采用氮、一氧化碳或氩等气体作为无氧铜熔体保护或精炼用介质材料。

（2）普通无氧铜操作要点

①密封。熔炼无氧铜的感应电炉应该具有良好的密封性。为了不使熔体被污染，无氧铜熔炼一般不采用任何添加剂的方式熔炼和精炼，熔池表面覆盖木炭以及由之而形成的还原性气氛是普遍采用的熔炼气氛。

②精料。熔炼无氧铜应该以优质阴极铜作原料。高纯无氧铜应该采用高纯阴极铜作原料。阴极铜表面应无酸迹、结瘤。阴极铜在进入炉膛之前，如果先经过干燥和预热，可以除去其表面可能吸附的水分或潮湿空气。

③保护。熔炼无氧铜时炉内熔池表面上覆盖的木炭层厚度，应该比熔炼普通紫铜时加倍，并需要及时更新木炭。木炭覆盖尽管有许多优点，例如保温、隔绝空气和还原作用，然而它同时存在一定的缺点，例如木炭容易吸附潮湿空气，甚至直接吸收水分，从而可能成为使铜液大量吸收氢的渠道。木炭或一氧化碳对氧化亚铜具有还原作用，但对于氢则完全无能为力。因此，木炭在加入炉内之前，应该进行仔细挑选和煅烧。

(3)高纯无氧铜操作要点

真空熔炼应该是熔炼高品质无氧铜的最好选择。真空熔炼不仅可以使氧含量大大降低，同时也可以使氢以及其他某些杂质元素的含量亦同时大大降低。

在真空中频无芯感应炉内熔炼时，多采用石墨坩埚和选用经过两次精炼的高纯阴极铜或重熔铜作原料。与阴极铜一起装入炉内的，还可以包括用以脱氧的鳞片状石墨粉。其实，脱氧主要是通过石墨坩埚材料中的碳进行。碳的消耗量，可以通过计算得知，例如1公斤铜消耗100克碳。经验表明，开始时铜液中氧含量越高，熔炼初期脱氧反应进行的越迅速。

通过真空熔炼获得的无氧铜，其氧含量可以低于0.0005%，氢含量低于0.0001%～0.0003%。实际上，只有在一定的真空度下熔炼和铸造的铜，才可能获得完全不含氧和其他气体的铸件，因此生产电子管用铜材所用真空炉的真空度应在10^{-6}以上。

TU1、TU2无氧铜的熔炼技术条件见表3－5。

91. 普通黄铜熔炼的工艺特性及操作要点是什么?

(1) 工艺特性

原料品位应该随着黄铜品种品位的提高而提高。熔炼非重要用途的黄铜时，如果炉料质量可靠，有时旧料的使用量可以达到100%。不过，为了保证熔体质量和减少烧损，比较细碎的炉料例如各种锯屑或铣屑的使用量，一般不宜超过30%。

大量采用旧料熔炼黄铜时，对某些熔炼损失比较大的元素应进行适当的预补偿。例如：熔炼低锌黄铜时锌的预补偿量0.2%，中锌黄铜中锌的预补偿量0.4%～0.7%，高锌黄铜中锌的预补偿量1.2%～2.0%。

工频有铁芯感应电炉熔炼锌含量w(Zn)高于20%的黄铜时，可以以喷火作为熔体成熟，即到达出炉温度的标志。熔炼锌含量w(Zn)低于20%的黄铜则仍需要热电偶实际测量温度，因为实际需要的浇注温度与合金熔体的沸点相差甚远。由于低锌黄铜，特别是锌含量w(Zn)在10%以下的黄铜，其某些铸造性质甚至与紫铜相似，铸造温度的微小变化都可能破坏铸造稳定的过程。

以 H65 黄铜为例，其熔点为 936℃，为使熔体中气体和杂质及时上浮和排出，又不使锌大量挥发和使熔体吸气，熔化温度一般控制在 1060 ~ 1100℃，出炉温度可适当提高到 1080 ~ 1120℃。待“喷火”2 ~ 3 次后转炉铸造。熔炼过程中用烘烤过的木炭覆盖，覆盖层厚度应大于 80 mm。

(2)操作要点

①加料顺序。熔炼黄铜时一般的加料顺序是：铜、旧料和锌。以纯的金属配料熔炼黄铜时，应首先熔化铜。通常，当铜熔化后并过热至一定温度时应进行适当脱氧(例如用磷)，然后熔化锌。炉料中含有黄铜旧料时，装料顺序可根据合金组元特征和熔炼炉型等实际情况作适当调整。因为旧料中本身含有锌，为了减少锌元素的熔损，黄铜旧料通常应该在最后加入和熔化。但是，大块炉料则不宜最后加料和熔化。

②如果炉料潮湿，则不应该直接加入熔体中。潮湿的炉料若加在其他尚未熔化的炉料上面，即为其熔化之前创造一段干燥和预热时间，不仅有利于避免熔体吸气，同时亦有利于避免其他事故的发生。

③加入少量的磷，可以在熔池表面形成由 $2ZnO \cdot P_2O_5$ 组成的较有弹性的氧化膜。加入少量的铝例如 0.1% ~ 0.2%，可以在熔池表面形成 Al_2O_3 保护膜，并有助于避免及减少锌的挥发和改善浇注条件。出炉前，在熔体中加入少量的铜 - 磷中间合金，可以增加熔体的流动性。

④低温加锌，几乎是所有黄铜熔炼过程中都必须遵循的一项基本原则。低温加锌不仅可以减少锌的烧损，同时也有利于熔炼作业的安全进行。

⑤在工频有铁芯感应电炉中熔炼黄铜时，由于起熔体即过渡性熔池中熔体内本身即含有大量的锌，因此一般不必另外添加脱氧剂。不过当熔体质量较差时，也可按炉料总重量添加 0.001% ~ 0.01% 的磷进行辅助脱氧。

⑥熔炼黄铜时，除低锌黄铜除可采用热电偶直接测温外，在工频有铁芯感应电炉内熔炼中、高锌黄铜时，可通过观察电流表指针的摆动或熔体的喷火程度来判断。喷火温度，是指烫过炉头后，炉体放平时有火焰喷出时的熔体温度。高锌黄铜可根据喷火次数和程度判定是

否到达出炉温度。

表 3－6 为简单黄铜的沸点与含锌量之间的关系。

表 3－6　Cu－Zn 合金沸点与含锌量的关系

Zn/%	10	20	30	35	40	100
沸点/℃	1600	1300	1185	1130	1080	907

92. 铅黄铜熔炼的工艺特性及操作要点是什么？

（1）工艺特性

熔炼铅黄铜，几乎无一例外都大量采用旧料，而且是大量采用外购的各种废杂料。原料细碎、有金属镀层、带有锡焊料以及混有铁屑等各种杂质元素，有时还可能同时含有较多的油、乳液甚至水分等。使用之前，对各种废杂原料仔细进行分拣和必要的处理是非常必要的。例如：采用物理方法像磁吸方法将铜屑中的铁屑分离，人工挑选异物和进行分级，然后烘干、制团，甚至包括对特别难以分辨的杂乱旧料进行复熔处理等。熔炼时应充分利用“喷火”现象排除溶解于熔体中的气体。锌的蒸气泡上浮过程中，可以把溶解在铜液中的各种气体带出液面。出炉前，如能仔细地搅拌熔体也有助于排气。

熔体中的铅由于其密度比铜大，容易发生成分偏析。如果采用多台熔炼炉联合作业时，可以将铅加在熔炼炉的转炉流槽内，使其在高温铜液的冲刷下逐渐地熔化。若是采用单台熔炉并且是小型炉子熔炼时，可以采用慢慢涮铅的熔化方法，即将铅块用钳子夹住并放入铜液中反复涮之。

铅黄铜中加入少量的磷，有助于提高熔体铸造过程所要求的流动性质。高温下铅易挥发。氧化铅熔点为 886℃，难分解而易挥发。950℃时挥发已显著。铅极少在铜－锌合金中固溶，且液态下铅的流动性好，因此铅经常会析出。实际生产中，有时发现炉衬内有析出的铅凝结在一起，甚至发生铅的蒸气穿过炉衬，并凝结在感应体的某一间隙中的现象。

铅黄铜熔炼基本工艺条件如下：出炉温度，喷火（1030～

1100℃)，烘烤后的木炭或米糠覆盖，加料和熔化顺序为铜 +（旧料）+ 覆盖剂→熔化→加铅 + 锌→熔化→搅拌→捞渣→取样分析→升温→加铜磷中间合金→搅拌→出炉。

(2)操作要点

为了改善铅黄铜的某些性能，可以在熔炼时添加某些微量元素例如稀土元素。稀土元素的加入量通常为 0.03% ~0.06%，稀土元素添加过晚或过多，可能严重降低熔体的流动性，并且可能导致凝固使吸附气体从液体中析出困难，以至造成铸锭的气孔缺陷。加入稀土元素时，首先将其用较薄的紫铜或黄铜带进行包扎或捆绑，然后迅速地插入到熔池深处，以防稀土大量损失。当然，如果首先将稀土元素制成中间合金然后投料熔化，对于方便炉前操作和添加元素的实收率肯定都有益处。

氧化铅能与酸性或碱性氧化物结合生成两性化合物，对硅砖和黏土砖有较强的腐蚀作用。因此在生产铅黄铜时，经常会发现炉壁上黏有大量渣子。对此需要及时清除，否则将可能影响到铸锭质量和炉膛有效容量。

铅黄铜熔炼时有时需要采取除气精炼工艺，尤其当采用某些质量欠佳的重熔旧料、再生金属或者是使用含有大量油和水的细碎屑料时，熔体会从中吸收一定的气体。

降低气体含量的措施有：①严格按照炉料质量标准，不使用潮湿或含油、水或乳液等过多的炉料；②适当地保护熔体，包括选择合适的熔剂精炼熔体；③熔炼后期彻底搅拌熔体，或适当地提高熔体温度，例如充分利用熔体喷火现象除气；④熔炼末期，添加合适的脱氧剂或变质剂，提高熔体流动性以利排气。

93. 铝黄铜熔炼的工艺特性及操作要点是什么?

(1)工艺特性

铝黄铜系列比较复杂，复杂铝黄铜中有的含有锰、镍、硅、钴和砷等第三、第四种合金元素。合金元素比较多的 HAl66 -6 -3 -2 和 HAl61 -4 -3 -1，都是由六种元素组成的合金，其中部分加工复杂的铝黄铜则源于异型铸造合金。

熔炼温度 HAl67 -2.5 通常以 1000 ~1100℃为宜，HAl60 -1 -1、

HAl59－3－2、HAl66－6－6－2通常为1080－1120℃，应尽可能地采用较低的熔炼温度。加料和熔化程序为：铜＋旧料＋Cu－Mn＋Cu－Fe＋Cu－Ni＋覆盖剂→熔化→加Al＋Zn→熔化→加冰晶石→搅拌→捞渣→取样分析→升温→搅拌→出炉。

(2)操作要点

①复杂铝黄铜中所含有的高熔点合金元素例如铁、锰、硅等，都应该以Cu－Fe、Cu－Mn等中间合金形式加入。通常，大块旧料和铜应该首先加入炉内并进行熔化，细碎的炉料可以直接加入熔体中，锌在熔炼末期即最后加入。采用纯金属作炉料时，应该在它们熔化之后先用磷进行脱氧，接着加入锰(Cu－Mn)、铁(Cu－Fe)，然后加铝，最后加锌。

当炉内有过渡性熔体时，一般可以将铝和部分铜首先加入，待其熔化后再加入锌。加入铝时，由于铜和铝的熔合可以放出的大量的热。放热过程可以加速熔化过程，但如果操作不当，激烈的放热反应可能造成熔池局部温度过高，以至引起锌的激烈挥发，严重时可能会有火焰从炉中喷出。

②如果熔体中气体含量比较多，可以选择熔剂覆盖进行精炼，或者采用惰性气体精炼，包括在浇注前新加熔剂并进行重复精炼，以及采用钟罩将氯盐压入熔体中进行熔体精炼的方式。在有Al_2O_3膜保护的熔池内加入锌时，可以减少锌的挥发损失。实际上，由于锌的沸腾可能使氧化膜遭到破坏，因此只有当采用合适的熔剂即熔体能够得到更可靠的保护时，才能有效地避免或减少锌的烧损。

③由于铝密度小，如果熔体搅拌不彻底，有可能造成化学成分的不均匀现象；铝黄铜熔体决不允许过热，以防熔体大量氧化和吸气。

94. 硅黄铜熔炼的工艺特性及操作要点是什么?

(1)工艺特性

硅黄铜可以采用无覆盖的熔炼方式。当熔体未强烈过热时，熔体表面形成由SiO_2、ZnO构成的氧化膜，使熔体得到良好保护。如果氧化膜被随后的加料或者搅拌熔体时的冲击所破裂时，则可能导致氧化膜被卷进熔体中。熔体中的氧化物如果与金属有较高的附着力，则可能会在熔体中形成较大颗粒的悬浮夹杂物，并最终表现为铸锭内部的夹杂缺陷。

(2)操作要点

①选择硅黄铜炉料时，应该避免使用铝含量比较高的再生金属。使用铝含量较高的废料时，熔体容易被气体饱和，凝固过程中析出的大量气体所具有的较大压力将偏析物引到铸锭表面，可能引起凝固过程中的上涨现象。即使杂质铝的含量不高，当采用 Na_2CO_3 等盐类覆盖熔炼时，亦容易引起铸锭凝固时的上涨。经验表明：杂质铝含量比较低的废铸块，其表面常常呈黑色并具有正常收缩的形态。铝含量较高的废铸块，有时呈近似于发白的银色表面。

②尽可能地避免使用或者尽量少用细碎的炉料。含有较多油或水的铜屑，都应该首先经过复熔处理。硅黄铜，尤其当采用受到铝轻微污染的炉料熔炼时应该采用木炭覆盖熔炼。必要时，可以采用熔剂进行精炼。

③为了降低熔体中氢的含量，首先加入能够降低铜中氢溶解度的合金元素。如果在铜中首先加入提高氢在铜中溶解度的元素，或具有高的含气量的元素例如锰，熔体吸氢量明显增加。但是，如果在加入锰和镍之前首先加铝，随后再加入锰和镍，则将使液体中吸氢倾向明显降低。

④硅黄铜的流动性比较好，可以采用较低的浇注温度，例如950～1030℃。

95. 其他复杂黄铜熔炼的工艺特性及操作要点是什么？

(1)工艺特性

复杂黄铜成分复杂，尤其是含有难熔组元时，一定的熔炼温度有利于化学成分的均匀。但是，温度过高可以造成金属氧化烧损量增加。因此，对于化学成分范围比较窄且容易氧化烧损的元素的加入，适当的温度和加入时机的掌握则显得非常重要。

熔炼复杂黄铜时，具有复杂组分的各种熔渣，有些可以和炉衬耐火材料之间发生某种化学反应，有的则可能直接黏附到炉壁上，不利于以后的变料，甚至妨碍操作以及明显减小炉膛的有效容积等。通过人工或者机械方法，或者采用适当的熔剂方法，及时除去黏在炉壁上的积渣是很有必要的。

复杂黄铜的加料和熔化顺序，既取决于各组成元素的性质，同时亦取决于原料自身的状态和品位。部分复杂黄铜的加料和熔化顺序及主要工艺条件见表3-7。

表3-7 部分复杂黄铜熔炼工艺条件

组别	合金名称	出炉温度/℃	脱氧剂	覆盖剂	加料与熔化操作程序
镍黄铜	HNi65-5 Hni56-3	喷火(1100~1150) 喷火(1060~1100)	铜-磷 新料0.006%P 旧料0.003%P	木炭或其他熔剂	铜+旧料+Cu-Ni+覆盖剂→熔化→加锌→熔化→搅拌→捞渣→取样分析→升温→加铜-磷→搅拌→出炉
加砷黄铜	H68A HSn70-1 HAl77-2	喷火(1100~1160) 喷火(1150~1180) 喷火(1100~1150)	铜-磷 新料0.006%P 旧料0.003%P	木炭、冰晶石	铜+旧料+覆盖剂→熔化→(锡)+(铅)+锌→熔化→搅拌→捞渣→取样分析→加冰晶石→→升温→加铜-砷→搅拌→出炉
锡黄铜	HSn90-1 HSn62-1 HSn60-1	喷火(1180~1220) 喷火(1060~1100) 喷火(1060~1100)	铜-磷 新料0.006%P 旧料0.003%P	木炭、米糠	铜+旧料+覆盖剂→熔化→办雪锡+锌→熔化→搅拌→捞渣→取样分析→升温→加铜-磷→搅拌→出炉
锰黄铜	HMn58-2 HMn55-3-1 HMn57-3-1	喷火(1040~1080) 喷火(1040~1080) 喷火(1040~1080)	铜-磷 新料0.006%P 旧料0.003%P	木炭、冰晶石	铜+旧料+铜-锰+铜-铁+覆盖剂→熔化→加锌+(铝)→加冰晶石→搅拌→捞渣→取样分析→升温→加铜-磷→搅拌→出炉
铁黄铜	HFe59-1-1 HFe58-1-1	喷火(1040~1080) 喷火(1040~1080)	-	木炭或其他熔剂	铜+旧料+铜-锰+铜-铁+覆盖剂→熔化→加锌+(铝)→加冰晶石→搅拌→捞渣→取样分析→升温→加铜-磷→搅拌→出炉
硅黄铜	HSi80-3	喷火(1150~1180)	铜-磷 新料0.006%P 旧料0.003%P	木炭、米糠或其他溶剂	铜+旧料+覆盖剂→熔化→加铜-硅→加锌→熔化→搅拌→捞渣→取样分析→升温→加铜-磷→搅拌→出炉

(2)操作要点

①采用新金属作原料时，应该根据各合金元素的熔损量的实际经验确定配料比。某些易熔损元素例如锌、铝、锑、砷、锰等，应取标准成分的上限配料；不容易熔损的元素例如铜、铁、镍、锡、硅等，应取标准成分的中限或下限配料。使用旧料熔炼时，对易熔损元素应进行适当的预补偿，例如：铝为0.1%～0.15%；锰为0.1%～0.3%；砷为0～0.01%；铍为0～0.01%；锡为0.05%。

②熔炼含有难熔合金成分例如锰、铁等合金元素的复杂黄铜时，其加料及熔化顺序应依次为：铜、锰、铁、旧料、铝、铅等。合金中同时含有锰和铁时，最好先加锰，因为铜液中含有锰有利于铁的溶解。熔炼含有镍的黄铜时，镍或铜镍中间合金、旧料可以与铜一起加入炉内熔化。原料中的铁、锰、镍和砷等，均应制成中间合金。

③熔炼锰黄铜和铁黄铜时，若全部采用新金属作炉料，并且炉内没有过渡性熔体时，则应该在部分铜熔化后首先进行脱氧，然后熔化含有锰和铁的中间合金，最后熔化余下的铜。如果采取先把全部铜和大块料熔化完，然后熔化细碎的屑，最后熔化难熔的锰和铁，势必造成熔体过热至1180～1200℃，显然这是不合理的。

④熔炼复杂黄铜时选择覆盖剂，主要应根据合金组成和合金的熔炼性质而定。除了木炭以外，现代生产中广泛采用了盐类熔剂覆盖下进行熔炼的工艺。例如：成分为60%氯化钠、30%碳酸钠和10%冰晶石的保护性熔剂，掺有各种稀释添加剂例如玻璃的熔剂，以及主要由含碳物质(例如木炭或石墨粉等)但掺合了少量盐(例如冰晶石、硼砂和食盐等)的复合覆盖剂。

96. 铝青铜熔炼的工艺特性及操作要点是什么?

(1)工艺特性

铝青铜在中、工频无芯感应电炉中熔炼比较合适。在工频有芯感应电炉内熔炼时最大的障碍在于：熔沟壁上容易黏挂由 Al_2O_3 或 Al_2O_3 与其他氧化物组成的渣，使得熔沟的有效断面不断减小，直至最后熔沟整个断面全部被渣子所阻断。

感应炉熔炼气氛容易控制，而且熔化速度快，有利于减少甚至避免熔体大量吸氢和生成难以从熔体中排出的 Al_2O_3 的危险。虽然非常

细小的 Al_2O_3 可能有细化结晶作用，但更大的危害是 Al_2O_3 有可能成为加工制品层状断口缺陷的根源。

表 3－8 所列的是铝青铜用的某些精炼熔剂的成分。以氟盐和氯盐为主要成分的熔剂对 Al_2O_3 具有比较好的湿润能力，可以有效地进行清渣并因此而减少渣量。精炼铝青铜亦可采用混合型熔剂，例如采用木炭与冰晶石比例为 2∶1 的混合型熔剂。

表 3－8 精炼铝青铜用的某些熔剂组成及消耗量

熔剂组成	消耗量/%（金属质量）	主要用途
玻璃粉∶Na_2CO_3＝1∶1，另加 5%～10% 氟盐	1～2	覆盖和精炼用
KCl∶Na_3AlF_6∶$Na_2B_4O_7$∶NaCl∶木炭＝35∶25∶28∶10∶2	2～3	覆盖和精炼用
CaF_2∶NaCl∶Na_3AlF_6＝40∶20∶40	2～3	覆盖和精炼用
硅盐（块状）∶Na_3AlF_6∶NaF＝50∶43∶7	2	覆盖用
NaF∶Na_3AlF_6∶CaF_2＝60∶20∶20	2	用于包内精炼
石墨粉或电极石墨粉和冰晶石或硼砂的混合物	适量	覆盖用

（2）操作要点

实际上，在中、工频无芯感应电炉和工频有芯感应电炉内熔炼时，只要炉料不是很差，一般都可以完全不使用熔剂，依靠熔池表面上自然形成的 Al_2O_3 薄膜，也是能够防止熔体进一步氧化和成渣的。

为了降低熔炼温度，预先将铁、锰等合金元素制成 Cu－Fe（20%～30% Fe）、Cu－Mn（25%～35% Mn）、Cu－Al（50% Al）、Cu－Fe－Al、Cu－Fe－Mn、Al－Fe 等中间合金是必要的。

熔炼铝青铜时，通常使用 25%～75% 的本合金工艺旧料。大量使用复熔的旧料，可能引起某些杂质元素、氧化物、气体的聚集。含有油、乳液及水分较多的碎屑，应该经过干燥处理或复熔处理后再投炉使用。

在中、工频无芯感应电炉内熔炼铝青铜时，一般应按照合金元素的难熔程度顺序控制加料和熔化顺序：锰、铁、镍、铜、铝。由于铝和铜熔合时伴随着放热效应，可被用于熔化预先留下的部分铜，此预先被留下的部分铜俗称“冷却料”或“降温料”。实际上，锰在加铁之前加入熔体是合理的，因为铁不容易在铜中熔解。为避免熔体中产生NiO和NiO·Cu_2O等夹杂物，应注意避免熔体的氧化，必要时亦可在铜熔化后先进行脱氧。

理论上铝青铜似乎不需要脱氧，但也有文献介绍用镁和钠进行脱氧的报告：熔炼临结束前，在每100 kg熔体中加入30 g钠，或20 g锂，或30～50 g镁。这些被认为是脱氧剂的添加剂，通过专门的金属或陶瓷材料制成的小筒加入到熔体中。当熔体中有钠或锂、镁等元素存在时，有可能改变氧化物（例如Al_2O_3）的性质，至少可使其易于与熔体分离。有些工厂采用易挥发的氯盐精炼熔体，用石墨制钟罩将其压入到熔体中。挥发性氯盐例如$AlCl_3$升华时，形成的氯气泡可以将熔体中悬浮着的氧化夹杂物带出液体表面。精炼期间，如果能够静置5～10 min，则更有利于提高精炼效果。

在燃气炉中熔炼铝青铜时，常常在浇注开始之前对熔体进行吹氮气甚至氩气处理，以去除熔体在熔炼过程中所吸收的氢。氮气吹入量视熔体质量而定，例如氮气的吹入量为20 L/100 kg熔体。

铝青铜的熔炼温度，一般以不超过1200℃为宜。

某些铝青铜的熔炼工艺技术条件如表3－9。

表3－9　某些铝青铜和硅青铜的熔炼工艺技术条件

金合名称	熔炼温度/℃	熔剂	加料与熔化操作程序
QAl5	1200～1240	冰晶石	冰晶石＋镍＋铁＋锰＋2/3铜＋（旧料）→熔化→铝→熔化→1/3铜→熔化→冰晶石→升温，搅拌，扒渣→取样分析→升温出炉
QAl7	1200～1240		
QAl9－2	1200～1240		
QAl9－4	1200～1240		
QAl10－3－1.5	1200～1240		
QAl10－4－4	1220～1260		
QSi3－1	1140～1220	木炭	镍＋锰＋硅＋铜＋（旧料）＋木炭→熔化搅拌→取样分析→升温→出炉
QSi1－3	1180～1220		

97. 硅青铜熔炼的工艺特性及操作要点是什么?

硅青铜的熔炼特性与铝青铜相似，硅具有自脱氧作用，其熔体的吸气性比较强。

采用感应电炉熔炼时可以不用覆盖剂。熔池表面上的SiO_2膜可以保护内部熔体免受进一步氧化。若采用木炭覆盖，则木炭必须经过干馏处理。

硅青铜中的硅、锰和镍等合金元素，在中频无芯感应炉中都可以直接进行熔化。然而，如果预先将它们制成 Cu - Si、Cu - Mn 和 Cu - Ni等中间合金，则可大大降低熔炼温度、减少吸气并缩短熔化时间。熔炼硅青铜所用的原料必须干燥。细碎的或者潮湿的炉料，一般不能直接投炉使用。

熔体应该避免过热，过高的熔炼温度可能引起熔体的大量吸气。浇注之前，仔细搅拌熔体可使熔体中的气体含量大大降低。

98. 铍青铜熔炼的工艺特性及操作要点是什么?

铍极其活泼，与氧的亲和力强，和铝、硅一样，其熔体具有脱氧能力，因而也使合金熔体极易吸气。铍易烧损、挥发，加上含铍烟尘及其化合物有毒，因此，在相当一段时间里，铍青铜采用真空感应炉熔炼。随着铍青铜产品市场需求量的迅速增大和熔炼技术的进步，现今大规模生产都已采用非真空熔炼。

带石墨坩埚的高频感应炉是较好的选择，一是石墨坩埚本身的脱氧作用和减少熔体烧损作用；二是可以方便地变料。

铍以 Cu - Be 中间合金形式加入。由于 Cu - Be 中间合金中的铍含量有限(仅 4% 左右)，熔炼铍青铜时中间合金的使用量是比较大的。例如熔炼 QBe2. 0 时需要的 Cu - Be 中间合金数量大约占总投料量的一半。使用旧料时铍的补偿量一般按 0. 1% ~0. 15% 计算。组元镍的熔点高，应该以 Cu - Ni 中间合金形式配料和进行熔化。实际生产中，都把各种普通白铜的工艺废料当成 Cu - Ni 中间合金使用。

在非真空条件熔炼铍青铜，一定要保持还原性气氛。因此，要用烘干的煅烧木炭严密覆盖(有试验表明用电极厂生产的废料——石墨粉效果更好些)，或用保护性气体保护(在俄罗斯卡里秋金有色金属加工厂则开发了带密封浇注头的有芯感应炉借助发生炉煤气保护熔炼的工艺）。炉料要干燥，细碎或潮湿的原料不能直接投炉使用。

出炉前仔细搅拌熔体可以更好地排除气体。为防止二次吸气，铍青铜出炉温度（浇注温度）一般都尽可能低一些。

铍青铜的标准化学成分见表 3 – 10，熔炼工艺条件见表 3 – 11。

表 3 – 10　铍青铜化学成分（不大于）（%）

牌号	Al	Be	Si	Ni	Fe	Pb	Ti	Mg	Cu	杂质总和
QBe2	0.15	1.80 ~ 2.1	0.15	0.2 ~ 0.5	0.15	0.005	—	—	余量	0.5
QBe1.9	0.15	1.85 ~ 2.1	0.15	0.2 ~ 0.4	0.15	0.005	0.1 ~ 0.25	—	余量	0.5
QBe1.9 ~ 0.1	0.15	1.85 ~ 2.1	0.15	0.2 ~ 0.4	0.15	0.005	0.1 ~ 0.25	0.07 ~ 0.13	余量	0.5
QBe1.7	0.15	1.6 ~ 1.85	0.15	0.2 ~ 0.4	0.15	0.005	0.1 ~ 0.25	—	余量	0.5

表 3 – 11　铍青铜熔炼工艺条件

合金牌号	加料与熔化操作程序	熔剂	脱氧剂	熔炼温度/℃
QBe2 QBe1.7 QBe1.9	镍（Cu – Ni）+ 铜 +（旧料）→熔化→加钛、铝→熔池→加 Cu – Be→熔化→搅拌扒渣→取样→出炉	木炭	—	1200 ~ 1250

99. 锡磷青铜熔炼的工艺特性及操作要点是什么？

（1）锡青铜的熔炼特性

锡青铜中最有害的杂质是铝、硅和镁，当它们的含量超过 0.005% 时，产生的 SiO_2、MgO 和 Al_2O_3 氧化物夹杂可以污染熔体，并且降低合金某些方面的性能。

熔炼锡锌青铜时，由于锌的沸点比较低且与氧有较大的亲和力，应该在对熔体进行脱氧后再投炉熔化，这样锌可以补充脱氧，从而更

有助于避免产生 SnO_2 的危险。熔体中的锌和磷综合脱氧的结果，生成的 $2ZnO \cdot P_2O_5$ 比较容易与熔体分离，而且有利于提高熔体的流动性。

(2)锡青铜的熔炼工艺

使用干燥炉料，甚至熔化前首先进行预热炉料，都可以减少甚至避免熔体吸收气体。新金属和工艺旧料的合适的比例，亦有利于稳定熔体质量。工艺旧料的使用量一般不宜超过20%～30%。

被杂质轻微污染的熔体，可通过吹入空气或借助加入氧化剂例如氧化铜CuO，将杂质元素氧化。被某些杂质元素严重污染的旧料，可以通过采用熔剂或惰性气体精炼，包括重熔处理等方式使其品质提升。

合适的加料和熔化顺序，包括采用具有强烈搅拌熔体功能的工频有铁芯感应电炉进行熔炼，都有利于减轻和避免偏析现象发生。在熔体中加入适量的镍，有利于加速熔体的凝固和结晶速度，对减轻和避免偏析有一定效果。类似的添加剂，还可以选择锆和锂等。可以采取分别熔化铜和铅，然后将铅的熔体注入1150～1180℃的铜熔体中的混合熔炼方法。

一般情况下，熔炼含有磷的锡青铜多采用木炭或石油焦等碳质材料覆盖熔体，而不使用熔剂。熔炼含有锌的锡青铜时所用的覆盖剂中，同样应该包括木炭等含有碳的材料。

连续铸造时，出炉温度控制在合金液相线以上100～150℃是适宜的。

表3－12所列的是锡青铜的熔炼工艺技术条件举例。

表3－12　某些锡青铜的熔炼工艺

组别	金合名称	加料及熔炼操作顺序	覆盖剂	脱氧剂	熔炼温度/℃
锡磷青铜	QSn6.5－0.1	铜＋(旧料)＋锡＋木炭→熔化→铜－磷→熔化→升温，搅拌，扒渣→取样分析→升温出炉	木炭、米糠	—	1240～1300
	QSn6.5－0.4				1240～1300
	QSn7－0.2				1240～1300
	QSn4－0.3				1240～1300

续表 3－12

组别	金合名称	加料及熔炼操作顺序	覆盖剂	脱氧剂	熔炼温度/℃
锡锌青铜	QSn4－3 QSn4－4－2.5 QSn4－4－4	铜＋（旧料）＋锡＋铅＋木炭→熔化→锌→熔化→铜－磷→熔化→搅拌，升温，扒渣→取样分析→升温出炉	煅烧木炭	铜－磷	1250～1300 1280～1320 1280～1320

100. 其他青铜熔炼的工艺特性及操作要点是什么?

镉青铜、铬青铜、锆青铜、铁青铜、钛青铜、碲青铜等，在国外多被列为高铜合金。根据所添加的合金元素特性及添加元素含量不同，采取不同的熔炼工艺。

高铜合金中多数合金元素如铬、锆、钛、铁等的熔点比较高，并且与氧的亲和力也都比较大。因此，应该以中间合金的形式加入。有的元素如铬等易偏聚，为使合金成分均匀也宜用其中间合金。这样既可以降低熔化温度和缩短熔炼时间，又能使其弥散分布、减少烧损。同时，在加入这些与氧的亲和力比较大的合金元素之前，应对熔体进行比较彻底的脱氧处理，否则，这些合金元素成为脱氧剂，以氧化物进入炉渣中而损耗了。

熔炼高铜合金时的配料比一般遵循下列原则：磷、锰、铝、钛、镁、硅、锌、铬、锆、镉等易损耗元素应取其标准成分范围的上限，而对铜、镍、铁、锡、铅等应取其标准成分范围的中下限。使用旧料时，易耗元素的补偿量可按以下比例进行：磷 0.01%～0.07%，铝 0.3%～0.5%（铝青铜时为 0.1%），锰 0.1%～0.4%，锌 0.1%～0.2%，镉 0.3%（铬青铜时为 0.05%），硅 0.05%～0.15%，锆 0.1%～0.2%，钛 0.1%～0.2%。

在中频无芯感应电炉中熔炼高铜合金类青铜时，除了需要对熔体严密覆盖外，熔化温度的控制及加入时机的选择尤为重要。可以采用煅烧木炭、炭黑或者硼砂和玻璃粉（如熔炼铬青铜时其比例可为 7:3）等混合熔剂作为熔炼的覆盖剂。

镉青铜中镉的沸点为 765℃，比锌的沸点还低，在熔炼温度下镉的挥发甚至不可避免。镉青铜的结晶温度范围比较窄，一旦熔体中气体含量较高，则极易在铸锭内产生气孔。因此，选择合适的覆盖剂和适宜的熔炼温度极为重要。

要重视合金中有害杂质的控制，如铬青铜中硅、硫、铝都是有害杂质。因此，熔炼含有这些元素的合金时，应注意劳动条件和环境的保护，包括熔炼过程中产生的熔渣等废弃物质的慎重处理。

用真空感应炉熔炼小批量、高品质的铬、锆、钛、镉、镁等青铜仍然是最好的选择。

101. 普通白铜熔炼的工艺特性及操作要点是什么？

(1)工艺特性

普通白铜可以在工频有铁芯感应电炉内熔炼，炉衬可以采用高铝质、镁质耐火材料制造。考虑到变料方便，复杂白铜应采用坩埚式的中频无铁芯感应电炉熔炼。在中频无铁芯感应电炉内熔炼 B0.6 和 B5 时，可以采用黏土石墨坩埚，但温度不能超过 1350℃。熔炼锰白铜以采用镁砂或者电熔刚玉质耐火材料制造炉衬较为合适。

熔炼过程中，由于氧化而产生的 NiO 都属于碱性氧化物，若炉衬材料选用的是以 SiO_2为主要成分的石英砂材料，NiO 和 Cu_2O 都可以与 SiO_2发生化学反应，结果炉衬被侵蚀。镍的含量越高，熔体对炉衬耐火材料的侵蚀越严重。

熔炼白铜容易吸氢，白铜中氢的含量随着含镍量的增加而增大。在石墨坩埚中熔炼普通白铜时，熔炼温度一旦超过 1400℃，熔体中的碳含量将很快达到 0.03% ~0.05%，甚至更多。采用木炭作覆盖剂熔炼白铜时，熔炼温度不宜超过 1350℃。熔炼镍含量较高的白铜时，当熔体与木炭的接触时间超过 20 min 时，往往会使熔体中碳的含量超过标准限量。

为了获得氢和碳含量都比较低的熔体，必要时可以采用氧化 - 还原精炼工艺。例如：开始在木炭覆盖下进行熔炼，当熔体达到 1250℃时迅速清除木炭并在无任何覆盖情况下，使熔体直接暴露在空气中 3 ~5 min，或者直接把氧化镍加在熔池表面上，然后在出炉前再进行脱氧。熔炼锌白铜时，可使用适量的冰晶石进行清渣。

(2)操作要点

①白铜本合金工艺废料使用量不超过 50%。加工过程中产生的各种锯屑、铣屑，应经充分干燥并将其打包或制团处理。各种细碎的屑和杂料，应该经过复熔处理后再投炉使用。

②碳、磷、锰、硅、铝、镁、锂、锆等，都可被用作为白铜熔炼的脱氧剂，有的还采用多种元素按一定顺序进行的复合脱氧工艺。白铜熔炼的脱氧剂选择，以及脱氧的时机选择应根据熔炼和铸造方式确定。

③铁模及水冷模铸造时浇注时间比较短，基本上不受二次氧化及吸气的影响，或者即使有影响但其影响也不大。半连续铸造及全连续铸造则不同，往往铸造需要很长时间才能完成。

④国外在熔炼普通白铜和铁白铜方面已有采用电渣熔炼的报道：采用氟化钡和氟化钙各 50% 的熔剂，生产 BFe30 - 1 - 1 合金大规格铸锭时，比采用氟化钡:氟化钙:氟化镁 = 70∶15∶15 的熔剂熔炼效果好。采用电渣重熔熔炼镍含量为 39.5% 的普通白铜时，所用电极直径为 ϕ530 mm，以 544 kg/h 的熔炼速度熔炼并铸造 ϕ610 mm 铸锭时，其表面质量比较光滑，勿须铣面即可进行压力加工。

102. 锌白铜熔炼的工艺特性及操作要点是什么？

(1) 锌白铜的熔炼特性

镍的熔点为 1453℃。在不同镍含量的白铜中，随着镍含量的提高其固相线温度和液相线温度随之提高。在白铜的熔炼过程中，由于氧化而产生的 NiO 和 Cu_2O 都属于碱性氧化物，若炉衬材料选用的是以 SiO_2 为主要成分的石英砂材料，NiO 和 Cu_2O 都可以与 SiO_2 发生化学反应，结果炉衬被侵蚀。镍的含量越高，熔体对炉衬耐火材料的侵蚀越严重。

为了保证化学成分均匀和熔体具有一定的流动性，适当的熔炼温度是必需的。显然，熔炼白铜需要较高的熔炼温度，因而应该选择具有较高耐火度的耐火材料制造炉衬。

熔炼白铜过程中，熔体容易吸氢和增碳。白铜中氢的含量随着含镍量的增加而明显增大。

(2) 熔炼设备及熔炼气氛的选择

普通白铜，通常都可以在工频有铁芯感应电炉内熔炼，炉衬应该采用高铝质，甚至镁质耐火材料制造。复杂白铜，由于熔点比较高，而且考虑到变料方便，因此实际上多在坩埚式的中频无铁芯感应电炉内熔炼。

为了获得氢和碳含量都比较低的熔体，必要时可以采用氧化－还原精炼工艺。例如：开始时在木炭覆盖下进行熔炼，当熔体达到1250℃时迅速清除木炭，并在无任何覆盖情况下，使熔体直接暴露在空气中3～5min，或者直接把氧化镍加在熔池表面上，然后在出炉前再进行脱氧。

熔炼锌白铜时，可使用适量的冰晶石进行清渣。

(3)熔炼工艺

熔炼锌白铜过程中，锰、锌等合金元素的损耗比较大，配料时应取在中、上限。铜、镍、和铁等合金元素不容易损失，配料时可取中、下限。如果从经济角度考虑，在不影响合金质量的前提下，亦可将较贵重的元素例如镍的含量控制在中、下限范围内。

大量使用本合金工艺旧料配料时，对熔炼损失比较大的合金元素应当作适当的预补偿。锌白铜使用本合金旧料时，锌可补偿1.5%。

某些锌白铜在工频有铁芯感应电炉熔炼时的工艺技术条件如表3－13。

表3－13 某些锌白铜在工频有铁芯感应电炉熔炼时的熔炼工艺技术条件

合金名称	加料及熔炼操作顺序	覆盖剂	脱氧剂	熔炼温度/℃
BZn15－20 BZn18－18 BZn18－26	镍＋铜＋铁＋（旧料）＋木炭→熔化→锰＋硅→熔化→锌→熔化→搅拌，升温，扒渣→取样分析→升温，加镁脱氧→升温出炉	木炭	铜－镁；硅；锰	1180～1210

当炉内尚有剩余熔体，例如在工频有铁芯感应电炉（即熔沟中始终保留有一定数量的起熔体的情况下）熔炼锌白铜时，应该首先熔化难熔成分例如镍和铁等，随着熔化的进行再逐步加入大块旧料、锰或铜－锰中间合金，最后加入并熔化铜。

通常，本合金工艺旧料使用量不超过50%。加工过程中产生的各种锯屑、铣屑，应经充分干燥并将其打包或制团处理。各种细碎的屑和杂料，应该经过复熔处理后再投炉使用。

103. 镍铜熔炼的工艺特性及操作要点是什么?

镍铜合金中易损耗元素有铝、锰等，这些元素的配料比应取标准成分的上限。镍铜合金中不易损耗元素有镍、铜、铁等，这些元素的配料可采取标准成分的中限或下限。如根据上述原则确定 NCu28 - 2.5 - 1.5 合金的配料比如表 3 - 14 所示。

表 3 - 14　NCu28 - 2.5 - 1.5 合金的配料比

元素名称	Cu	Mn	Fe	Ni
标准成分/%	27.0 ~ 29.0	1.20 ~ 1.80	2.00 ~ 3.00	余量
新料配料比/%	28	1.8	2.5	余量

使用旧料时，易损耗元素的补偿量(按炉料计)为：锰 0.2% ~ 0.4%，其他元素根据实际情况通过试验确定。

一般镍铜合金可采用非真空熔炼，如表 3 - 15 所示。

表 3 - 15　镍铜合金熔炼技术条件

合金名称	出炉温度/℃	脱氧剂镁/%	覆盖剂	操作顺序
NCu40 - 2 - 1 NCu28 - 2.5 - 1.5	1450 ~ 1500	新料：0.05 旧料：0.025	玻璃硼砂	镍 + 铜 + 铁 + (旧料) + 熔剂→熔化→锰→升温→镁→浇铸

镍铜合金熔炼工艺特性和操作要点如下：

镍铜合金采用中频或高频感应电炉熔炼，高铝砂或镁砂炉衬。

为提高镍铜合金的热塑性，细化晶粒，可加入少量钛作变质剂，加入量为 0.05% ~ 0.1%，在炉料全部熔化后加入。

加镁脱氧时，镁用镍片包住，迅速插入金属液中。也可采用镍镁中间合金作脱氧剂。

104. 铸造铜合金熔炼工艺要点是什么?

(1)锡青铜

①炉内气氛：氧化性或弱氧化性。

②熔炼工艺要点：先熔化铜(含镍时一并加镍)，熔化后升温至1200℃，加磷铜预脱氧(2/3 磷铜)，然后依次加入回炉料、锌锭、锡块、铅，调整温度，加剩余磷铜，除气。

③可用氧化性熔剂除气或氮气除气。

(2)锡磷青铜

①炉内气氛：氧化性。

②熔炼工艺要点：先熔化铜，熔清后升温至 1150 ~ 1200℃，加合金所需的 1/5 ~ 1/3 磷铜，然后依次加入回炉料、锡块，最后加入剩余磷铜。

③锡磷青铜吸气性很强，宜用氧化性熔剂除气。

(3)铝青铜

①炉内气氛：弱氧化性。

②覆盖剂：冰晶石 40%、食盐 40%、氟石 20%(质量数分数)

③一次熔炼工艺要点：加合金所需铝锭的质量数分数 85%，覆盖剂，升温熔化并过热至 850 ~ 900℃，加铁片，搅拌；铁片全部熔化后，升温至 1180 ~ 1300℃，加剩余铝锭、铜、回炉料；调整温度，用 $ZnCl_2$ 精炼除气。

④二次熔炼工艺要点：先熔化铜，熔清后升温至 1200℃左右，加磷铜 0. 2% ~0. 3%(质量数分数)脱氧；然后依次加入铜锰合金、铝铁合金、铝铜合金、回炉料；调整温度，用 $ZnCl_2$ 精炼除气。

(3)铅青铜

①炉内气氛：弱氧化性或氧化性。

②熔炼工艺要点：先熔化铜，熔清后升温至 1200℃左右，加磷铜脱氧；然后依次加入回炉料、锌锭、锡块、铅，调整温度，搅拌。

③可采用氧化性熔剂除气。

(4)铅黄铜

①炉内气氛：中性或弱氧化性。

②覆盖剂：玻璃 90%、氟石 10%(质量数分数)，可用木炭覆盖。

③熔炼工艺要点：先熔化铜，加覆盖剂，熔融后升温至1150～1180℃，加磷铜脱氧，然后依次加入回炉料、锌锭、铅，调整温度，搅拌。

(4)铝(锰)黄铜

①炉内气氛：中性或弱氧化性。

②覆盖剂：食盐80%、冰晶石10%、氯化钾10%(质量数分数)，可用木炭覆盖。

③一次熔炼工艺要点：加入铜(铺底)、铁片、金属锰和剩余铜，加覆盖剂熔化，过热至1120～1150℃；加铝和降温铜，搅拌；加回炉料，除气；然后加锌、铅搅拌；升温沸腾2 min，调整温度。

④二次熔炼工艺要点：加入铜(铺底)、铜铁合金和剩余铜，加覆盖剂熔化，过热至1200℃；加回炉料，铜锰合金、锌锭；升温沸腾2 min，加铜铝合金，最后加铅，搅拌。

(5)硅黄铜

①炉内气氛：弱氧化性。

②覆盖剂：玻璃37%、硼砂68%(质量数分数)。

③熔炼工艺要点：先熔化铜，熔清后升温至1200℃左右，加磷铜脱氧，然后依次加入铜硅合金，回炉料、锌、铅；加热到1300℃沸腾1～2 min，调整温度。

105. 常用铸造铜合金的熔炼工艺怎样制定?

(1)ZCuSn6Zn6Pb3

1)配料

Sn：6.3%，Zn：6.5%，Pb：3.0%，Cu：84.2%

2)熔炼工艺要点

①将铜装入已预热至暗红色的坩埚中，在弱氧化性气氛下快速熔化，熔化温度1200～1250℃。

②熔清后，温度升至1150℃时加入本炉次所需磷铜的一半，搅拌以脱氧，总磷铜加入量为0.4%～0.6%(含磷量为10%)。

③铜液脱氧后加入预热的回炉料，熔化后用石墨棒搅拌均匀。

④在1150～1200℃(不超过1200℃)下加入预热的锌、锌熔化后加锡和铅。最后加余下磷铜，并仔细搅拌。

⑤做炉前试验：含气、弯角及断口检验，同时静置 5 ~ 10 min，准备浇注，浇注温度为 1100 ~ 1190℃。炉前检查不合格时可加少量磷铜精炼，或加 1% 的脱氧造渣剂(萤石粉:食盐 = 7∶3)处理合金。

(2) ZCuSn3Zn8Pb6Ni1

1) 配料

Sn：3.7%，Zn：9.0%，Pb：4.0%，Ni：1.0%，Cu：82.3%。

2) 熔炼工艺要点

①将熔剂(氧化铜:硼砂:石英砂 = 1∶1∶1)放入坩埚内，预热坩埚至暗红色，熔剂加入量为炉料总量的 3%。

②将铜与铜镍中间合金(或直接加镍)同时装入坩埚，加速熔化，温度达 1150 ~ 1200℃时除渣，加入铜液所需磷铜的一半，仔细搅拌脱氧，磷铜加入量为 1.5%(磷铜含磷量 15%)。

③除渣后加入预热的锌，约在 1200℃加入锡和铅。

④将合金液加热到 1200 ~ 1250℃，加余下的磷铜并搅拌。

⑤静置 5 min 后做炉前试验，准备浇注，浇注温度 1100 ~ 1190℃。炉前检查不合格时可加少量磷铜精炼。

(3) ZCuSn10P1

1) 配料

Sn：10%，P：1%，Cu：89%。

2) 熔炼工艺要点

①将铜装入已预热至暗红色的坩埚中，在弱氧化性气氛下快速熔化。

②熔清后，温度升至 1150℃时加入该炉次所需磷铜的 1/5。

③仔细搅拌脱氧，除渣后加入经预热的回炉料，随熔随加。

④回炉料全部熔化后，升温至 1100 ~ 1150℃时仔细搅拌，除去熔渣，然后加入余下的 4/5 磷铜，并用石墨棒搅拌，最后加入经预热的锡。

⑤在 1100 ~ 1150℃取样进行炉前试验，含气、弯角及断口检验，试验合格后出炉浇注，浇注温度 980 ~ 1050℃。

⑥磷青铜极易吸气，可用氧化熔剂处理铜液。

(4) ZCuAl10Fe3

1) 配料

Al：加中间合金9.5%或加金属铝10.0%，Fe：3%，Cu余量。

2）熔炼工艺要点

①常规熔炼法装料：将铜装入预热的坩埚中加速熔化，待铜液温度达到1150℃时加入0.5%～0.7%磷铜（含磷量10%）。仔细搅拌脱氧，然后预热的铝铁中间合金（或铜铝、铜铁中间合金），中间合金全部熔化后加入回炉料，搅拌。

②一次熔炼法装料：将铜与铁同时装入预热的坩埚中加速熔化（铁装下面），待铁化开约2/3时加入经预热的铝锭，这时因放热反应铁很快化开，如温度上升至1200℃以上，可加入预先留下的5%～10%铜，以调整温度。

③在1200℃加入2%～2.5%精炼剂，搅拌除渣。

④进行炉前试验，如含气不合格，则用钟罩压入0.2%～0.4%脱水氯化锌（或六氯化烷）去气精炼。

⑤炉前试验：含气、弯角及断口检查，合格后立即出炉，除去浮渣，撒入一层冰晶石（0.2%～0.3%），清洁合金，准备浇注，浇注温度1100～1180℃。

⑥P为铝青铜的有害杂质，建议用铜锰中间合金。推荐精炼熔剂为：冰晶石30%、氟化钙10%、食盐50%，氯化钾10%。

⑦一次熔炼法还可采用先熔化铝，过热至800～850℃分批加入铁，然后加入铜。

（5）ZCuAl8Mn13Fe3Ni2

1）配料

用中间合金配：Al：8.5%，Mn：15.0%，Fe：3.0%，Ni：1.8%，Cu余量。

用纯金属配：Al：8.5%，Mn：14.8%，Fe：2.8%～3.0%，Ni：2.0%，Cu余量。

2）熔炼工艺要点

①常规熔炼法装料：按加料顺序，在预热的坩埚中同时装入铜及铜铁、铜镍、铜锰中间合金，在弱氧化性气氛下快速熔化，合金熔化后加入铜铝中间合金（或铝），并充分搅拌。

②一次熔炼法装料：按装料顺序将铜、镍、铁和锰同时装入预热的坩埚中，最后再装入部分铜，并留出10%铜，炉料尚未完全熔化时

加入经预热的铝，并充分搅拌，使难熔成分完全熔化，用余下的铜调整合金温度。

③合金熔化温度超过1200℃时进行除气精炼处理，用钟罩压入0.2%～0.4%六氯乙烷或脱水氯化锌，也可以用氮气处理，处理时间约10 min。

④进行炉前试验，除渣浇注，浇注温度1100～1150℃。

⑤用纯金属一次熔炼时，合金可过热至1300℃，以保证难熔成分(锰)的熔化。

⑥熔炼时(特别是采用纯金属时)应均匀搅拌，防止偏析。

(6) ZCuZn33Pb2

1) 配料

Pb：2.0%，Zn：34.0%，Cu：64.0%。

2) 熔炼工艺要点

①将铜、覆盖剂装入已预热的坩埚中，快速熔化。

②升温熔化并过热至1150℃，加入磷铜0.4%～0.6%(含磷量10%)，搅拌脱氧。

③加入预热的回炉料，熔化后在1100～1180℃下加锌、铅，搅拌，升温沸腾2 min。

④炉前试验，调整温度，出炉浇注，浇注温度980～1050℃。

(7) ZCuZn25Al6Fe3Mn3

1) 配料

用中间合金配：Al：6.8%，Mn：3.3%，Fe：3.2%，Zn：22.5%，Cu：66.0%。

用纯金属配：Al：8.5%，Mn：3.5%，Fe：2.5%，Zn：16.7%，Cu：67.0%。

2) 熔炼工艺要点

①常规熔炼法装料

将铜与铜锰中间合金装入预热过的坩埚中，在弱氧化性气氛中快速熔化，炉料应装紧，避免伸出炉外。合金熔化后搅拌，加部分回炉料，回炉料融化后，在1150～1180℃加入已预热的锌，并搅拌。

在1150℃以下加入已预热的铝铁中间合金(压入液中)，可加余下回炉料降温，并搅拌。

②一次熔炼法装料

用少量铜装入坩埚铺底，然后加铁、锰和铜，留出少量铜以备降温，炉料应装紧，避免伸出炉外。

铜、铁和锰熔化后进行搅拌，加若干铜降温，然后压入预热的铝，并搅拌，金属液会自行升温，加余下的铜降温。

在合金液不发白时(1150～1180℃)加入经预热的锌锭。

③继续加热，直到锌沸腾为止，锌的沸腾时间应尽量短。

④加适量精炼剂(食盐85%，萤石15%)清理合金，扒渣，炉前试验。

⑤炉前检查后如合金含气，用钟罩压入0.1%脱水氧化锌除气精炼。加锌沸腾后，可不用再进行除气精炼。浇注温度为950～1050℃。

⑥加锌温度不能超过1200℃，加锌温度过高，容易引起爆炸，温度过低则在锌块周围形成一层铜壳，也会引起爆炸。

⑦一次熔炼法还可采用先熔化铜，过热至800～850℃分批加入铁，熔化后升温，加入锰和铜，最后加入锌锭。

(8)ZCuZn16Si4

1)配料

用中间合金配：Si：2.5%～4.5%，Zn：17.0%，Cu：80.0%。

用纯金属配：Si：3.8%，Zn：16.5%，Cu：79.7%。

2)熔炼工艺要点

①常规熔炼法装料

将铜装入预热过的坩埚中，在弱氧化性气氛下快速熔化，熔化后温度达到1150～1200℃时加磷铜0.4%～0.6%(含磷量10%)进行脱氧。加入已预热的回炉料，继续加热，熔化后搅拌，加入铜硅中间合金，回炉料和中间合金的熔化时间应尽量短。

②一次熔炼法装料

坩埚预热至500～600℃，将配料中的全部硅(块度10～15 mm)放入坩埚底部，加烘干好的木炭块(其块度与硅相似)，再其上面装铜，如铜一次装不完可边熔边加，要求快速熔化。铜与硅全部熔化后，升温至1120～1150℃，仔细搅拌。

③在1100～1150℃时逐块加入经预热的锌锭，同时搅拌。全部锌锭加完后，将合金迅速加热至锌沸腾。

④炉前试验，如合金含气，可用氮气吹炼。浇注温度980～1050℃。

⑤此合金吸气倾向较大，应注意采取以下措施：1200～1280℃沸腾除气；用中性熔剂覆盖合金；快速熔化低温浇注。

⑥一次熔炼的合金容易造成偏析，应注意充分搅拌。

第 4 章　铜及铜合金的铸造方法和工艺

4.1　铜及铜合金的铸造方法

106. 铜合金常用铸造方法有哪些?

铸造是一种使液态金属或合金冷凝成形的方法。按铸锭形状和铸锭相对铸模的位置及运动特征，可将铜合金铸锭生产方法分为以下几类,如图 4－1 所示。近终成形连铸新技术，动模铸造、无模铸造及静模铸造中的立弯、上引、浸渍和带坯、线坯的水平连铸新方法称为近终成形铸新技术。

107. 什么是立式半连续铸造?

立式半连续铸造全称为立式直接水冷半连续铸造，简称 DC 铸造是铜及铜合金铸造的主要生产方法之一。立式半连续铸造过程是：将金属熔体通过浇注管均匀地导入通水冷却的结晶器中，结晶器中的金属熔体受到结晶器壁和底座的冷却作用，迅速凝固结晶，形成一层较坚固的凝壳；当结晶器中金属熔体的液面达到一定高度时，牵引机构带动底座和已凝固在底座上的凝壳以一定速度连续、均匀地向下移动；当已凝固成铸坯的部分脱离开结晶器时，立即受到来自结晶器下缘处的二次冷却水的直接水冷，铸锭的凝固也随之连续地向中心区域推进并完全凝固结晶；待铸锭长度达到规定尺寸后停止铸造，并将铸锭吊出铸造井，铸造机底座回到原始位置，即完成一个铸造过程。铜合金立式半连续铸造生产如图 4－2 所示。

立式半连续铸造的生产特点是：

①可以采用较低的浇注温度进行铸造，有利于消除铸锭的气孔和疏松缺陷；由于铸造过程中保持顺序结晶，有利于消除缩孔缺陷；结晶组织致密。

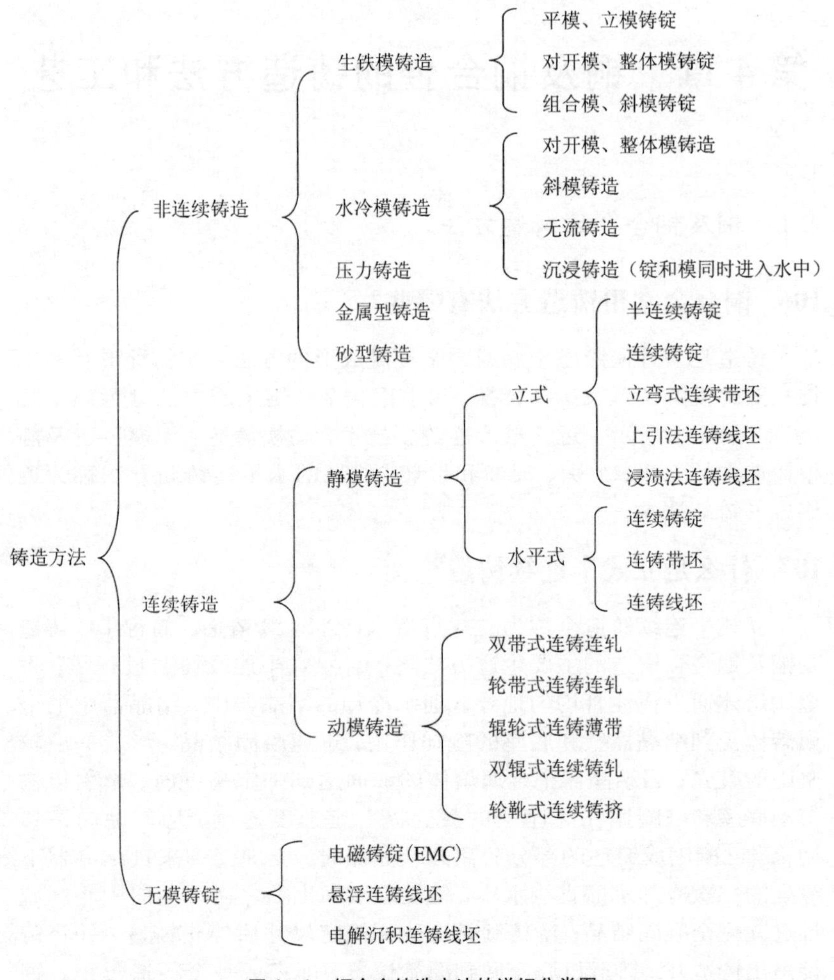

图4－1　铜合金铸造方法的详细分类图

②铸锭可根据加工工序的工艺要求进行合理切断，从而减少切头、切尾损失。

③同铁模铸锭相比，减少了金属熔体的飞溅和液面波动，防止了

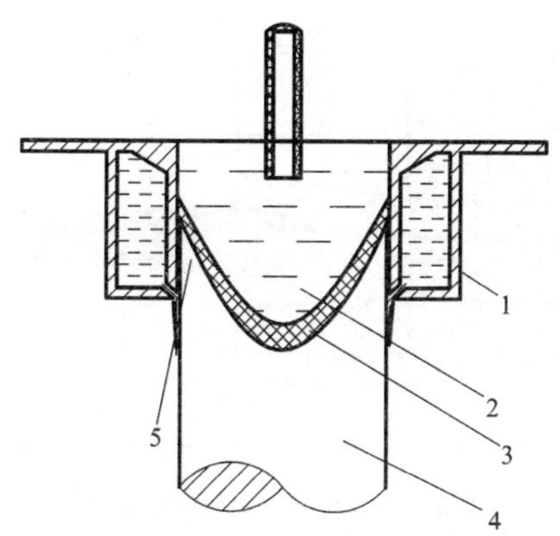

图 4－2　铜合金立式半连续铸锭生产示意图

1—结晶器；2—液穴；3—过渡带；4—铸锭；5—凝壳

氧化膜和夹渣等有害物质的混入；机械化程度高，劳动条件好。

108. 什么是水平连续铸造?

感应炉熔炼水平连铸技术是铜合金熔炼铸造技术的重大进步，它主要由以下几部分组成：感应熔炼炉、金属转运流槽、保温炉、结晶器、引锭机、铣面机、随动锯(卷取机)。水平连续铸造过程中，金属熔体在与地面平行安装的铸造机上从结晶器中连续拉出。其生产过程为：将保温炉中的金属熔体通过液流控制装置直接导入通水冷却的结晶器中，凝固成具有一定强度的凝壳后，借助引锭杆和牵引辊将已凝固的铸锭连续地拉出结晶器，当达到所需要的长度时，被同步自动锯锯断，如图 4－3 所示。

水平连续铸造的原理是铸坯沿水平方向连续地从固定在感应熔炼炉壁的结晶器中引出，从而实现熔炼铸造的连续化生产。它与半连铸(DC)法相比，具有以下特点：①结晶器与炉体紧密结合成一体，浇注时熔体不与空气直接接触，从而避免了熔体的吸气和氧化，特别是可以生产质量很大的带坯、线坯、棒坯，可直接进行冷塑性加工，大大地缩短了铜加工材的生产工艺流程，具有环保、节能、节省金属的优点。②铸锭在重力效应下自动下沉，导致与结晶器壁下部间隙小于上

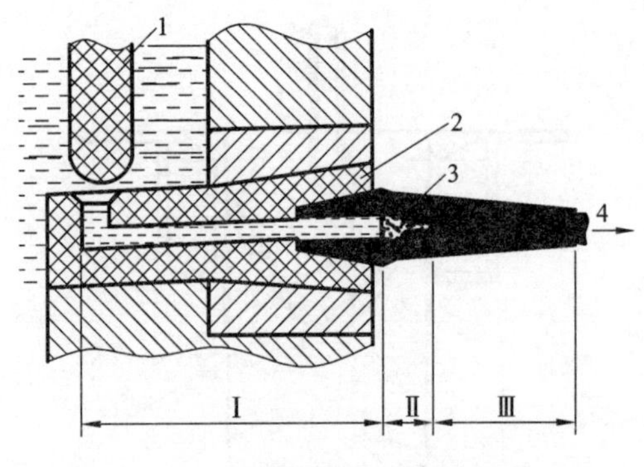

图4-3 铜合金水平连铸示意图

Ⅰ—液态区；Ⅱ—半凝固区；Ⅲ—固态区
1—炉前室中的塞棒；2—出铜口；
3—结晶器石墨套前端；4—铸锭及引锭方向

部间隙，造成铸锭内部温度场的不对称和结晶组织的不均匀，以及结晶器内壁上、下侧磨损不一致。通常在距离结晶器出口适当位置，设置支撑辊达到调整上述间隙的目的。③浇注速度快，辅助时间短，生产效率高，操作简便；设备结构简单，安装方便，不用挖铸造井，占地面积小，投资少。④尤其适合于常规方法难以生产的锡青铜、铅黄铜等复杂合金铸锭。

随着水平连铸技术的发展，国内企业成功研制了连体炉，取消了金属流槽，避免了熔体吸气和氧化，推进了水平连铸技术的发展，解决了无氧铜带坯的水平连铸技术。目前水平连铸圆锭规格达到 ϕ300 mm以上，带坯厚度通常为 15 ~ 20 mm，带坯宽度超过了1000 mm。

109. 什么是上引连续铸造？

上引连续铸造是利用真空将熔体吸入结晶器，通过结晶器及其二次冷却而凝固成坯，同时通过牵引机构将铸坯从结晶器中向上拉出的一种连续铸造方法。铸造时，结晶器的石墨内衬管垂直插入熔融铜液中，根据虹吸原理铜液在抽成真空的石墨管内上升至一定高度；当铜液进入石墨管冷却水套部位以后，铜液被冷却和凝固。与此同时，牵引装置也连续地将已凝固的铜杆从上面引出。图4－4为上引式连铸示意图。

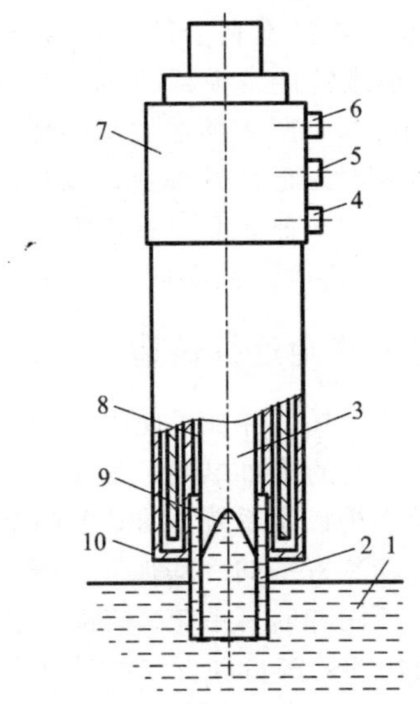

图4－4　上引连铸示意图

1—铜液；2—石墨内衬；3—铸造杆；4—进水口；5—出水口；6—抽真空口；7—结晶器头部；8—真空室；9—液穴；10—冷却水套

上引连续铸造装置可以按熔化炉和保温炉的配置分为分体式和连体式，分体式的熔炼炉和保温炉分别独立，连体式是将保温炉和熔炼炉做成一体，熔炼炉中的铜液通过两熔池间的通道自动进入保温炉。分体式和连体式的优缺点比较见表4－1。

表4－1　上引连铸不同配置的优缺点对比表

炉型	优　点	缺　点
分体式	成分控制均匀，保温炉温度波动小，铜液经过精炼质量可控制	铜液在转移过程中保护困难，保温炉液位冲击大，需液位跟踪器频繁启动
连体式	液位稳定，铜液保护好，操作简便	保温炉的温度受加料影响大，精炼作用差，原料品质波动对产品质量影响明显，生产合金时成分波动大

由于分体式装置不利于铸造铜杆产品保持质量稳定，消耗比较大，目前上引连续铸造越来越倾向于采用连体式配置。上引连铸在结晶器中铜液的冷却和凝固所散发出的热量都是通过间接方式进行，而且铸坯发生收缩时即已离开模壁，加上模内又处于真空状态，铸坯的冷却强度受到一定限制，生产效率比较低。因此，上引连铸通常都是采取多流铸造（即多个结晶器同时进行）的生产方式。

110. 什么是立式全连续铸造？

与立式半连续铸造相比，现代的大型铸锭的立式全连续铸造装置中，通常都有以下的附加装置：熔炼炉熔化进程、保温炉熔体液位、温度等监测及连锁控制系统，结晶器内金属液面自动控制系统，结晶器及其二次冷却装置中的冷却强度监测及其控制系统，铸造程序和铸造工艺参数的控制和监视系统，铸锭自动锯切以及收屑和快速更换锯片系统，将锯切的铸锭自动下线及其称重、打印系统。

从铸造的冶金过程分析，立式全连续铸造和立式半连续铸造基本一样，即铸造过程进入增长状态后，铸锭的凝固和结晶过程基本一样；连续铸造的铸锭质量控制方法与半连续铸造时的基本相同。

立式全连续铸造的生产过程是：首先打开塞棒放流，将金属熔体导入通水冷却的结晶器中；待结晶器中金属熔体的水平面达到一定高度并且凝壳具有一定强度时，铸造机的牵引机构就以一定速度连续、均匀地向下移动；随动锯锯切铸锭头部；待铸锭长度达到设定要求时，控制系统自动控制随动锯进行锯切，锯切机上带有锯屑收集器，锯屑通过一个可弯曲的软管被输送至抽吸装置中；锯切过程结束后，由一个液压制动缸阻止锯切机和被锯开的铸锭突然向下滑落；随后，被夹持的一段铸锭继续向下移动，直至进入锯切机下部的接收筒中；铸锭进入接收筒之后，锯切机松开夹紧铸锭的板牙并返回到初始位置；最后，通过液压装置将铸锭随接收筒一起从垂直位置放倒至水平辊道上。立式全连续铸造过程中，熔炼炉中的金属熔体须均匀稳定地流入保温炉。图4－5为立式全连续铸造示意图。

立式全连续铸造的生产特点是：

①生产能力、生产效率以及铸造成品率等都比较高，适合较大规格、单一品种、单一规格的铸锭生产。

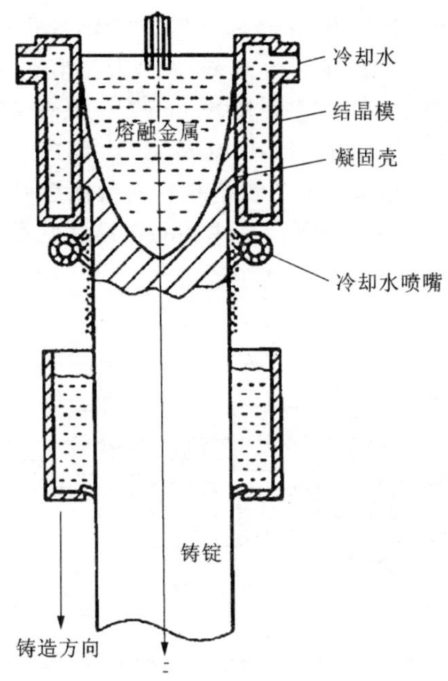

图4-5　立式全连续铸造示意图

②由于全连续铸造机组设备的机械化和自动化程度都比较高，因此工人的劳动条件比较好。

③大型的立式全连续铸造机组占地面积和空间都比较大。

④投资与建设周期远远超过相同铸锭规格的半连续铸造设备。

111. 什么是铜合金线坯的连铸连轧?

连铸连轧法为光亮铜线坯的主要生产方法。典型的连铸连轧机列由竖式熔炼炉、保温炉、轮带式或双带式连铸机、连轧机、冷却清洗、卷取、包装等装置组成。

铜合金棒(线)坯连铸连轧的过程如下：保温炉中的金属熔体通过流槽注入轮带式连铸机上轮槽与钢带围成的空腔(结晶器)后，随着铸轮和钢带的运动，边冷却凝固边离开结晶器，金属铸坯带着余热进入多机架串联孔型轧机，轧成线坯并收卷。根据需要，在进入轧机前将铸坯在线切成定尺长度。棒(线)坯连铸机除轮带式外还有其他形式。连铸连轧生产线一般配有一台高效率的大型竖炉或大吨位反射炉(30 t以上)，连铸棒坯截面积在 1200 mm^2(一般在 2400 mm^2左右)以上，串联孔型轧机一般由 7～11 台组成，配有高速收线机。棒(线)连铸连轧产品单一，产量大，生产效率高。一台机组可年产 ϕ8 mm 铜线坯 10 万 t 以上。图 4－6 为铜合金线坯的连铸连轧示意图。

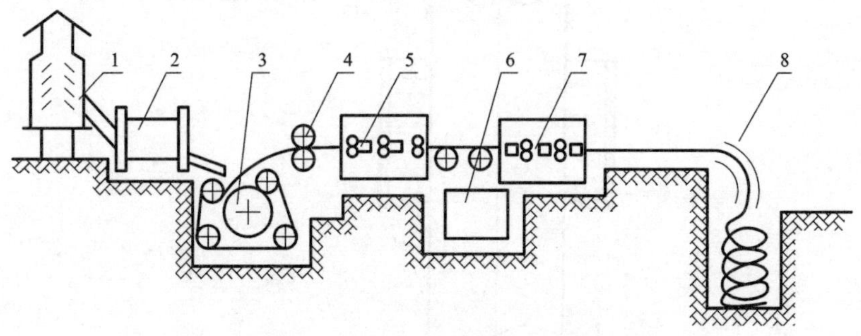

图 4－6 铜合金线坯的连铸连轧示意图

1—竖炉；2—保温炉；3—连铸机；4—拉辊；
5—粗轧机组；6—集废箱；7—精轧机组；8—收线装置

连铸连轧的生产特点是：

①所生产的线坯导电率高、延伸性好、表面质量好，线坯性能可以满足高速拉丝机的需要。

②对原料的要求没有上引法、浸渍成形法高，可采用较高比例的旧料，所有工艺参数均可设定和自动控制。

③采用燃气熔炼、保温，开停灵活，生产成本低。

④在光亮铜线坯的生产中连铸连轧法的生产能力最大，产量为 5～60 t/h，目前全世界 80% 以上的铜导线是采用连铸连轧铜线坯生产的。

112. 什么是铁模铸造和水冷模铸造?

铸铁模和水冷模铸造作为一种基本的铸造方法，主要用在中间合金铸锭以及某些复杂铜合金小规格、小批量铸锭生产中，特别是当产量少，不足以专门设计和制造结晶器的情况下，即使不是复杂合金，有时也选择铁模铸造的方案。由于铁模铸造方法比较简单，不需要太多的铸造机械设备，在许多新型合金的实验以及真空下铸造等也都还是使用铁模。铁模和水冷模铸造，分为平模铸造、立模铸造、倾斜模铸造和无流铸造等不同的浇注方式，生产中可根据需要进行选择。图4-7分别为圆锭和扁锭的对开式铸模。

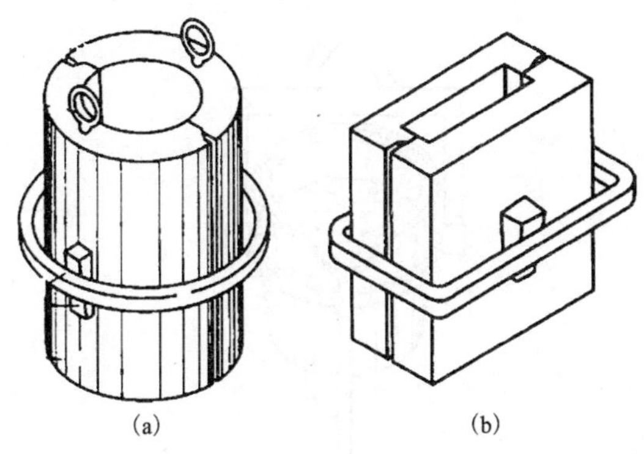

图4-7　对开式铸模示意图
(a)圆锭铸模；(b)扁锭铸模

铁模铸造其生产过程为：首先对铸铁模进行预热、刷涂料、再进行烘烤、铜及其合金熔体通过漏斗以一定浇注速度倒入铸模中，冷却后脱模。通常浇注温度选择在铜及其合金熔点或者液相线以上100～150℃。

铁模和水冷模铸造的生产特点是：

①液态金属凝固时，以径向为主，铸锭的直径越小，高度越大，越易出现疏松、气孔、夹杂等缺陷。

②浇口部分必须及时补缩，以减少或消除集中缩孔；铸锭底部和顶部质量较差，需切除，成品率较低。

③铁模容积有限，生产效率低；占地面积大，模子消耗大，工作环境较差，劳动强度也大。

④对于那些直接水冷铸造和热轧时裂纹倾向较敏感的合金，采用铁模铸造会得到较好的效果。

113. 什么是平模铸造？

平模铸造，主要用来铸造横截面是方形或者矩形、而厚度（高度）尺寸不大的块状铸锭，多通过浇包盛铜液直接浇注。图 4－8 所示的是平模铸造过程示意图。

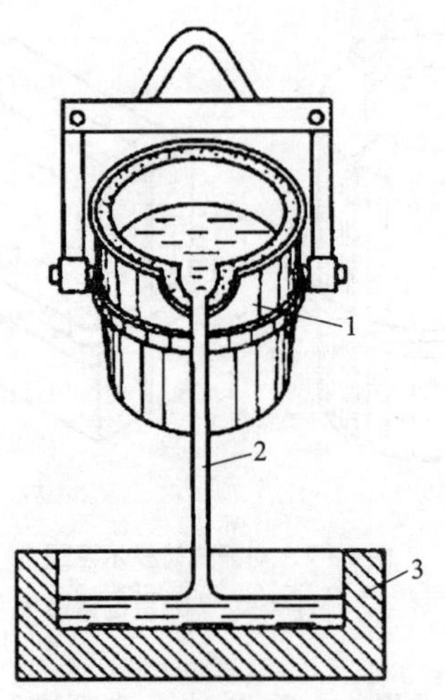

图 4－8 平模浇注过程示意图

1—吊包；2—熔体流柱；3—铸模

浇注时，首先将浇注包悬于模子上方适当高度，并使包嘴对准所要浇注的位置。浇注过程中，既要掌握好浇注的速度又要不停地摆动包嘴，不断地改变铜液的落点。如果铜液始终落在某一固定位置，有可能造成铸锭局部气孔，或者造成铸模局部表面裂纹，甚至熔化，严重时铸锭可能和模子粘连。浇注结束时，迅速将模内液体金属表面上的浮渣扒除，随即盖上稻草灰，或者炭黑之类，对铸锭浇口部位进行保护和保温。

表 4－2 中所列的数据是部分铜及铜合金铸锭平模铸造的工艺条

件及参数。

表 4－2　部分铜合金铸锭平模铸造生产工艺条件及参数

合金牌号	铸锭规格/mm	模温/℃	铸模涂料	浇注温度/℃	浇注时间/s
铜线锭	84×105×1380	80～110	骨粉水溶液	1130～1160	20～22
H62	80×260×410 85×205×450 80×320×410	80～160	机油加适量炭黑	喷火	15～25 15～25 20～30
HPb59－1	80×260×410 80×320×410	80～130	机油加适量炭黑	喷火	20～30 25～35
HPb63－3	45×240×450	80～130	蓖麻油∶火油∶炭黑 ＝1∶3∶适量	喷火	15～25
HSn62－1	80×260×410 80×320×410	80～130	机油加适量炭黑	喷火	15～25 20～30
HMn58－2 HNi65－5 HFe59－1－1	80×260×410	80～130	机油加适量炭黑	喷火	15～25
HAl66－6－3－2	80×260×410	—	蓖麻油∶火油∶炭黑 ＝1∶3∶适量	喷火	15～25
BZn15－20	80×260×410 85×205×450	80～130	蓖麻油∶火油∶炭黑 ＝1∶3∶适量	喷火	25～35

除铜线锭外，平模主要用于某些易产生气孔及热轧易裂的合金，例如铅黄铜、锡黄铜、锌白铜等复杂合金铸锭。

平模铸造的主要缺点是：浇口面积大，铸锭铣面时加工量大，成品率低。

114. 什么是立模铸造?

立模铸造，液流的导入通常是通过漏斗进行的。当铸锭的断面较大、铸模比较高时，在铸模的顶部附加一定高度的保温帽是必要的。

图 4－9 是立模浇注过程示意图。

漏斗的主要作用是：①当其中储存有 2/3 左右高度熔体时，液面上的浮渣就不会从漏斗孔中流出，可避免铸锭夹渣缺陷；②通过漏斗孔可以导正液流方向，可以避免液流直接冲击铸模侧壁，即可避免铸模局部温度过高，或者涂料过早燃烧现象，有助于改善铸锭的表面质量；③通过调整漏斗孔径，可以控制浇注速度。

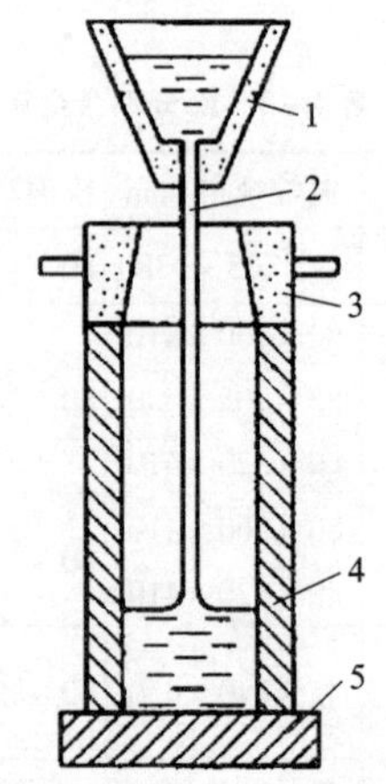

图4－9 立模浇注过程示意图

1—漏斗；2—流柱；3—保温帽；4—铸模；5—底垫

浇注前须将漏斗充分预热。浇注小型铸锭时，可用黏土石墨坩埚改制浇注漏斗。浇注大型铸锭时，漏斗通常为钢结构或铸铁结构外壳，内部衬有耐火材料，可以多次反复使用。浇注普通黄铜时，可以使用铸铁质材料制造的漏斗。

保温帽的作用是避免铸锭内部缩孔。保温帽内衬应用保温性能比较好的耐火材料。保温帽内熔体冷却速度，应低于铸模内熔体的冷却速度。当浇注大断面铸锭时，铸锭的凝固收缩量比较大，保温帽中的高温熔体可以对铸锭凝固过程中的收缩进行补充，而最后将缩孔移到保温帽中。当熔体充满保温帽时，可向保温帽内的敞露液面覆盖某种保温性能好，或者能够发热的材料，以延缓保温帽内熔体的冷却。

立模浇注大规格铸锭时，浇注后及时补口是非常必要的。所谓补口，即在通过铸锭浇口部不断地补充高温熔体，直到整个铸锭的凝固过程完全结束为止。

表4－3所列的是部分铜及铜合金铸锭立模浇注的铸造生产工艺条件及有关参数。

表 4－3　部分铜及铜合金铸锭立模铸造工艺条件及参数

合金牌号	铸锭规格 /mm	模温 /℃	铸模涂料	浇注温度/℃	浇注速度		
					漏斗孔数	漏斗孔 ϕ/mm	浇注时间/s
T2	60×415×320 60×250×500 70×210×450	110～130	骨粉水溶液	1110～1160	3 3 3	12～13 12～13 12～13	18～30 16～25 14～25
H96	60×250×500 60×320×320	80～130	豆油∶火油∶炭黑＝1∶3∶适量	1180～1220	4 6	10～12 7～8	22～30 18～28
HPb59－1	ϕ85×700	80～130	机油加适量炭黑	喷火	3	6～7	30～40
HPb 63－3	ϕ120×900	80～30	蓖麻油∶火油∶炭黑＝1∶3∶适量	喷火	3	5～7	130～150
QSn4－4－4	25×180×600 25×280×600	140～180	漏斗中加机油	1230～1280	3 5	4～4.5 4～4.5	120～150 120～150
QSn6.5－0.1 QSn6.5－0.4	ϕ180×900 ϕ145×900 ϕ120×900 30×160×800 30×240×800 30×305×520	80－130	蓖麻油∶肥皂＝6∶4	1240～1300	1 1 1 2 3 4	7～8 7～8 6～7 3～4 2～3 3－4	350～450 300～400 250～350 120～180 140～200 40～200
QSn4－3	ϕ180×900 ϕ145×900 ϕ120×900 60×220×500	80～130	蓖麻油∶肥皂＝6∶4	1250～1300	1 1 1 3	8～10 8～10 6～8 4～6	250－350 200－230 150～180 ＞50
QSi3－1	60×220×500	80～130	蓖麻油∶皂＝6∶4	1180～1220	3	3～5	110～130
BMn40－1.5	80×260×620	80～130	蓖麻油∶肥皂＝6∶4	1370～1420	3	13～16	30～35
BMn43－0.5	ϕ220/ϕ210×650	100～150	骨粉水溶液	—		16～18	—
BFe5－1	ϕ180×300 ϕ145×300	80～130	蓖麻油加适量炭黑	1250～1300	1 1	19～22 16～19	20～25 14～18
BAl13－3	ϕ120×250	100～180	蓖麻油∶肥皂＝6∶4	1350～1400	1	20～25	6～12
BAl6－0.5	80×260×620	80～130	蓖麻油∶肥皂＝6∶4	1300～1350	3	13～16	30～35

115. 什么是倾斜模铸造?

图 4 – 10 所示的是倾斜模铸造过程的示意图。

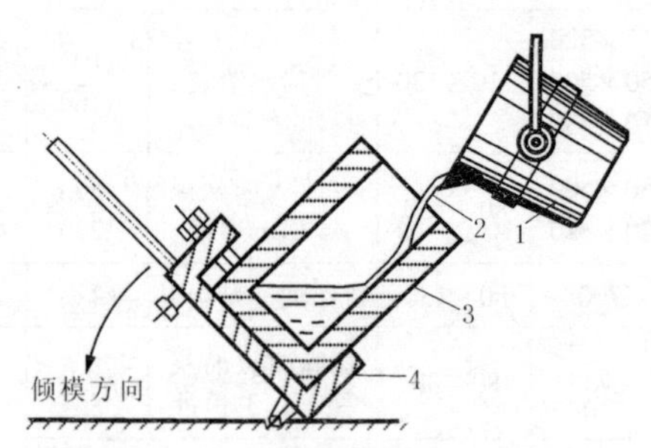

图 4 – 10 倾斜模浇注过程示意图

1—浇注包；2—熔体流柱；3—铸模；4—铸模倾斜装置

铸造开始前，先将铸模倾斜至与水平成 10°～25°的位置。随着浇注过程的进行，即随着模腔内熔体液面的不断升高，同时使铸模逐步向着垂直方向转动。当熔体充满模腔时，铸模刚好到达垂直位置，浇注结束。

倾斜模铸造的主要特点是：浇注过程中，熔体落差小，而且是熔体始终沿着铸模的一面侧壁平稳地流动，从而减少和避免了液体的飞溅，以及熔体的吸气和生渣的机会。实际上，由于不断上升的液面始终保持了安静状态，凝固过程中析出的气体也容易排出。

显然，倾斜模铸造法对于某些浇注过程中容易吸气和生渣的合金，例如硅青铜、铍青铜等。

表 4 – 4 所列的是部分合金铸锭倾斜模铸造的工艺条件及参数。

表 4 – 4 部分铜合金铸锭倾斜模铸造的工艺条件及参数

合金牌号	铸锭规格/mm	铸模涂料	模温/℃	浇注温度/℃	浇注时间/s
HPb63 – 3	30 × 240 × 400	煤油∶炭黑 = 7∶1	80～130	喷火	30～45
QSi3 – 1	40 × 200 × 400	蓖麻油∶肥皂 = 6∶4	80～130	1180～1220	30～40
QBe2. 0	ϕ120 × 400	—	80～130	—	180～210

倾斜模铸造法的主要缺点是：浇注液流的落点处，铸模局部温度较高，与该处相应的铸锭局部结晶组织较差；另外，倾斜模铸造法，对操作技术有比较高的要求，生产效率低，铸锭规格也受到限制。

116. 什么是无流铸造？

铸造过程中，由于铸模内流柱短得几乎看不到流动，近似无流，因此称之为无流铸造。无流铸造所采用的铸模有铁模和水冷模两种。其原理如图4－11所示。

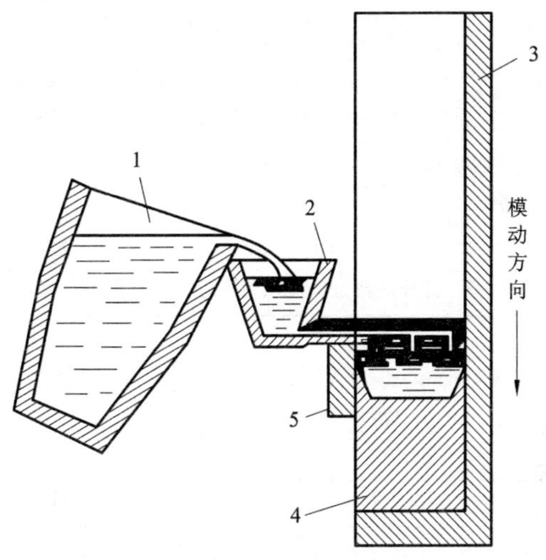

图4－11　无流铸造原理示意图

1—浇注包；2—漏斗及液体分配槽；3—“П”形活动模；
4—铸锭；5—“—”形活动模；

铸模主要由具有“П”形断面型腔的活动模3，及具有“－”形断面型腔的固定模5两部分构成。两部分结合时，则构成了一个具有四面壁的完整的铸模型腔。为使“－”形模和“П”形模能够严密配合，除了应保证两者工作面的加工精度以外，“－”形模的工作面宜采用石墨材料，以求取得更好的效果。

浇注过程中，“－”形模始终处于固定位置。“П”形模通过某种机械传动方式作垂直向下移动。“П”形模移动的速度，即铸造速度。液流分配槽通过“П”形模的开口，水平方向伸入模腔中。分配槽可用石墨管钻小孔的办法制成。浇注过程中，液流经过石墨管上的小孔进入铸模，呈水平走向的石墨管与铸模内的金属液面之间的距离比较小，即液体流柱非常短，落差非常小，液流飞溅和冲击现象几乎减小到了最低限度。无流铸造时，模内金属液面始终不能超过“—”形模上缘。如果超过，铸造过程将可能失败。

无流铸造，特别是扁铸锭的无流铸造，沿铸锭断面长轴方向设置的液流分配槽，有利于液流的均匀分配，使得液穴趋于浅平形状。铸锭自下而上的方向性结晶倾向性强，从而非常有利于避免铸锭的气孔、夹杂、疏松、偏析等缺陷。另外，除了在“—”形模与铸锭表面之间有相对运动以外，铸锭的另三个表面均与铸模不发生相对运动，有利于改善铸锭的表面质量。表 4 – 5 所列的是部分合金铸锭无流铸造的工艺条件及参数。

表 4 – 5　部分铜合金铸锭无流铸造的工艺条件及参数

合金牌号	铸锭规格/mm	铸模结构	冷却水压力/MPa	铸模涂料	浇注温度/℃	浇注速度	
						漏斗孔/mm×孔数	浇注速度/$(m\cdot h^{-1})$
HPb63 – 3	40×300	水冷模	0.12～0.15	机油＋适量炭黑	喷火	ϕ6×4	18～25
QSn4 – 4 – 4	40×330	水冷模	0.10～0.15		1300～1340	ϕ6×4	15～22
QSn4 – 4 – 2.5	40×250×1100	铸铁模	—	蓖麻油∶肥皂＝6∶4	1280～1320	ϕ6×4	7～10
QBe2.0	ϕ145×300	铸铁模	—	—	1150～1200	—	8～10
QBe 2.5	40×220×320	铸铁模	—	—	1150～1200	—	18～20

无流铸造，作为一种特殊的铸造方法，在铸造某些具有特殊性质的合金方面，有其特殊的地位。例如铍青铜、锡锌铅青铜等合金，有时采用铁模或者水冷模、甚至半连续铸造法生产铸锭时，铸锭质量总是不能令人满意，而采用无流铸造时则迎刃而解。

无流铸造的缺点是：铸锭长度有限，铸造模具结构比较复杂，要求具有较高的操作水平。

117. 什么是真空吸铸?

(1) 真空吸铸的定义

真空吸铸是一种在型腔内造成真空，把金属由下而上地吸入型腔，进行凝固成形的铸造方法，根据铸件形状特点，分为两种真空吸铸法。

①柱状铸件真空吸铸

该法专用于生产圆柱、方柱状中空和实心件的真空吸铸法，生产的铸件可用于加工成螺母、螺杆、轴套、轴瓦等，大多为铜合金铸件。铸件最大外径可到 120 mm。其工作原理见图 4 – 12，结晶器(即水冷金属型)1 的内壁周围用水冷却，结晶器下口埋入金属液 2 中，其上口接真空系统，金属液在大气作用下升入结晶器内腔达一定高度，结晶器内金属液由外向中心凝固，待凝固达到所要求的厚度，将结晶器上口接通大气，结晶器中心未凝固的金属液下落回流至坩埚中，得中空柱状铸件。

②成形铸件真空吸铸

用于生产各种形状铸件的真空吸铸法，其工作原理见图 4 – 13。将铸型置于真空室 1 中，型腔顶部有通气孔，型中浇注系统连接下面的升液管 8。升液管下端浸入金属液 9 中。打开电磁阀 3，真空室与真空罐 5 接通，在型腔内建立一定的真空度，坩埚中的金属液在大气作用下上升进入型内，凝固成形。节流阀 4 用来控制型腔内负压的建立速度，以调节金属液充填型腔的速度。由时间继电器控制真空室内负压的保持时间，当型内浇道凝固后，即可将真空室接通大气，升液罐内金属液回流至坩埚中，也可在金属液充型时采用真空吸铸法，充完型后，增大金属液面上的压力，实现低压作用下的铸件凝固，进一步改善铸件凝固时的补缩条件。

(2) 真空吸铸的优缺点

①铸型自金属液中吸取金属，故浮在金属液表面的渣子不易进入型内。

②金属液自下而上地平稳进入空气稀薄真空条件下的型腔，不会

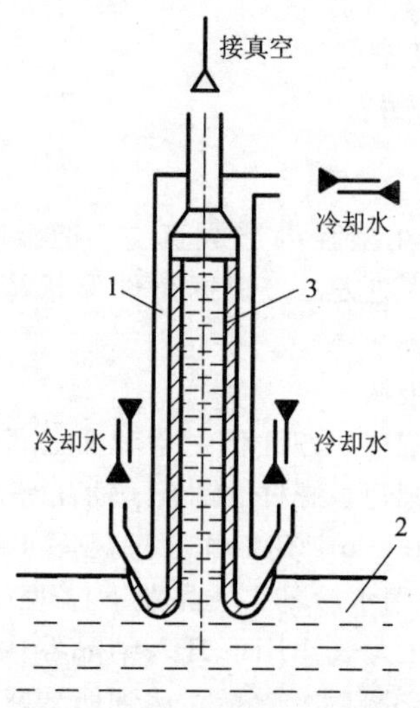

图4－12 真空吸铸法工作原理

1—结晶器；2—金属液；3—凝固层

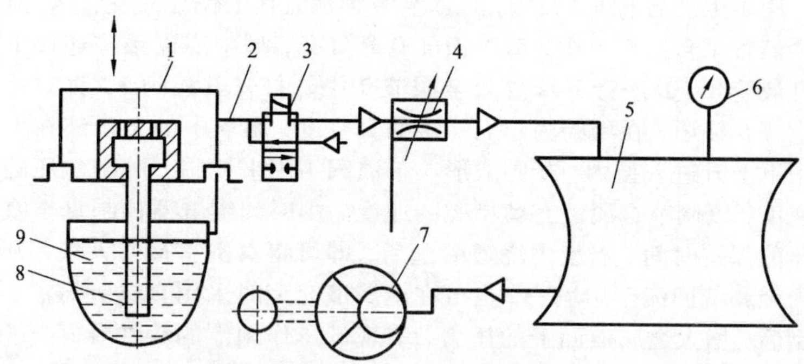

图4－13 成形铸件真空吸铸法工作原理

1—真空室；2—管道；3—电磁阀；4—节流阀；5—真空罐；
6—电接触真空计；7—真空泵；8—升液管；9—金属液

产生卷气现象，氧化可能性较小，又在真空条件下实现金属液的凝固。凝固过程中析出的气体也易上浮逸出，故铸件中不易形成气孔。

③型内金属与型壁接触较紧密，金属凝固较快，柱状铸件真空吸铸时，采用水冷薄壁金属型，铸件的凝固速度更大，故铸件晶粒细小，不易产生重度偏析。

④可创造较好的自下而上、自型壁向壁厚中心的定向凝固条件，铸件不易形成缩松。

上述四点都可使铸件获得致密的组织，使铸件力学性能提高，如柱状铜合金铸件，与砂型铸造时比较，其强度极限可提高 6% ~25%，伸长率提高 5% ~20%。

⑤充型时，金属液在型腔内遇到的气体阻力很小，可提高金属液的充填性，生产形状复杂的薄壁铸件。

⑥浇注系统或结晶器口黏附的金属液损失较少，故可提高成品率。

⑦生产过程易于机械化、自动化，生产效率高。

⑧柱状铸件中空内壁不平度较大，内孔尺寸不易正确控制，故需留较大加工余量。

118. 什么是振动铸造?

振动铸造的目的在于改善铸锭的表面质量。振动铸造一般分为：垂直振动铸造，水平振动铸造和自然振动铸造。

(1)结晶器垂直振动

结晶器垂直振动铸造已经得到了比较广泛的应用，通常按往复式移动机械原理进行设计，铸造过程中，结晶器沿铸锭滑动方向以一定的振幅和频率往复运动。简单的结晶器往复振动装置如图 4 - 14 所示。

振动装置通过电动机驱动，经传动轮减速后驱动带有凸轮的水平轴，在凸轮的下方有一带支点的杠杆，杠杆的一端受凸轮压迫，杠杆的另一端连着顶杆，而顶杆带动结晶器支撑板连同结晶器上下移动。在此装置中通过更换不同的凸轮调节振幅，调整电动机转速改变振动频率。

振动参数主要是指振幅和频率。选择振动参数除了考虑合金铸造

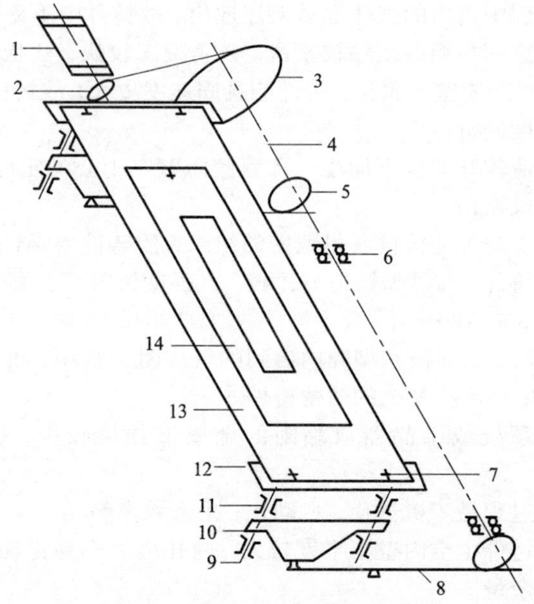

图 4-14 结晶器振动垂直装置示意图

1—电动机；2—小皮带轮；3—大皮带轮；4—传动轴；5—变换振幅的凸轮；6—轴承；7—定位销；8—杠杆及支点；9—垂直导向轴；10—水平连接板；11—滑动轴承；12—振动横梁；13—结晶器支持平板；14—扁铸锭结晶器

性质以外，主要依据铸造速度。振动参数可通过传统的计算方式，也可通过实验而定。工厂在选择振动工艺参数时，较多地采用了实际的经验，而且大多装置不在铸造过程进行中改变振幅。因此，往往是多种合金、甚至多种规格铸锭经常使用同一振幅和同一振动频率。实际上，不同的合金铸造性质，不同的铸锭品质，其适应的振动幅度和振动频率不可能完全一样，有的适宜采用小振幅、高频率，有的则适宜采用大振幅、低频率，所以试验有时候比设计更重要。

(2)结晶器水平振动

结晶器垂直振动方式中，铸锭表面与结晶器壁间的接触部分摩擦力大，对某些高温强度较差的合金而言，强度不高的凝壳部分有时会被拉裂，甚至造成拉漏事故，于是出现了水平机械振动方式。

图4－15为水平机械振动铸造示意图。图4－15是传统的垂直机械振动铸造的过程。结晶器在6－6′的垂直方向作上下振动，振动过程中可能使结晶器内金属液面上的浮动渣块落入铸锭表面与结晶器之间隙中去，造成铸锭的表面夹渣缺陷。图4－15(b)和4－15(c)是结晶器水平振动铸造过程，结晶器如图4－15(d)和4－15(e)中沿工作

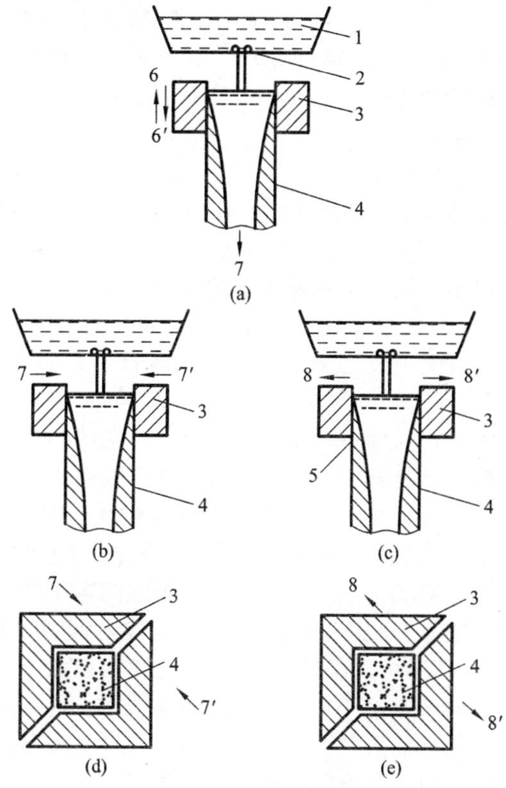

图4－15　水平机械振动铸造示意图

1—中间包；2—浇注口；3—结晶器；4—铸锭凝壳；5—铸锭表面与结晶器的间隙

腔的对角线分开，铸造过程中，通过机械使两半组合的结晶器能沿 7－7′和8－8′的水平方向，按照设计的振幅和频率有节奏地做闭合和分开运动。结晶器水平方向的开闭振动，实际上对液穴尚有某种程度的挤压作用，不仅避免了垂直振动时铸锭通过结晶器时表面受到的摩擦，水平振动时同样也有将结晶器内金属液面上的浮动渣块推离结晶器壁的作用，从而也减少铸锭的表面夹渣缺陷。

两半结晶器之间的间隙，闭合状态时为1 mm，分开时最大为3 mm。为防止结晶器内金属液面波动，振动频率最好是5～30次/s；水平振动的振幅以0.2～2.0 mm为宜。振幅过小润滑剂供给不足。振幅过大，可能引起较大的液面波动。试验表明，采用结晶器水平方式振动，铸锭表面质量显著提高。与采用结晶器垂直振动相比，水平振动使铸锭表面缺陷减少70%。

(3)结晶器自然振动

所谓自然振动铸造，是指在没有任何机械或者其他动力装置的情况下，结晶器能够自发地上下往复运动，而且幅度和频率与其他振动装置一样极有规律。该方法主要用于锡磷青铜的立式半连续铸造，是洛阳铜加工厂(现中铝洛阳铜业有限公司)在生产实践中创造的一种铸造方法。在该方法出现之前，大断面锡磷青铜只能普遍采用铁模、水冷模铸造。

自然振动的实现借助于两个基本条件，一是使用一种工作壁表面上带有纵向沟槽的结晶器，二是铸造时结晶器被支撑在一个既有一定刚度又有一定弹性的平板上。锡磷青铜结晶温度范围宽、反偏析倾向强，而且线收缩小，铸造时铸锭通过结晶器困难，经常被“悬挂”在结晶器中。采用自然振动铸造凝固过程中，带纵向沟槽的结晶器加剧了铸锭的“悬挂”，随着“悬挂”时间的推移，支撑钢板中间部分向下弯曲的弧度越来越大，反弹力也越来越大，当支撑钢板的反弹力超过铸锭与结晶器工作表面的摩擦力时，结晶器随同支撑钢板跳回水平位置，即完成一个振动周期。自然振动铸造过程如图4－16所示。

自然振动铸造时，需要铸造机有足够的牵引能力，运行过程中不能打滑。结晶器支撑应该选用刚度和弹性合适的钢板制成，具体尺寸亦应该与铸锭断面尺寸相当。结晶器的水平度、支撑钢板两侧支点间的对称性、结晶器纵向沟槽的设计、合适的辅助润滑剂选择是实现自

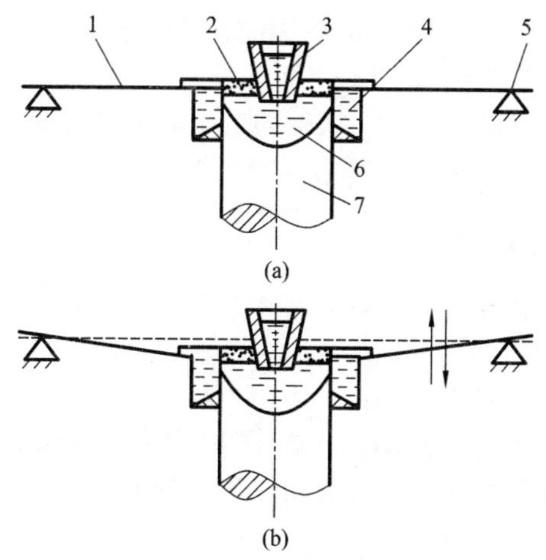

图 4 – 16　自然振动铸造示意图

1—结晶器支撑钢板；2—覆盖剂和润滑剂；3—导流漏斗；
4—结晶器；5—支点；6—液穴；7—铸锭

然振动铸造过程的关键。图 4 – 17 为自然振动铸造结晶器示意图。通常采用紫铜材质，纵向沟槽深度 2 mm 左右，槽宽约 2 mm，沟槽间距 10 mm 左右。

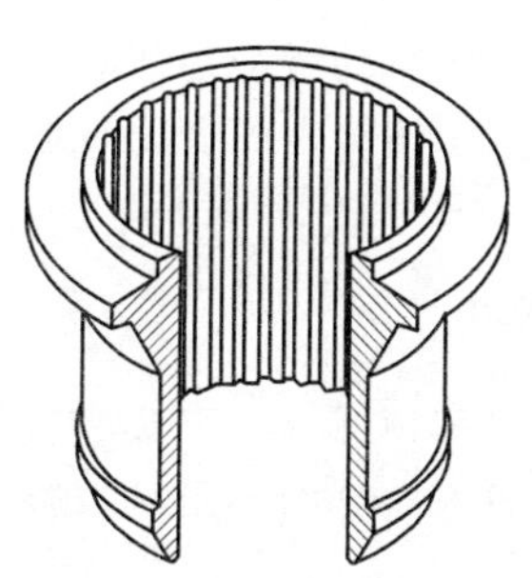

图 4 – 17　自然振动铸造结晶器

铸造 QSn6. 5 – 0. 1 ϕ195 mm 铸锭，当铸造速度为 5 m/h 时，结晶

器自然振动的振幅为 2 ~ 3 mm，振动频率为 60 ~ 100 次/min。铸造 QSn6. 5 -0. 1 140mm ×640 mm 扁铸锭，当铸造速度为 3 m/h，振幅为 1 ~2 mm，振动频率为 90 ~120 次/min。

采用自然振动铸造方式，获得的铸锭表面质量优良，尤其是有效地解决了其他方法都难以克服的锡磷青铜铸锭表面的反偏析倾向。

119. 什么是间隙铸造？

间歇铸造是指在连续铸造过程中加入了中间停顿的程序。连续铸造一般都采用均匀的引锭速度，加入停歇程序的目的在于改善铸锭的表面质量，比振动铸造更有利于清理结晶器的工作表面。

停歇期间，和自然振动的“悬挂”时段一样，凝壳的生长没有停止，只是结晶器内的液体金属液面将逐步提高。此刻，铸锭与结晶器之间没有相对运动，结晶器工作壁连续地对铸锭进行一次冷却，其冷却作用比铸锭在结晶器中滑动时大。结果，凝壳厚度增加迅速，新的凝壳形成时则可能把原来附在结晶器上的氧化物凝渣等牢牢地凝固在自己的表面上，待停歇结束开始引拉时，结晶器壁被清理干净。

间隙铸造在液压传动的铸造机上容易进行。间隙铸造程序通常由拉铸速度、拉铸时间和停歇时间等参数组成。

间隙铸造过程中，停歇阶段和自然振动铸造的“悬挂”相似，即铸锭与结晶器之间没有相对运动。停歇铸造之后的引拉，却和自然振动铸造的结晶器返回原位情况有所不同。相对铸锭而言，停歇后的引拉是结晶器向下运动，而自然振动铸造是结晶器向上运动。停歇铸造程序中的停歇时间如果过长，铸锭表面会出现明显的冲程节距，节距的两端会出现铸锭断面径向尺寸的微量波动。

120. 什么是热顶铸造？

热顶铸造，是指结晶器顶部有一段具有良好保温性能的区域，用于减缓结晶器上部的一次冷却，而不是减缓整个结晶器的一次冷却的铸造方式。

热顶铸造技术的关键在于结晶器的热顶设计。最初设计的热顶结晶器，是在铜结晶器的上方联接一个具有隔热和保温功能的附加石棉衬。图 4 -18 所示的结构，下部是一个铜质结晶器，带二次直接喷水冷却系统。上部是一个石棉板作隔离热导衬的热顶。铜结晶器的高度不及热顶高度的一半。

图4－19是图4－18的改进设计，钢制水冷套和下面的铜成形套构成一个整体，上面是一个铸铁外壳中作了石棉板衬里的隔热套，即热顶。

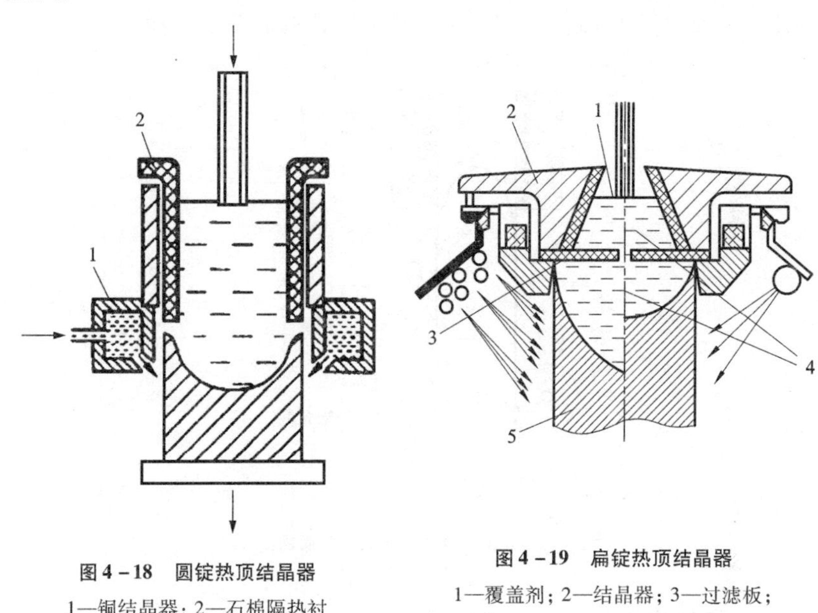

图4－18　圆锭热顶结晶器

1—铜结晶器；2—石棉隔热衬

图4－19　扁锭热顶结晶器

1—覆盖剂；2—结晶器；3—过滤板；4—熔体；5—铸锭

热顶铸造的工艺特性在于：

①热顶铸造不仅有利于改善铸锭表面质量，而且有利于铸锭自下而上的方向性凝固和补充收缩，如果在热顶区段同时增加过滤板，则可防止熔渣进入铸锭中。

②在铜液进入铜结晶器以后的一段时间内，处于热顶中的熔体基本上仍能够保持较高的温度，为熔体凝固过程中析出气体的上浮、补充凝固收缩等都创造了良好的条件。

③上述结构的热顶结晶器，曾在白铜、铝黄铜和含有铁、镍、锰等的铝青铜铸锭生产中显示出了优越性。

121. 什么是热模铸造(定向凝固)?

与热顶铸造相比，热模铸造已经不仅仅是铸模的顶部被保温，而是整个被加热。铸造过程中，铸模始终保持一定的温度(金属熔点以上)。由于热模铸造时结晶只能沿轴向生长，晶粒的径向生长受到抑制，可以实现定向凝固。图4－20是热模铸造的工艺原理图。

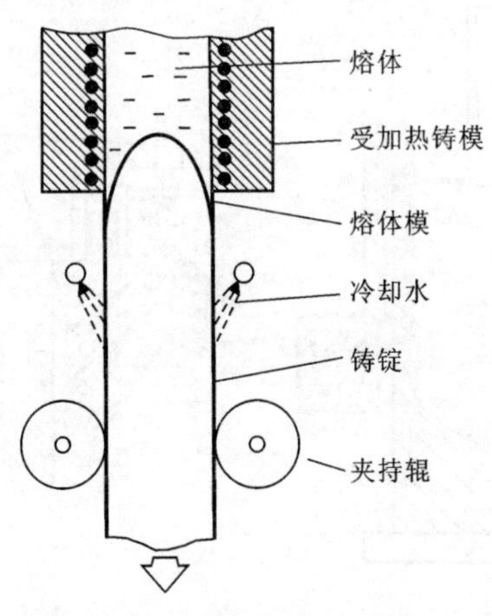

图4－20 热模铸造的工艺原理图

由于铸模被加热，其内壁温度高于金属熔点，因此不会形成晶核。相反，由于铸模外金属受到直接水冷，受热传导的作用，铸模内中心的温度低于模壁的温度而首先形核结晶。靠近模壁的金属熔体只能在离开铸模才会凝固。这就形成了与普通铸造方法相反的“液穴”形状，即中间凸起的抛物线而不是常见的倒锥体。

热模铸造基本上分为3种方式：下引式、上引式和水平引拉式，各种方式的示意图及工艺特征见表4－6。

表 4-6　热模铸造的 3 种形式

铸造方式	下引式	上引式	水平引拉式
示意图			
优　点	①铸锭中不易引入气体、杂质；②能实现均匀冷却；③铸锭尺寸无限制	①铸锭尺寸无限制；②无拉裂危险；③铸造温度容易控制	①装置容易设计；②铸模温度容易控制
缺　点	装置设计难度较大	①铸锭中易引入气体、杂质；②有冷却水落入熔体和铸模上的危险	①铸锭尺寸有限；②铸锭中易吸入气体、杂质；③冷却(上、下方向)不均匀

热模铸造的生产特点是：

①向上凸起的"液穴"可以有效地避免夹杂的裹入和产生中心疏松和缩孔，有利于气体的排出。

②热模内壁表面始终保持在凝固点温度以上，铸锭表面凝壳是在离开铸模以后才形成的，由于没有受到模壁的摩擦阻力，因此铸锭可以形成光亮的表面。

③热模铸造时结晶只能通过铸锭的头部的晶体向前生长，容易获得单晶，而且单晶可以变得无限长。没有结晶界面的单柱状晶组织，组织密度高、性能好，没有晶界，也就不容易存在杂质集聚、气孔、疏松等结晶弱面缺陷，铸锭的压延性能及成品性能也有所提高。

我国近年来根据定向凝固原理，采用加热模具和控制模外冷却强度的办法，建立凸向熔体的"液穴"，此项技术已在铜单晶连铸生产高保真铜线、高纯无氧铜薄壁管坯连铸生产簿壁小管中得到实际应用，其冷加工率可达 98% 以上。

122. 什么是电磁成形铸造?

在半连续及连续铸造装置中，以一个感应器(线圈)代替结晶器作铸模的铸造方法，称为电磁成形铸造，简称电磁铸造(EMC 法)。

图 4－21 为电磁成形铸造原理示意图。当感应器线圈中通过电流密度为 J_0 的交变电流时，产生交变电磁场 H，电磁场作用于金属液，形成与感应器电流反向的密度为 J 的感生电流，感生电流与励磁电流相互作用产生磁感应强度 B 和指向感应线圈内的电磁力，这样，金属液在电磁力的侧向约束下呈半悬浮状态。感应器下面的冷却水喷向铸锭，金属液在保持自由表面的状态下凝固，同时，铸造机拖动底模和铸锭向下运动，从而形成连续铸造过程。为了获得侧面垂直的半悬浮金属液柱，增设屏蔽罩使液柱侧面的电磁压力分布接近液柱上的静压力分布。另外，屏蔽罩还可以抑制电磁力对金属液的过度搅拌，达到稳定液柱的目的。

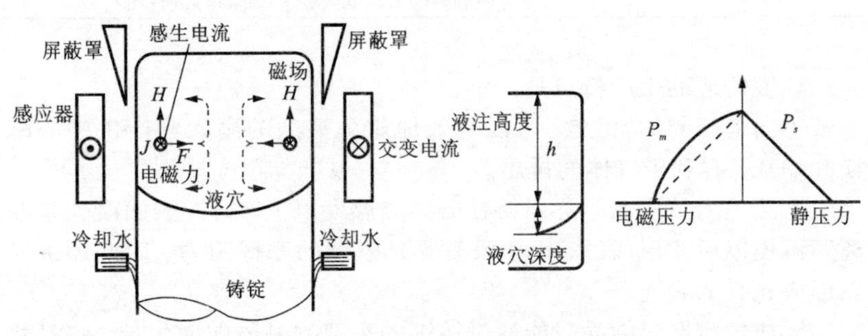

图 4－21 电磁成形铸造原理示意图

分析电磁成形铸造的冶金过程，其主要特征表现在：

①液体金属与模壁之间始终没有接触。

②液体金属柱上表面至直接水冷区的距离已经减少到最小程度，相当于结晶器高度为零。

③由于电磁力的作用，液穴中的熔体处于一种有规则的运动状态下结晶。

因此，电磁铸造比滑动结晶器铸造的热导出和凝固条件优越得多，铸锭表面质量大大改善，没有常见的冷隔缺陷。

123. 什么是软接触电磁铸造?

表4－7为铜、铝、钢的电磁铸造参数做比较。从表4－7中的数据可以看出，进行铜的电磁铸造，需要较强的电磁力，从理论上讲，通过加大感应器电流增加压力，能够实现铜坯的电磁铸造。但由于铜的熔点高、融化潜热大，控制比较困难，无模电磁成形难度较大，此外，采用无模电磁铸造技术生产铜扁坯，频率一般为3000 Hz，而感应线圈电流高达5200～6300A，再加上复杂的控制系统，其经济上的合理性，还缺乏充分的论证。因此，目前国内对铜的电磁铸造技术的研究主要以改变结晶器的整体设计为主，在原结晶器的基础上增加电磁感应线圈，调整结晶器冷却水的水路结构，利用电磁搅拌力对材料的组织进行调整和改变，即铜合金的软接触电磁铸造。

表4－7　铜、铝、钢的电磁铸造参数的比较

项　目	铝	铜	钢
密度 $\rho/(g\cdot cm^{-3})$	2.4(1)	7.8(3.3)	6.9(2.9)
电阻率 $p/(\mu\Omega\cdot cm)$	25(1)	20(0.8)	150(6)
电流透入深度 δ/mm			
$f=1$ kHz	8.0(1.7)	7.1(1.5)	19.5(4.2)
$f=3$ kHz	4.6(1)	4.1(0.9)	11.4(2.4)
$f=10$ kHz	2.5(0.5)	2.2(0.5)	6.2(1.3)
电磁压力 P/			
$h=5$ cm	1117(1)	3826(3.3)	3384.5(2.9)
$h=10$ cm	2354(2)	7652(6.5)	6769(5.8)
$h=20$ cm	4708(4)	15304(13)	13538(11.5)
磁通密度 B/mT			
$h=5$ cm	54(1)	98(1.8)	92(1.7)
$h=10$ cm	77(1.4)	139(2.5)	130(2.4)
$h=20$ cm	109(2.0)	196(3.6)	184(3.4)

注：f为频率；h为液柱高度；()内的数值是以铝作基准(＝1)时的相对大小。

铜的软接触电磁铸造一般在原有的传统铸造设备上增加新的电源系统、电磁成形系统、控制检测系统等装置，由于结晶器内壁一般采用紫铜或石墨等非磁性材料，结晶器内壁对磁场有很大的屏蔽作用，同时，在中频电磁场的作用下会产生很强的涡流，其感应电磁场极大地削弱和屏蔽了外加磁场。因此要获得结晶器内的强磁场，内壁设计时材料的选择以及内壁的切缝数是获得强磁场的关键。目前铜的电磁铸造结晶器主要以石墨整体式结构或紫铜切缝式结构为主。石墨结晶器几乎不产生集肤效应，屏蔽作用较小，可以采用整体式，但石墨结晶器成本较高；紫铜结晶器由于集肤效应较强，对磁场有很大的屏蔽作用，必须切缝，否则可能引起结晶器过热甚至烧毁，但紫铜结晶器切缝影响其强度。图 4－22 为切缝式结晶器示意图。

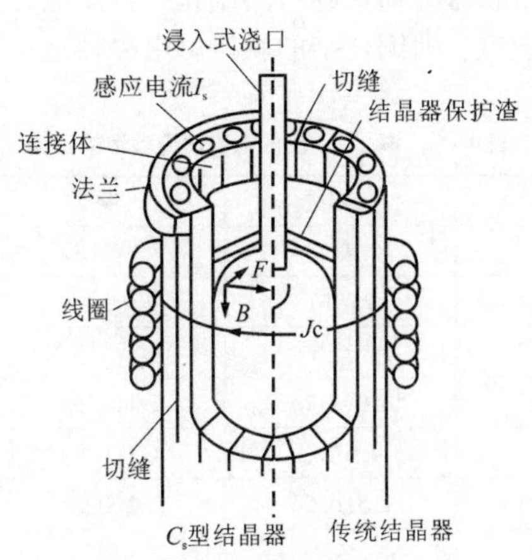

图 4－22　切缝式结晶器示意图

无缝式软接触结晶器结构简单，透磁性好，但在材质的选择、制备工艺的确定方面，尚待更深入的研究。切缝式软接触结晶器显著提高了透磁性。但同时带来结晶器内磁场分布不均匀，结晶器强度下降，以及冷却水回路设计复杂等难题。切缝式软接触结晶器的切缝数及切缝宽度均存在最佳值。结晶器内壁切缝后比没有切缝时结晶器内磁场强度提高了60%，在综合考虑结晶器切缝结构对透磁和安全两方面的影响，电磁结晶器的切缝数应控制在 12 ~ 20 范围内，切缝宽度在 0.5 ~ 1.0 mm为宜。

124. 什么是半固态成形？

半固态金属加工技术是 21 世纪前沿性金属加工技术。半固态金属加工是金属在凝固过程中，进行强烈搅拌或通过控制凝固条件，抑制树枝晶的生成或破碎所生成的树枝晶，形成具有等轴、均匀、细小的初生相均匀分布于液相中的悬浮半固态浆料，这种浆料在外力的作用下，即使固相率达到 60% 仍具有较好的流动性。可以利用压铸、挤压、模锻等常规工艺进行加工成形，也可以用其他特殊的加工方法成形为零件。这种既非完全液态，又非完全固态的金属浆料加工成形的方法，被称为半固态金属加工技术。

半固态坯料或浆料要求初生相固体呈细小、非枝晶的球状颗粒，并均匀分布在低熔点液相中。目前，浆料或坯料制备方法很多，具有代表性的有机械搅拌法、电磁搅拌法、应力诱发熔化激活法、喷射沉积法、控制合金浇注温度法、紊流效应法、粉末法等。其中，机械搅拌法和电磁搅拌法是目前最为成熟的工业化坯料制备方法。

与普通的加工方法相比，半固态成形具有许多优点：

①应用范围广泛，凡具有固液两相区的合金均可实现半固态成形。可适用于多种成形工艺，如铸造、挤压、锻压和焊接。

②半固态成形充形平稳、无湍流和喷溅、加工温度低，凝固收缩小，因而铸件尺寸精度高。成形件尺寸与成品零件几乎相同，极大地减少了机械加工量，可以做到少或无切屑加工，从而节约了资源。同时凝固时间短，从而有利于提高生产率。

③半固态合金已释放了部分结晶潜热，因而减轻了对成形装置，尤其是模具的热冲击，使其寿命大幅度提高。

④成形件表面平整光滑，铸件内部组织致密、内部气孔、偏析等缺陷少，晶粒细小，力学性能高，可接近或达到变形材料的性能。

⑤应用半固态成形工艺可改善制备复合材料时非金属增强相的漂浮、偏析以及与金属基体不润湿的技术难题，为复合材料的制备和成形提供了有利条件。

⑥与固态金属模锻相比，半固态成形的流动应力显著降低，因此

半固态成形比模锻成形速度更高，而且可以成形十分复杂的零件。

125. 什么是红锭铸造?

红锭铸造是采用专用结晶器，具有铸造速度快、冷却强度小等一系列工艺特点，铸锭离开结晶器下缘后一段时间内，其表面仍然保持为红热状态。该铸造方法，铸锭内外的温差较小，铸锭内部的铸造应力较小，从而消除了由于热应力而产生裂纹的条件，避免了中心裂纹的产生，主要用于热裂倾向大的大截面复杂黄铜铸锭生产，如 HPb59－1、HAl64－5－4－2 等铸锭。

红锭铸造的主要特点是：

①外壳上设有一定数量的放水孔，可将结晶器中的冷却水放出一部分，这样既可以保证一次冷却强度又可以大大减小二次冷却强度；

②二次冷却水的喷射角小，一般只有 15°～20°，以使铸锭在离开结晶器以后，进入二次冷却带以前，有一段空冷时间。

③红锭铸造液穴较深、过渡带较宽，不利于液穴中排除气体和夹杂物，不利于铸锭的补缩。

126. 什么是浸渍成形?

浸渍成形铸造，亦称浸涂成形铸造，是指通过对“种子杆”在熔体中浸渍而凝固成形的一种特种铸造方法。图 4－23 所示的是浸渍成形铸造原理示意图。

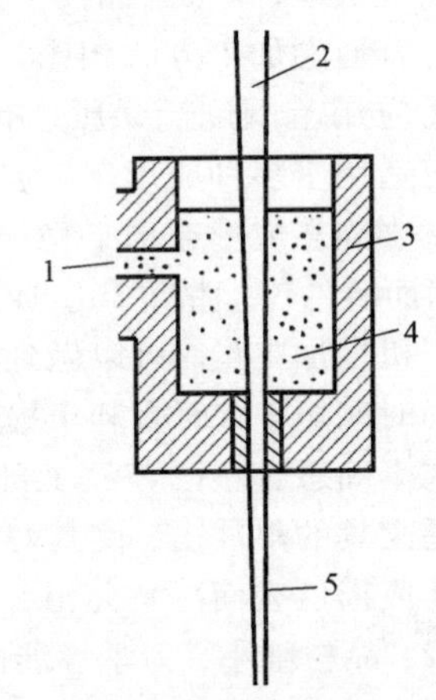

图 4－23　浸渍成形铸造原理示意图

1—保护气；2—铸造杆；3—坩埚；4—铜液；5—种子杆

将经过扒皮相对温度较低的芯杆即种子杆，以一定速度沿垂直方向通过盛有定量熔融铜的石墨坩埚。铸造过程中，移动的种子杆不断地从熔融铜中吸热，熔融铜不断地放热，即熔融铜不断地在种子杆表面凝固，从而获得直径大于种子杆的铸造杆。

铸造杆直径与种子杆温度、铜

液温度、坩埚中铜液面高度，以及种子杆移动速度等诸因素有关。当这些因素都稳定不变时，铸造杆直径为一定值。理论计算铜从室温上升到 1083℃时的热容量约为 418 J/g，熔融铜在熔点下凝固时放出的热量约为 209 J/g，即最大可以得到约 2 倍于种子杆的附着凝固铜。

现代浸渍成形铸造的主要工艺特点是：

①浸渍成形铸造是以种子杆做为铸模，因此省去了与铸模有关的设备及材料的消耗；

②浸渍成形铸造过程中，从种子杆进入石墨坩埚起直到铸造杆生成，都不与其他介质接触，因此铸造杆不会产生夹杂等缺陷；

③整个铸造过程都在保护气氛下封闭进行，非常适合高品质无氧铜线坯的连续生产；

④可以铸造断面非常小的铸造杆。

127. 分散冷却铸造技术有什么特点？有哪些应用？

(1)分散冷却铸造的特点

分散冷却铸造指结晶器下方的二次冷却采用软冷却方式，通常称为非直接水冷铸造。

当采用直接水冷连铸方式铸造含磷的铜合金、含硅的铜合金以及某些含铝较高的复杂黄铜时，为避免铸锭裂纹不得已采取非常小的冷却强度和铸造速度时，铸锭的表面质量难以保证。而把二次水直接喷水冷却方式改成分散的、缓慢的柔性冷却方式时可以避免铸锭裂纹的发生。

与直接水冷连续铸造相比，分散的二次水冷却方式减缓了冷却强度，并在一定程度上提高了极限铸造速度。然而对某些合金而言，此种结构冷却强度还显得比较大，不能完全避免铸锭裂纹的产生。因为它仍是通过水流对铸锭进行冷却，只不过是这种水流可以单独控制，实际上只能稍微把液穴相对位置往下方移动了一点。

(2)分散冷却铸造的应用

直接水冷铸造热交换基本上是在铸锭表面与冷却水之间强烈地进行。而喷雾冷却时从铸锭离开结晶器起一直到完全凝固下来为止，铸锭表面几乎不直接接触到水。虽然铸锭与水雾之间的热交换过程一直都在不停地膜状沸腾和泡状沸腾中进行，但是由于铸锭表面温度一直处于高热，就不会出现急骤冷却的峰值。实际上分散冷却的热交换基本上是在铸锭表面与水雾中缓慢地直接进行。

直接水冷使铸锭在较短时间内凝固和结晶，非直接水冷延缓了铸锭的冷却、凝固和结晶时间。非直接水冷铸造，铸锭的结晶组织多见等轴晶，少见柱状晶。在非常缓慢的结晶过程中，甚至微观上也很少发现晶界的杂质偏聚。非直接水冷铸造最大的优点，体现在能够避免某些合金的热脆裂纹。

实践结果表明：某些合金如 HAl66－6－3－2 和 HAl59－3－2 等复杂合金铸锭，采用非直接水冷半连续铸造时，裂纹缺陷可以得到有效的控制。直接二次水冷铸造不仅可以防止铸锭热裂纹的产生，同时可以消除铸锭内残余的应力。

128. 什么是压力铸造?

压力铸造就是在高的压力作用下金属液快速充填金属型型腔，并在高压作用下进行凝固的铸造方法，这种方法通常简称为压铸。

压力铸造的特点：

①铸造生产过程简单，易于机械化、自动化。

②压铸件表面质量高，表面粗糙度一般为 $Ra\leqslant 6.3\ \mu m$，可达到 $Ra0.8\ \mu m$，表面组织致密，力学性能好。

③压铸件尺寸精度高，精度可达 CT6～8。

④压铸件壁厚薄，铜合金压铸件最薄可达 1 mm，节约金属。

⑤生产周期短，压铸速度快，生产效率高，适用于大批量生产，成本低。

⑥生产设备复杂，压铸型造价昂贵，投资大。

压力铸造应用范围较广，适用于黄铜、锌合金、铝合金、镁合金、锡合金、铅合金等，适用于铸造形状非常复杂，表面花纹纤细，镶铸其他材料的零件，如汽缸体、照相机壳、手机壳、齿轮、字盘、家用电器和计算机零件。

压铸工艺的拟定是压铸机、压铸模及压铸合金三大要素的有机组合，是压力、速度、温度等因素得以统一的过程，因此，压铸过程中，不仅要重视压铸件的结构工艺性、压铸模的先进性、设备性能及结构的优良性、压铸合金的选用及熔炼工艺的规范性等，更要重视压铸工艺参数的重要作用以及对这些参数的有效控制。

129. 什么是金属型铸造？

金属型铸造是用金属铸型以重力浇注获得铸件的方法。由于金属型制得的铸件力学性能好，尺寸精度高，表面粗糙度高，因此金属型铸造广泛用于铜合金铸件的生产上。

金属型铸造的优点是：

①由于金属型导热性好，散热快，可获得细小、致密的结晶组织，提高铸件的力学性能。

②能获得较高尺寸精度和较低表面粗糙度（可达 $Ra25 \sim 12.5\ \mu m$）的铸件，减少加工量，节约金属和加工费。

③金属型寿命比砂型寿命长，不用或少用型砂，改善了劳动条件。

④设备较简单，操作容易掌握，工艺简单，易于机械化，生产率较高。

金属型铸造的缺点：

①金属型成本高，周期长。

②金属型无退让性，无透气性，铸件易产生裂纹、气孔等缺陷。

③铸件尺寸精度和表面质量比压铸件低，铸件壁厚不能太薄，一般不小于2 mm。

4.2　铜及铜合金的铸造工艺

130. 铸造时结晶器内熔体如何保护？

铸造时，结晶器内液面应进行保护，以免熔体吸气、造渣，保证铸锭质量。

（1）炭黑与石墨粉保护与润滑

炭黑的主要成分是碳，加入结晶器中的炭黑层被加热烧红，红热的炭黑层除了对熔体很好的保温以外，具有还原性质的碳及其产生的一氧化碳气体，同时能够有效地保护熔体不被氧化和吸气。

石墨的主要成分也是碳。鳞片状石墨粉的润滑效果比土状石墨粉的润滑效果好。铸造过程中，随着液面金属向着结晶器壁方向的滚动，液面上的炭黑和鳞片状石墨粉的混合物亦跟着流动到铸锭与结晶器壁的间隙中，正好充填了因金属冷却及凝固收缩以后在这里形成的间隙。在液穴中熔体静压力作用下，炭黑与石墨粉混合物被挤压在结晶器壁上，从而构成了一个理想的热导缓冲层和铸锭滑动的润滑面。显然，这种热导缓冲和润滑铸锭作用非常有利于保证和改善铸锭的表面质量。

（2）气体保护和油润滑

①气体保护

作为铜合金铸造用保护性气体，可以是煤气、氮气等。

保护性气体中的氧含量需要严格控制，当氧的含量超过一定限度时将会造成铜液的氧化。

表4－8列出了几种实际应用的保护性气体成分。

表4－8　保护性气体成分举例（%）

名称	一氧化碳	二氧化碳	氧	氢	碳氢化合物	氮
工业煤气	>23	5~7	<0.4	13~20	<1.0	余量
木炭发生器	>28	2.0~3.5	<0.20	<2	<0.4	余量
工业氮气	5~6	13~20	<0.20	—	—	余量
空分氮气	0.1~0.6	约11.4	<0.0005	0.1~0.6	—	余量

②油润滑

润滑油的作用是将铸锭与结晶器之间的干摩擦变为液体摩擦，减少铸锭滑动阻力，同时冷却摩擦表面。润滑油应该具有适当的黏度，能够形成油膜建立润滑层。润滑油应具有一定的闪点，不容易燃烧，当与液体金属接触燃烧时不留下妨碍导热和铸锭表面质量的残留物。油润滑最早在铸造黄铜铸锭时应用，同时需要用煤气保护结晶器内的金属液面。

润滑油一般通过结晶器顶部法兰下面水平分布的环形槽引入，小槽与结晶器内壁表面有若干个相通的小沟槽。铸造过程中，润滑油经环形槽、小沟槽进入结晶器内壁工作表面。由于保护罩内有惰性或者还原性气体的保护，润滑油不燃烧，直到它接触到铜液才开始挥发。

挥发的气体流可以把铜液表面上的渣物推开，从而保证铸锭表面的光洁。未挥发的油呈油膜状附在结晶器壁上起润滑作用。

闪点比较高的变压器油常用来作黄铜铸造润滑油使用。用油润滑时必须保证油的分布均匀，油量适宜，过多使用油也会引起铸锭的表面缺陷。

(3)熔剂保护与润滑

作为铸造保护用熔融熔剂，它应满足：①熔剂的熔点低于铸造合金的熔点；②熔融熔剂流动性好，能将合金熔体严密覆盖；③熔融熔剂密度小于铸造合金熔体的密度。

薄薄一层熔融状的保护层有效地把铜液与大气隔离开来，甚至可以完全避免结晶器内锌的挥发和氧化锌烟气弥漫现象。熔融熔剂随着金属液面向结晶器壁周边滚动，并顺着结晶器壁流动到铸锭凝壳与结晶器壁的间隙中。凝结在结晶器壁表面上的一薄层玻璃状物质是非常理想的润滑剂，对改善铸锭表面质量非常有利。

常用的保护性熔剂有硼砂($Na_2B_4O_7$)、氯化钾(KCl)、氯化钠(NaCl)、苏打(Na_2CO_3)、冰晶石(Na_3AlF_6)等。

为调整熔剂的稠度，可以适当加入炭黑、石墨粉、玻璃或石英砂等。

用于铝黄铜铸造的84% NaCl、8% KCl和8% Na_3AlF_6复合熔剂，由于在改变铝黄铜铸锭表面质量方面有独到之处，早已在许多工厂中得到推广使用。

131. 怎样确定铸造工艺?

铸造工艺参数主要包括铸造温度、结晶器、冷却强度和铸造速度，它们之间又是互相影响、互相制约的。一般地说，结晶器的设计(结晶器型式、结构、材质、冷却水路等)是针对特定合金和规格的。因此确定铸造工艺通常是在选定结晶器的基础上，统筹考虑铸造温度、冷却强度、铸造速度等参数。

(1)铸造温度

铸造温度高，熔体易氧化，合金元素烧损大，铸锭易出现渗漏、气孔、裂纹、晶粒粗大等缺陷。铸造温度过低，熔体流动性差，操作困难，易使铸锭产生夹杂、冷隔、疏松等缺陷。

确定铸造温度的依据是：金属或合金本身固有的特性，如结晶温度范围大小，有无热脆性等；保证有足够的流动性，特别是对易产生疏松和夹杂的合金，应适当提高铸造温度；要考虑到工具，设备的温降情况，如工频有芯炉铸造锡磷青铜时，铸造温度采用 1180 ~ 1220℃，而中频炉生产时，由于要通过中间包温降较大，铸造温度采用 1280 ~ 1300℃；在某些情况下，铸造速度快时，铸造温度可适当低一些。

总之，铸造速度、结晶器长短、冷却强度和铸造温度 4 者间有着密切的内在联系，是互相依存、互相制约的。因此，在确定铸造参数时，应根据具体情况全面酌定。

(2)冷却强度

冷却强度也是直接影响铸锭质量的一个重要因素。冷却强度大，则铸锭的晶粒细，机械性能高，对中、小规格的铸锭效果尤为显著。但对于某些铸造应力大的合金来说，过高的冷却强度会导致应力裂纹。因此，某些复杂合金需在较小的冷却条件下(甚至保持红锭的条件下)铸造。

增加冷却强度的途径是：保证足量的二次冷却水；在确保铸锭内部质量的前提下，尽量采用短结晶器；采用可能地极限(上限)铸造速度和尽可能低的铸造温度；坩埚或浇注管少埋或不埋入液面；降低冷却水进水温度等。

降低冷却强度的途径主要有：降低水压，少给或不给二次冷却水。

(3)结晶器的长短

结晶器的长短对铸锭质量影响很大。在铸造温度、铸造速度、水压相同的情况下，增加结晶器的长度，使铸锭周边部分的过渡带扩大，液穴加深，冷却强度减弱，从而削弱了自下而上的方向性结晶。

长结晶器能减少中心裂纹，有利于提高易产生中心裂纹合金的铸造速度。但易使铸锭产生中心疏松和某些合金铸锭产生纵向表面淬火裂纹。

短结晶器使铸锭结晶组织细小、致密、均匀，能有效地防止反偏析；有利于排气、补缩；消除纵向表面淬火裂纹。

选择结晶器应考虑在保证铸锭内部质量的前提下，尽量采用短结晶器。此外，与结晶器长短起等同作用的是金属液面在结晶器里的高低，实际操作中，金属液面应控制在合理的高度上。

(4)铸造速度

在确保铸锭内部质量的前提下，铸造速度应该提到最大值。有利于提高生产效率和铸锭表面质量，减少金属、水、电、辅助材料等消耗。

选择铸造速度时，应考虑以下问题：金属或合金本性；熔体吸气的敏感程度；结晶器的长短；冷却方式；铸锭尺寸 - 铸锭直径大小、宽厚比；金属及合金是否经过变质处理；金属或合金中有害杂质含量多少等。

132. 普通紫铜铸锭的生产要点有哪些?

(1)铸造工艺

普通紫铜线坯通常采用比较经济，而且生产规模比较大的竖炉或反射炉熔炼，钢带轮式或双钢带式、上引式铸造，以及浸渍成形等铸造方法。板带管棒材生产用各种不同断面的紫铜铸锭大多采用工频有铁芯感应炉进行熔炼，半连续铸造的方法生产。半连续铸造变换铸锭规格比较方便，全连续铸造生产效率比较高。

铜的导热性好，冷却和凝固速度都比较快，开始浇注的第一股铜液极易在浇注系统的流道中凝固，造成浇注失败。高温下，铜液也极易从空气中吸收氧和其他气体。因此，设计的浇注系统应尽可能地缩短流道，并保证浇注过程在密封条件下进行。

通常，在保温炉的前室(俗称浇注头或分流箱)内安置液流调节装置，熔体通过导流管进入结晶器，可以实现全封闭铸造。浇注前，应该对保温炉前室，以及液流控制系统中的所有石墨组件进行充分预热。

①铸造温度。在保证铸造过程顺利进行的前提下，应该尽可能的降低浇注温度。铸锭规格越小越需要较高的浇注温度。铸造过程转入正常状态以后，如果提高铸造速度，则可有限地降低浇注温度。紫铜的浇注温度一般都在 1150 ~ 1200℃之间。

②铸造速度。极限铸造速度的前提是铸锭内部不产生裂纹。极限铸造速度与结晶器高度关系也很大，当 170 mm × 620 mm 铸锭的结晶

器高度从 250 mm 提高到 330 mm 时，铸造速度提高了 20%。铸锭规格越大，结晶器应该越高。

③冷却强度。紫铜的导热性好，凝固速度较快，裂纹倾向不明显，一般可以采用比较大的冷却强度。半连续铸造时，通常都采用二次水直接冷却铸锭的铸造方式。立式全连续铸造时，由于结晶器下方安装有其他设备，因此在结晶器下方需要设置专门用于收集二次冷却水的水箱。

铸造紫铜时，可以采用全紫铜质结晶器，也可以采用带石墨内衬的结晶器。带石墨内衬的结晶器有利于改善铸锭的表面质量，但当铜中氧含量较高时石墨容易氧化而破坏工作表面。结晶器内熔体保护常采用烟灰覆盖，既能防止氧化、吸气，又有润滑作用。但要防止液面搅动使烟灰裹入结晶区造成夹灰。采用吹入压缩空气和煤气的保护效果也不错。

无论采用何种生产线，在保证铸造过程顺利进行的前提下，都应该尽可能地降低浇注温度，因为高温下铜液的吸气程度与温度的关系比较密切。铸锭规格越小浇注温度应该越高。铜的浇注温度一般都在 1150 ~ 1200℃之间。

紫铜铸锭半连续铸造典型工艺条件如表 4 - 9 所示。

表 4 - 9 紫铜铸锭半连续铸造典型工艺条件实例

铸锭规格/mm	结晶器高度/mm	浇注温度/℃	覆盖及润滑剂	铸造速度/$(m \cdot h^{-1})$
ϕ150	275	1170 ~ 1200	炭黑	12.0 ~ 13.0
ϕ300	275	1160 ~ 1180	炭黑	5.5 ~ 6.5
ϕ400	275	1160 ~ 1180	炭黑	4.5 ~ 5.5
160 × 600	290	1150 ~ 1170	炭黑	5.5 ~ 6.5

（2）铸锭质量控制

国际上多把普通电工铜的氧含量定为$(100 \sim 650) \times 10^{-6}$，当铜中含有某些对导电率有影响的杂质元素时，同时存在一定数量的氧时似乎有益。凭经验可以大概地判断出铜液中的氧含量。如果搅动铜液有“哗啦啦”的感觉时表明氧含量不高，如果有“黏糊”的感觉时表明铜液中的氧含量比较高。

用高质量还原性气体保护时，铸锭表面经常被一层紫红色氧化亚铜 Cu_2O 组成的薄膜所覆盖。采用炭黑覆盖时，铸造表面经常被一层呈暗黑色的氧化铜 CuO 薄膜所覆盖。当浇注的铜液中含气量比较高时，铸造过程中从结晶器内金属液面上可能有气体不断涌出。此刻，应适当降低导流管埋入液面的深度，埋管过深不利于从液穴中排气。紫铜铸锭中如果存在气孔，包括皮下小气孔，都将成为加工制品，尤其是较薄带材制品起皮、气泡的原因。紫铜铸锭内部结晶组织柱状晶比较发达。这主要与紫铜本身性质有关。

133. 磷脱氧铜铸锭的生产要点有哪些?

(1)铸造工艺

半连续和连续铸造磷脱氧铜铸锭时，可以采用有铁芯感应电炉、无芯感应电炉或者中间包作为熔炼、浇注设备。

磷脱氧铜的铸造裂纹倾向比较明显，浇注温度过高时容易造成铸锭的内部裂纹缺陷。当其他条件相同时，浇注温度为 1160 ~ 1180℃时的裂纹程度，比浇注温度 1120 ~ 1140℃时的裂纹程度严重得多。

为了实现在较低的温度下浇注，又不至于造成开始浇注的第一股铜液流凝固在出铜口或者导流管中，可先用稍高于正常浇注温度放流，待铸造过程转入正常状态以后，再将炉内的铜液温度降低至正常范围。

随着磷含量的增加，极限的铸造速度急剧降低。普通紫铜 ϕ150 mm 铸锭的铸造速度可以达到 10 m/h，而 TP2 同样规格铸锭的铸造速度在 3 ~4 m/h 时就可能产生裂纹。

为了避免裂纹和提高铸造速度，改善磷脱氧铜铸锭的表面质量，有必要改进结晶器设计，增加结晶高度的同时，适当减缓结晶器上部的冷却。

在采用直接水冷方式铸造的情况下，当浇注温度和铸造速度一定，即使把冷却水压力减低到 0. 01 ~0. 05 MPa 也不能消除裂纹。只有同时降低浇注温度、铸造速度和结晶器冷却强度时，铸锭裂纹率才明显降低。而采用石墨结晶器铸造时，当浇注温度为 1130 ~1150℃、铸造速度为 4. 0 ~5. 0 m/h、冷却水压力为 0. 01 ~0. 05 MPa 时，即可保证铸锭中没有裂纹。

采取非直接水冷铸造方式，可以提高极限铸造速度。极限的铸造速度随冷却强度的降低而增大，即：喷雾分散冷却和水气混合分散冷却时，极限铸造速度达到2.78 mm/s；水幕分散冷却时，极限铸造速度为0.94～2.08 mm/s；而直接喷水冷却时，极限铸造速度只有1.67～1.80 mm/s。

(2)磷含量的控制

高温下铜液中的磷容易挥发。磷的沸点较低，白磷的沸点只有280℃，熔炼、转注、浇注过程中都会损失，铸锭最终的磷含量与炉前分析值会产生较大的偏差。因此，应加强精炼后炉内、流槽、结晶器内熔体的覆盖和保护。

如果铜液中含氧较高，加入磷时不可避免地将有部分在脱氧反应中被消耗，因此首先要对铜液中氧含量进行控制。如果铜液中已经含有一定数量的氧，则加入磷的数量应同时考虑到脱氧将消耗的量。

现代的、规模比较大的生产线，通常在流槽中连续地加磷。通过对铸造产品导电率的即时测定，及时调整磷的加入数量。

(3)铸锭质量控制

磷脱氧铜铸锭的铸造速度比较慢，因此铸锭表面不容易做得像普通紫铜和无氧铜那样光滑。尤其当铸锭规格比较大时，铸造速度更慢，铸锭凝固收缩的结果在铸锭与结晶器之间形成了较大的间隙，严重地影响了铸锭与结晶器之间的热交换，铸锭表面可能出现周期性的不规则的凸起瘤，甚至表面裂纹。

铜液中磷在0.01%～0.03%范围时，表面张力急剧下降。磷和铜之间结合力加强，磷化铜 Cu_3P 的形成降低了流动性。铸锭表面的磷化铜 Cu_3P 也容易黏结到结晶器上，从而恶化铸锭的表面质量。

石墨结晶器可以有效地改善铸锭表面质量。

采用非直接二次水冷的铸造方式，可以显著地提高极限铸造速度。铸造速度的提高，必然会使铸锭的表面质量得到改善。

134. 无氧铜铸锭的生产要点有哪些？

(1)铸造工艺

工频有铁芯感应电炉容易密封，有利于避免铜熔体的氧化和吸气，因此该炉型一般都作为无氧铜熔炼设备的首选。但更高品质如电真空器件用的无氧铜，可采用真空熔炼和铸造的方式生产铸锭。

半连续铸造和连续铸造一样，都需要对浇注过程进行严密的保护。炭黑、煤气或氮气等经常被用来作无氧铜熔体的保护介质。氩气则是一种更高级的保护介质。结晶器内金属液面受到介质严密保护，但不能妨碍凝固过程中析出气体的顺利溢出。

带有石墨内衬的结晶器，比全铜质结晶器具有更好的冷却效果和润滑效果，铸锭表面质量比较好，而且稳定。

表 4－10 列举了某些工厂实际应用的无氧铜铸锭铸造工艺参数。

表 4－10　无氧铜铸锭铸造工艺参数

铸锭规格 /mm	浇注温度 /℃	结晶器高度 /mm	铸造速度 /(m·h^{-1})	冷却水压力 /MPa	结晶器内熔体保护介质
ϕ145	1140～1160	160	9.0～10.0	0.08～0.15	炭黑
ϕ195	1160～1180	330	10.0～11.0	0.20～0.30	炭黑或氮气
170×620	1180～1200	350	6.0～8.0	0.20～0.30	炭黑或氮气

(3)铸锭质量控制

①氧含量控制

氧含量控制是无氧铜铸锭生产技术的关键。现代电子工业的飞跃发展，对无氧铜的氧含量要求越来越严格。GB/T5231 中规定 TU0 牌号的氧含量在 0.0005% 以下。无氧铜的氧含量主要与熔炼过程有关。如果希望在保温炉内继续降低氧含量，可向熔池中吹入氮气或者氮和一氧化碳的混合气体。铸造过程中广泛采用的保护介质是炭黑、煤气或者氮气。

②电磁脱氧工艺

利用物理－化学综合作用原理，通过外加于结晶器的电磁场改善脱氧动力学条件，促使熔融金属中的氧原子与还原剂结合并快速溢出，可以达到降低氧含量的效果。电磁脱氧铸造的 ϕ160～ϕ180 mm 铸锭，其表面无振动波纹和其他缺陷，光洁度接近普通铸锭热挤压后的水平，氧含量多数为 0.0004%～0.0005%，密度为 8.94～

8.95 g/cm^3。特别是，电磁脱氧铜材在高温真空下的气体排出量明显低于普通无氧铜材。

135. 普通黄铜铸锭的生产要点有哪些?

(1)设备要求

工频有铁芯感应电炉，是普通黄铜半连续或连续铸造生产的理想设备，其前室比较适合安装熔体流量调节系统。大型铸造生产线可采用数台熔炼炉同时向一台保温炉供给铜液，一台保温炉通过长流槽同时向几台铸造机供应铜液，每台铸造机有自己的分流装置。高锌黄铜浇注温度比较低，熔体流量调节系统中的塞棒、出铜口和导流管，不仅可以采用石墨材质，也可以采用耐热铸铁或耐热铸钢材料制造。

(2)工艺要求

①覆盖剂

黄铜铸造生产时，结晶器内金属液面上通常采用的是用煤气保护和同时用变压器油等润滑的办法，但铸锭表面质量不好控制。高锌黄铜用熔融硼砂覆盖铸造时铸锭表面比较光滑。不用铣面即可进行热轧加工。

②浇注温度

工频有铁芯感应电炉熔炼锌含量高于20%的黄铜时，可以用喷火作为熔体到达出炉温度的标志。

熔炼锌含量低于20%的黄铜则仍需用热电偶实际测量温度，因为实际需要的浇注温度与合金熔体的沸点相差甚远。由于低锌黄铜，特别是锌含量在10%以下的黄铜，其某些铸造性质甚至与紫铜相似，铸造温度的微小变化都可能破坏铸造稳定的过程。

③铸造速度

黄铜扁铸锭铸造速度过快，可以引起因收缩补充不足而出现大面积凹心现象。某些黄铜大断面圆铸锭对铸造速度变化比较敏感，某些杂质如铅含量高可能引起内部裂纹。浇注温度一定时，增加结晶器有效高度或者适当加大冷却强度，可在某种程度上提高铸造速度。

④冷却强度

在保持冷却水流量不变条件下，提高结晶器高度有助于铸造速度的提高。铸造 H63 黄铜 160 mm × 610 mm 铸锭时，结晶器高度从

300 mm增加到 400 mm 时，铸造速度由原来的 8.0 m/h 提高到 10 m/h。

铸造时采用硼砂作覆盖剂，可以改善结晶器的一次冷却强度。铸造 H62 黄铜 ϕ195 mm 铸锭时，用硼砂进行覆盖液穴深度为 285 ~ 305 mm，用气体保护液穴深度为 300 ~ 350 mm。

冷却强度的加强同时有利于结晶晶粒的细化，并为提高铸造速度提供了条件。

(3)铸锭质量控制

普通黄铜的结晶温度范围小，偏析倾向不大，化学成分分布比较均匀。由于熔体流动性好，很少形成集中缩孔和分散疏松缺陷。采用熔融硼砂覆盖铸造时，黄铜表面比较光滑。扁铸锭不用铣面即可进行热轧加工。

136. 铅黄铜铸锭的生产要点有哪些?

(1)铸造装置

现代铜加工厂生产铅黄铜铸锭主要采用半连续和连续铸造的方法。多品种、多规格生产时宜采用半连续铸造的生产方式。如产品品种单一，产量规模较大时，可采用水平连续铸造的生产方式。

铅黄铜熔炼过程中容易氧化生渣，转炉和铸造之前都需要对熔体进行清渣。同时，可以在浇注前室或导流箱内设置挡渣的隔板，使液面上的浮渣不能流动到前室或导流箱中去。如果铸造期间前室或导流箱中的熔体，始终得到不断地补充，将有利于避免或减轻铅的成分偏析。有的在保温浇注炉之前，另配置一台混合炉，目的在于使熔体中铅分布得更加均匀。

(2)铸造工艺

①铸造温度

小容量炉子铸造时，往往需要比较高的浇注温度，即“喷火”2 ~ 3 次。大容量炉子熔炼时，“喷火”可能造成比较大的金属损失，往往不能等到“喷火”现象发生。实际上，感应器电流表指针出现摆动现象，表明熔沟熔体中已在发生锌沸腾现象，即表明温度已经成熟，可以进行浇注了。

②铸造速度

半连续铸造试验 HPb59－1 黄铜(80 mm×360 mm)扁锭，其他条件相同时，当把铸造速度从4.0～5.0 mm/s 降到2.5～3.5 mm/s 时，结晶组织由原来的粗大柱状晶变成了细小等轴晶，铸造速度较低时铸锭内部以细小等轴晶为主，可以较好地承受压力加工。铸造速度较高时铸锭内部以粗大柱状晶为主，热轧时容易出现碎裂现象。

③结晶器及冷却强度

采用直接水冷方式铸造铅黄铜大断面铸锭时，铸锭内部容易产生裂纹。为避免裂纹而降低铸造速度时，往往造成铸锭表面质量的恶化。

铅黄铜的结晶器最好将一次冷却和二次冷却分别控制。铸造过程中，一次冷却仅仅形成铸锭表层的凝固壳，离开结晶器以后即进入微弱的二次冷却区，铸锭被缓慢冷却甚至在一定时间内保持为红热状态，俗称为“红锭铸造”。

“红锭铸造”时，一次冷却强度的保证尤为重要。结晶器工作腔断面尺寸的锥度设计，是为了减少铸锭与结晶器之间的空气间隙，强化一次冷却。红锭铸造提高了铸造速度，同时改善了铸锭的表面质量。

(3)铸锭质量控制

浇注温度低、铸造速度快时，铸锭中心部位密度较低。铸锭中心部分可能集聚较多的气孔、疏松等缺陷。半连续铸造的铸锭柱状晶比较发达、采用非直接强烈二次冷却铸造时，柱状晶的发展有所收敛。除了铸锭中容易产生气孔，包括宏观的和微观的气孔以外，铅的宏观密度偏析和在显微组织中的不均匀分布缺陷不容忽视。铅黄铜铸锭中铅的不均匀分布，将影响铅黄铜加工棒材的某些使用性能，例如加工精度及表面粗糙度。

铅黄铜铸锭表面较粗糙，扁铸锭热轧加工前需对其进行铣面，铸棒和管坯挤制前应进行脱皮。水平连铸铅黄铜棒坯由于石墨结晶器的采用可以使表面质量得到较大改善，同时采用微程引拉与反推铸造技术对改善铸锭表面质量更有效。铅黄铜内部质量缺陷主要是气孔和裂纹。通常通过改进熔炼和铸造工艺，气孔和裂纹等缺陷都能够被消除。

变质处理有利于改善铅黄铜的加工性能。例如加入质量数分数为0.15%～0.20%的铝，不但增加熔体的流动性，改善铸锭表面质量，而且在观察组织时看到有使结晶变细的趋势。铅黄铜 HPb59－1 中加入稀土元素可以细化铸锭结晶组织，柱状晶区明显缩小。铈细化晶粒效果较为明显，混合稀土次之，镧再次之。稀土的加入明显地提高了铸锭的高温塑性和热加工性能。稀土元素的加入，同时提高了铸锭的加热温度，由原来的上限加热温度 780℃ 提高到了 830℃。但加入稀土会降低熔体的流动性，造渣多不利于铸锭表面质量的稳定。

137. 铝黄铜铸锭的生产要点有哪些?

(1)铸造装置

HAl77－2 通常采用带有前室的工频有铁芯感应电炉作为保温铸造炉，铜液通过导流管进入结晶器封闭式铸造。HAl77－2 圆锭的表面质量比较容易控制。熔融硼砂覆盖剂的应用，基本上保证了铸锭表面质量的稳定。小断面铸锭可采用水平连铸的方式生产。

(2)铸造特性

HAl59－3－2、HAl66－6－3－2 等由于铝含量比较高，铝的锌当量系数又大，形成 β 相的趋势大，铸造比较困难并且难以进行压力加工。HAl66－6－3－2 圆铸锭有严重的裂纹倾向，当采用直接水冷半连续铸造时，有时铸造正在进行中而铸锭已经开裂，甚至劈裂。更有甚者，铸锭在现场存放期间，一周或几周以后发生了劈裂。

HAl59－3－2、HAl66－6－3－2 铸锭低倍组织基本上都为细小等轴晶，合金中的铁元素即人工晶核而细化晶粒。HAl59－3－2 铸锭结晶体多呈规则形状的多面体状。

HAl77－2 铸锭高倍组织多呈规则树枝状偏析的 α 固溶体，枝晶间部分为富锌富铝区。HAl59－3－2 铸锭高倍以 β 为基，间有星花状及颗粒状 γ 相。HAl66－6－3－2 铸锭高倍组织除 β 相基体外还有花状及块状的 γ 相和铁微粒，β 相在常温下硬度高、塑性差，γ 相比 β 相更加硬脆，花状及块状的 γ 相可能是直接水冷半连续铸造时铸锭容易劈裂的原因。

(3)铸造工艺

HAl77－2 ϕ200 mm 铸锭的铸造温度为喷火，结晶器高度为 300 mm，水压为 0.03～0.3 MPa，铸造速度为 5.5～6.0 m/h。

138. 其他复杂黄铜铸锭的生产要点有哪些?

复杂黄铜铸锭，主要采用半连续铸造方式生产。根据产量规模大小，复杂黄铜熔炼可在工频有铁芯感应电炉或中、工频无芯感应电炉熔炼。无芯感应坩埚式感应电炉熔炼，变料方便。此时，可采用中间包作浇注装置。

根据合金组成不同，各种复杂黄铜在铸造过程中有不同的表现，以至需要在设计铸造工艺时采用不同的工艺方法。

硅黄铜和镍黄铜导热性能差，铸锭容易产生裂纹。宜采用较高结晶器及较慢的铸造速度和较小的冷却强度，进行铸造。

锰黄铜和铁黄铜中的锰和铁，都极容易氧化生渣，为了保证铸锭表面质量，必须对中间包和结晶器内的金属液面采取非常可靠的保护。硅黄铜和镍黄铜容易产生内部裂纹，宜采用较高的结晶器、较小的冷却强度及较慢的铸造速度等。

与普通黄铜相比，铸造含锰和铁的复杂黄铜时，结晶器内熔体中锰的氧化现象，为铸锭表面质量控制增加了不少难度。

锰黄铜铸锭表面夹渣常呈现绿色或黑色、棕褐色。保护介质质量较差时，这种带有各种颜色倾向的表面缺陷，在接近保护气引入口的铸锭表面附近尤为突出。

二氧化锰等氧化物的存在，使结晶器内金属液面具有较大的表面张力，阻碍液膜向结晶器周边的移动，同时容易造成铸锭的表面冷隔缺陷。

铸造锰黄铜时，结晶器内金属液面采用气体保护时，严格控制气体中的氧含量是至关重要的。

139. 锡磷青铜铸锭的生产要点有哪些?

锡磷青铜具有较大的结晶范围、较小的线收缩率，以及严重的反偏析倾向等一系列特殊的铸造性质，给滑动结晶器铸造造成很大困难。在很长一段时间内，当大多数铜及铜合金都已实现了半连续乃至连续铸造时，仍旧有不少工厂采用铁模或者水冷模铸造的方式生产各种规格的锡磷青铜铸锭。

带石墨内衬的结晶器非常适合锡磷青铜铸锭的生产。结晶器振动有助于改善铸锭的表面质量。结晶器自然振动铸造法在改善铸锭表面质量，尤其是在减少和防止锡反偏析方面，与其他铸造方法相比具有独到之处。结晶器自然振动铸造法，几乎适于所有规格铸锭的生产。自然振动铸造的铸锭表面呈现与合金自然本色相似的粉红颜色，而有明显反偏析缺陷的铸锭表面呈灰青色。采用自然振动铸造法生产 QSn6.5－0.1 140 mm×640 mm 的大断面尺寸扁锭时，通过细化结晶组织等工艺控制，铸锭在均匀化处理以后实现了热轧开坯。

锡磷青铜铸锭的显微疏松缺陷是很难避免的。水冷模铸造的铸锭，有时在低倍检查时即可看到疏松缺陷。直接水冷半连续铸造铸锭，有时在高倍组织检查时发现疏松缺陷。即使用石墨结晶器水平连铸的厚度在 15～18 mm 的铜带坯中，有时也能检查出显微疏松缺陷。当然，只要工艺合理疏松缺陷也是完全可以避免的。

目前，多种规格的锡磷青铜带坯都可以在水平连铸线上生产，铸造的锡磷青铜带坯经铣面、成卷后可以直接进行冷轧加工。

典型的锡磷青铜铸锭半连续铸造工艺参数如下：铸锭规格 ϕ200 mm，结晶器高度 180 mm，浇注温度 1180～1200℃，水压 0.03～0.07 MPa，覆盖剂采用炭黑和石墨粉，铸造速度 8～8.5 m/h。

140. 锡锌青铜铸锭的生产要点有哪些?

（1）铸造方式

锡锌青铜容易发生反偏析，而且锌挥发和生成的氧化锌等物质容易集结在液面上或黏结到结晶器工作表面上。不仅妨碍连续铸造过程的正常进行，同时铸锭质量也难以控制。

采用半连续铸造生产方式时，运用类似黄铜的封闭式炉前室或中间包浇注比较适宜。通过导流管直接将熔体引入结晶器，结晶器内采用气体保护及油润滑，或者炭黑的严密覆盖，都可以减少氧化和生渣的机会。

（2）铸造工艺

采用滑动结晶器铸造锡锌青铜锭时，常发生铸锭表面反偏析、夹渣至凝壳局部拉裂，甚至被拉断造成漏铜等现象。为了获得比较好的铸锭表面质量，结晶器结构、浇注方式及浇注温度、铸造速度、冷却强度等诸多工艺因素的选择和优化非常重要。

做好 QSn 4 - 3 铸锭半连续铸锭的表面质量比较困难，铸锭表面常被灰青色的反偏析物所覆盖。采用 300 mm 高结晶器时铸锭表面质量明显改善，降低结晶器高度铸锭表面偏析严重。浇注温度是次要因素，1280℃较合适，浇注温度过高没有意义。铸造速度和冷却强度对铸锭表面质量的影响并不明显。

141. 铝青铜铸锭的生产要点有哪些?

(1)铸造工艺

铝青铜具有吸气性强、易氧化生渣，凝固收缩量大、导热性能差等性质，给铸造生产造成一定困难。现代工厂通常都已采用半连续铸造方式生产各种规格铸锭。尽可能地使铜液比较平稳地进入结晶器，是设计铸造方式时需要考虑的重要要素。结晶器内金属液面上覆盖炭黑，可以防止氧化生渣，同时起到润滑铸锭的作用。

铸造铝青铜圆铸锭时，可以和铸造铝合金一样，结晶器中金属液面不用任何保护，即采用敞流方式铸造。

在结晶器内的金属液面上，放置一个与结晶器工作腔截面尺寸相当的黏土石墨漏斗(漏斗可用外形尺寸相当的黏土石墨坩埚改制)，熔体通过漏斗底部的孔进入结晶器。漏斗孔径的设计要同时满足两个条件：一要保证与铸造速度相匹配的流量；二要保证漏斗中始终保持一定高度的液位，使液面上的浮渣不能从漏斗孔流出去。

铸造过程中，漏斗底部外缘与结晶器之间的距离为 20～30 mm，此敞露金属液面被一层坚固的氧化铝薄膜保护。漏斗底埋入液面下 10～15 mm，氧化铝膜对结晶器壁和漏斗材料都不浸润，敞露液面始终保持着向上凸拱的状态。在液流的推动下凸拱面不停地向结晶器壁滚动。液面上的氧化铝膜即成为后来的铸锭表面，铸锭表面呈微波浪状但比较圆滑。

(2)铸锭质量控制

半连续铸造的铸锭表面质量一般都比较好。敞流铸造时，铸锭表面轻微的波浪不至于影响下道工序的加工。

铝青铜铸锭容易产生气孔和集中缩孔，但在半连续铸造方式中，只要在浇注末期认真进行补口，避免铸锭的集中缩孔并不困难。

半连续铸造方式，还基本上解决了铝青铜铸锭氧化物夹杂问题。

铸造前，用某些碱土金属的氧化物，如 Na_3AlF_6 和 NaF 的混和物作清渣剂，对净化铜液以及改善铸锭结晶组织都是有效的。

铝青铜 QAl10－3－1.5 ϕ200 mm 圆锭铸造工艺参数：结晶器高度 260 mm，浇注温度 1140～1180℃，铸造速度 4.0～4.5 m/h。

142. 硅青铜铸锭的生产要点有哪些？

(1)铸造工艺

硅青铜具有强烈的吸气倾向，铸锭容易产生气孔；熔体中的硅和锰，容易氧化、生渣而恶化铸锭质量；合金的导热性能差，铸锭容易产生裂纹缺陷。长期以来，许多工厂都采用铁模铸造的方式生产铸锭，生产效率和铸造成品率都比较低。

半连续铸造时，由于硅青铜流动性较好，炉前室直接浇注和采用中间浇注包浇注，都可以保证铸造过程顺利进行。不过采用中间包作浇注装置时，需要注意防止熔体从大气中吸收气体。

硅青铜属热脆性合金，直接水冷半连续铸造时，必须注意避免铸锭裂纹的问题。内部裂纹和气孔是硅青铜铸锭容易产生的主要内部缺陷，有时铸锭内可能存在一定的残余应力。

硅青铜铸造的极限铸造速度有限。提高极限铸造速度，可采取增加结晶器高度的办法，也可以采取增加二次冷却区高度的办法实现。在增加结晶器高度的同时，适当减小二次冷却强度，避免铸锭裂纹的效果更佳。铸锭规格越大，极限铸造速度越低。铸锭规格越大，越应该提高结晶器的有效高度。

生产 QSi3－1 ϕ200 mm 铸锭的半连续铸造工艺条件如下：结晶器高度 300 mm，浇注温度 1280～1300℃，水压 0.02～0.03 MPa，铸造速度 2.0～2.2 m/h，烟灰覆盖润滑。

(2)铸锭质量控制

内部裂纹和气孔是硅青铜铸锭容易产生的主要内部缺陷。

硅青铜铸锭不仅凝固过程中容易产生铸造应力，甚至在完全凝固以后，铸锭内仍有可能存在一定的残余应力。

硅青铜熔体中的氧化渣容易集结，一般不容易呈分散状态流到结晶器壁或黏到铸锭表面上。但是，在保温不良、铸造速度比较慢以及结晶器内液面上的渣层较厚时，当液面波动，大块浮动渣也可随液面熔体滑落而成为铸锭的表面夹渣。

143. 铍青铜铸锭的生产要点有哪些？

铍青铜熔体表面有一层致密的 BeO 膜能起到良好的保护作用，但也阻碍气体的逸出，因而铸锭容易产生气孔。铍青铜导热性差，且冷却时收缩率大，铸锭宽厚比不宜过大。铍青铜结晶属包晶反应，体积收缩大，易偏析。铍青铜铸锭容易产生的主要缺陷是气孔和偏析。前者往往会引起加工制品的层状组织或带材的起皮，鼓泡缺陷，后者可以通过对铸锭的表面铣屑加工去除。但对铍青铜而言，即使采用真空熔炼，当铸造方法不当时气孔缺陷也不能避免。

倾斜浇注和无流浇注方式，有利于防止铸锭中产生气孔缺陷。但是，几何废料数量大，成材率低。

QBe2.0 铍青铜 75 mm × 330 mm 铸锭半连续铸造的工艺条件：浇注温度 1200℃，水压 0.015 MPa，铸造速度 5.0 m/h，振动铸造。铸锭边部为细小的等轴晶，中间等轴晶较粗大。高倍组织为 α 相，$\alpha+\gamma$ 共析体呈树枝状分布。

真空熔炼方式，以及适宜的铸造温度和铸锭顺序凝固等，是避免铸锭气孔产生的基本方法。铍青铜铸锭主要缺陷是内部气孔和表面偏析，直接水冷半连续铸造亦有利于铸锭内部气体的排除，其扁铸锭表面的反偏析层厚度为 2 ~ 4 mm。

144. 其他青铜铸锭的生产要点有哪些？

（1）镉青铜

镉的沸点比合金的固相点还低，浇注过程中，镉大量挥发，结晶器内金属应采用纯度高、密度小、粒度细的优质炭黑进行保护。用铜质结晶器铸造镉青铜时铸锭表面容易形成小皱褶，实际是细小冷隔，可能与熔体表面张力及熔体对铜质结晶器表面浸润性质有关，采用石墨结晶器同时使其结晶器振动有利于改善铸锭表面质量，同时对消除铸锭内部裂纹亦比较有效。

直接水冷半连续铸造的镉青铜，其低倍结晶组织一般比较粗大，但柱状晶却不像紫铜那样发达。

QCd1.0 ϕ200 mm 半连续铸锭工艺条件：结晶器高度 200 mm，浇注温度 1240 ~ 1270℃，水压 0.04 ~ 0.08 MPa，铸造速度 6.5 ~ 7.5 m/h，炭黑覆盖、振动铸造。

实践表明：采用石墨结晶器以及振动铸造，不仅有利于改善铸锭的表面质量，同时对消除铸锭内部裂纹亦比较有效。避免镉青铜产生气孔，可以从以下措施中选择；降低结晶器高度，石墨结晶器，强化自下而上的顺序冷却，良好的液面保护振动铸造等。

(2)铬青铜

铬青铜熔体高温下极易氧化、生渣多，给半连续浇注造成很大困难。熔炼和铸造工艺对铸锭质量影响很大。真空熔炼是理想的选择，非真空熔炼时可采用惰性气体及炭黑、石墨粉，包括熔融玻璃等作为保护介质。

避免铸锭表面夹渣和使内部组织中铬的均匀分布，是铬青铜铸锭质量控制比较重要的两个方面。结晶器内应选用质量优良的炭黑作为覆盖剂。铸锭低倍结晶组织中柱状晶比较发达；高倍组织基体为 α 相，(α + Cr)共晶呈网状分布。更高倍(例如 600 ×)放大观察，可明显看到共晶体中的 Cr 相。

锆青铜铸锭铸造和熔炼一般都是在真空下进行。铸锭低倍组织边部柱状晶较发达，中心部位等轴晶也比较粗大。高倍组织基体为 α 相，晶界及晶内有(α + Cu_3Zr)共晶体分布。

QCr0.5 ϕ180 mm 铸锭半连续铸造实例：结晶器高度 200 mm，浇注温度 1300 ~ 1350℃，炭黑覆盖，水压 0.04 ~ 0.08 MPa，铸造速度 3.8 ~ 4.5 m/h。

(3)铁青铜

铁青铜中的铁、磷和锌等元素，高温下都极容易氧化，不仅铸造性能差，合金化学成分亦不好控制，采用直接水冷方式铸造生产时铸锭容易产生裂纹，采用非直接冷却的方式铸造有助于保证铸锭质量和加工制品质量。目前，国内外铜加工厂在生产铁青铜铸锭时，主要采用立式半连续铸造方式，少数也有用水平连续铸造带坯的方式。立式半连续铸造铁青铜铸锭时，普遍采用非直接冷却的方式。

TFe0.1 的 170 mm × 620 mm 铸锭低倍组织边部存在细小等轴晶区，次层为较细等轴晶区，中间为等轴晶区。高倍组织 α 基体上有 P 偏析区和 Fe 相。

QFe2.5 的 140 mm × 640 mm 铸锭低倍组织多以细小等轴晶或柱状晶为主，这与铁的存在及非直接水冷方式等因素有关。高倍组织（×200～400）均为 α + Fe 相，基体为 α 相。

QFe2.5 扁锭半连续非直接水冷铸造工艺条件：铸锭规格 140 mm × 600 mm，结晶器高度 240 mm，铸造温度 1250℃，炭黑覆盖，铸造速度 70 mm/min，二次冷却水距结晶器出口应大于 1000 mm。在此条件下，铸锭组织为细小的等轴晶。

145. 白铜铸锭的生产要点有哪些？

（1）铸造工艺

白铜铸锭可采用直接水冷、分散冷却等不同铸造方法生产，包括白铜带坯水平连续铸造。

白铜熔体容易吸气。吸气过多或脱氧不良时，铸锭内部容易产生气孔缺陷。因此熔铸过程中需要对熔体进行严密保护。浇注过程中石墨组件被不断溶蚀的同时，铜液中碳的含量不断增加。熔炼时反复并且大比例地使用白铜回炉料，可能造成合金中碳含量不断增加和积累，碳含量增加到一定程度将对加工造成危害。

铸造白铜不宜采用过高的浇注温度，以避免铸锭产生气孔。提高铸造速度，可通过增加结晶器高度或减小冷却强度的办法实现。

表 4－11 所列的是 B30 部分规格铸锭半连续铸造工艺参数。

表 4－11　B30 白铜部分规格半连续铸造的工艺参数

铸锭规格 /mm	结晶器高度 /mm	浇注温度 /℃	铸造速度 /($m \cdot h^{-1}$)	冷却水压力 /MPa	覆盖及润滑剂
ϕ195	300	1350～1380	2.5～3.0	0.15～0.35	炭黑
ϕ245	300	1350～1380	2.0～2.5	0.15～0.35	炭黑
140 × 640	240	1300～1350	3.0～4.0	0.05～0.15	炭黑

（2）铸锭质量控制

普通白铜铸锭表面质量一般比较好控制。扁铸锭可不用铣面，即可直接进行轧制加工。

普通白铜铸锭内部可能产生的主要缺陷是气孔和裂纹。即便是铸造前铜液已经彻底脱氧，开始铸造的铸锭内部没有气孔，但有时在铸造进行一段时间以后，即从铸锭的中部或者从某一位置起，后面铸造的铸锭也会出现气孔，并且气孔越来越多。这多半是炉内或中间包内熔体保护不良的结果。铸造期间，应该对炉内熔体作严密覆盖，亦可通以保护性气体进行防氧化保护。

在炉子保护条件有限的情况下，可在铸造进行过程中，对熔体进行适当地补充脱氧。但进行二次或多次的补充脱氧时，应同时考虑到脱氧剂残余可能对合金造成的危害。

普遍白铜可采用镁作脱氧剂，硅也是普通白铜理想的脱氧剂。

146. 怎样制取铜合金粉末?

(1)水溶液电解法生产铜粉

电解法是生产工业铜粉的主要方法之一。电解法不仅能生产具有不同要求的铜粉，而且电解过程也是一个提纯过程，能生产出具有特殊要求的高紫铜粉。

电解铜粉的生产工艺条件见表 4－12。

表 4－12　电解生产铜粉的工艺条件

工艺条件 / 方案	铜离子(Cu^{2+})浓度/$g \cdot L^{-1}$	H_2SO_4浓度/$g \cdot L^{-1}$	电流密度/$A \cdot dm^{-2}$	电解液温度/℃	槽电压/V
Ⅰ	12～14	120～150	25	50	1.5～1.8
Ⅱ	10	140～175	8～10	30	1.3～1.5

(2)雾化法生产铜粉

雾化铜粉的生产方法有气体雾化法、水雾化法和机械雾化法(即离心雾化)。目前国内多采用气体雾化法和水雾化法。

气体雾化法生产铜合金粉的设备如图 4－24 所示。

按铜合金粉末的成分要求，将配好的金属料，在移动式可燃油或燃气坩埚熔化炉熔化，也有的采用中频电炉熔化。金属熔液一般在过热 100～150℃后注入预先烘烤到 600℃左右的漏包中。金属液流直径为4～6 mm，雾化介质采用空气，压力为0.5～0.7 MPa（5～7个大气压）。喷嘴用环孔或可调式环缝喷嘴。环缝喷嘴喷制青铜粉末时，在相同工艺下，小于0.147 mm（-100目）粉的出粉率比环孔喷嘴高30%。雾化粉末喷入干式雾化筒，雾化筒下部有冷却水套对雾化粉末进行冷却，粗粉末直接从雾化筒下方出口处落到振动筛上过筛，中、细粉末从雾化筒抽出，经细粉收集器沉降。超细粉末进入风选器，抽风机的出口处装有面袋收尘器，净化后排入大气。

空气雾化铜或合金粉末，表面均有少量氧化，一般需要在300～600℃用氢或分解氨气进行还原。为了制得球形铜合金粉末，通常在熔化时加入0.05%～0.1%的磷，以降低黏度，增加熔液流动性，这样能使球形粉末大大增加。

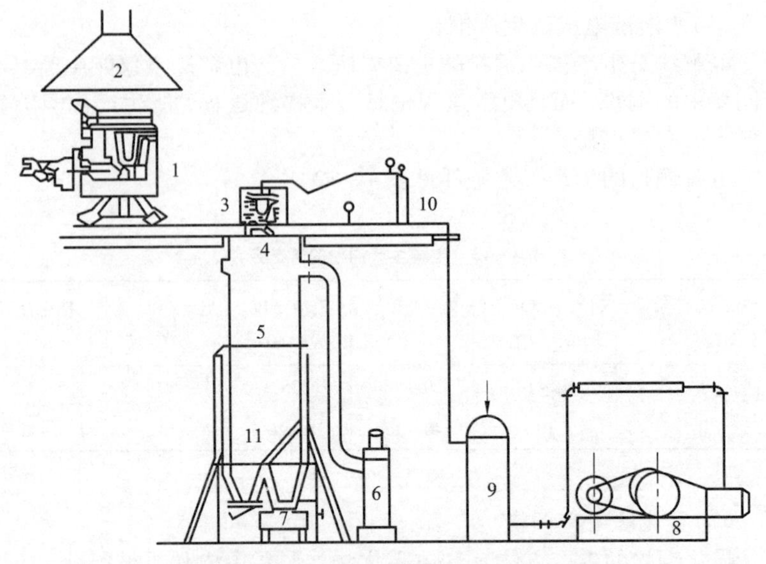

图4-24　气体雾化制取铜合金粉的设备示意图

1—可倾燃油坩埚熔化炉；2—排气罩；3—保温漏包；
4—喷嘴；5—集粉器；6—集细粉器；7—取粉车；8—空气压缩机；
9—压缩空气容器；10—氮气瓶；11—分配阀

147. 铁模铸造工艺生产要点是什么？

铁模铸造是一种比较古老的铸造方法。其生产过程为：首先对铸铁模进行预热；刷涂料；再进行烘烤；铜及其合金熔体通过漏斗以一定浇注速度倒入铸模中；冷却后，脱模。通常浇注温度选择在铜及其合金熔点或者液相线以上 100～150℃。

铁模铸造的生产特点是：①液体金属凝固时，以径向为主，铸锭的直径越小，高度越大，越易出现疏松、气孔、夹杂等缺陷。②浇口部分必须及时补缩，以减少或消除集中缩孔。③铁模铸锭底部和顶部质量较差。需切除，成品率较低。④铁模占地面积大，模子消耗大，工作环境较差，劳动强度也大。⑤铁模容积有限，生产效率低。

对于那些直接水冷铸造和热轧时裂纹倾向较敏感的合金，采用铁模铸造会得到较好的效果。

148. 金属型铸造工艺流程是怎样的？

（1）金属型准备

①金属型的检查：操作者应先熟悉金属型的结构、工艺文件、毛坯图样以及技术检验标准；检查金属型部分如模块、型芯、活块、定位销、锁紧机构和顶出机构等是否完整、齐全，发现有裂纹、变形或其他损伤应先修复。

②清理金属型：仔细清理型腔、型芯和活块工作表面，去除黏附的金属毛刺、旧涂料层以及锈蚀物等；定期清理通气塞，保持排气通畅；新投入使用或用油封存的金属型应先启封脱脂，并在 200～300℃温度下烘烤，冷却后用砂纸打磨，除净残油，也可以吹砂处理或用稀硫酸洗涤方法去除型腔表面油迹。

（2）金属型喷刷涂料

1）预热金属型。喷刷涂料前，必须先预热已经清理干净的金属型，可采用电加热，煤气加热，喷灯加热等方法进行预热。铜合金金属型的预热温度约为 100℃。

2）喷刷涂料

①铜合金铸件常用的几种涂料配比（质量数分数）如下：

普通润滑油 100%；

石墨粉 4%，普通润滑油 96%；

石蜡 50%，普通润滑油 50%；

松香 80%，酒精 20%。

②涂料配制。

配制松香涂料时，先将松香碾碎，再倒入酒精中，搅拌至全部溶解。

配制普通润滑油涂料时，则将粉状材料倒入普通润滑油，搅拌均匀即可。

涂料配制后存放时间不宜过长。

③涂料喷刷。

首先，喷刷前应将涂料搅拌均匀。

其次，用喷枪或刷子将涂料喷刷到预热过的金属型上。

再次，喷刷顺序先浇注系统、冒口部分，后浇注型腔部位。

第四，控制金属型不同部位涂料层厚度，浇注系统、冒口部位较厚，型腔较薄。

第五，铜合金铸件涂料层厚度规定如下：浇注系统、冒口部位 0.5 ~1 mm（个别情况可厚至 4 mm），薄壁部分型腔 0.2 ~0.5 mm，厚壁部分型腔 0.05 ~0.2 mm，型腔部位 0.1 ~0.3 mm。

第六，非型腔工作部位及排气槽的涂料应该刮掉。

第七，为防止缩裂应该刮掉铸件热节部位相应型腔的涂料。

第八，浇注过程中如发现涂料局部脱落，应该及时进行涂料的补喷或补刷。

第九，锡青铜、磷青铜铸件每浇注 1 ~2 件或 2 ~3 件应刷一次涂料；铝青铜、黄铜铸件一般可以不刷涂料，或在每班浇注前刷一次即可，中途无特殊情况，一般可不再刷涂料；松香涂料浇注铸件表面光洁。

（3）金属型浇注

1）浇注前金属型预热。喷涂料后的金属型在浇注前需进行预热，铜合金金属型预热温度如表 4 -13 所示。

表4-13　铜合金金属型预热温度

合金类别	预热温度/℃	工作温度/℃
锡青铜	150~250	60~100
铝青铜	120~200	66~120
铅青铜	80~125	50~75
一般黄铜	100~150	≤100
铅黄铜	350~450	250~300

2)浇注前的其他准备

①浇注用勺及浇注工具的准备，浇注用勺需刷涂料并烘烤预热。

②非金属型芯的准备。如用非金属型芯，则应按工艺卡要求，准备好烘干的非金属型芯如砂芯、树脂砂芯等。

③镶铸件的准备。如用镶铸件则应先将表面清理干净，然后预热。

④过滤网准备。如工艺卡要求放置过滤网，则应按要求清理干净表面并保证网孔畅通。

⑤金属型铸造机的准备。如采用机器操作，则要对金属型铸造机进行检查，确保运转正常，然后将金属型安装在机器上，并进行开合金属型调试，检查各部是否齐全，动作是否协调。

⑥浇注用的金属液准备。熔炼好合金液并保温。

3)合型。合型锁紧(如用型芯或镶铸件、过滤网，则在合型前放入)

4)浇注。浇注温度一般比砂型铸造高20~30℃，铜合金浇注温度如下：锡青铜1050~1150℃；铝青铜1130~1200℃；磷青铜980~1060℃；黄铜980~1020℃；锰铁黄铜1000~1040℃；硅黄铜950~1000℃；普通黄铜≤1060~1100℃。

①一般采用水平浇注，对高度较高而平面较大的复杂铸件则可采用倾斜浇注方法(先将金属型倾斜45°，然后随着浇注的进行而放平)。

②浇注时，液流要平稳、连续，切勿中断。

③控制好浇注速度，先慢后快再慢。

④浇包(勺)嘴尽量接近浇口杯，以减轻合金氧化。

4)开型取件。铜合金铸件，浇注系统、冒口已基本凝固完毕，即可抽芯、开型和取件。

(4)铸件清理入库

1)铸件外观初步检查。取件后，应对铸件外观进行初步检查，发现缺陷，及时改进操作，废品应另行妥善保管。

2)铸件清理

①落砂。有砂芯铸件可采用振动落砂或水力(爆)清砂等方法清除型砂。

②切割浇注系统、冒口。按工艺规定的切割部位和切割方法切除铸件浇注系统、冒口。

③表面清理。按工艺规定，用锉刀、钳子、风动工具去除铸件表面毛刺、披缝、非加工面上残留的浇注系统、冒口，也可在机床上进行。小件也可在滚筒上滚光。

3)铸件热处理、需要热处理的铸件按工艺卡规定进行热处理。

4)终检入库。按毛坯图样和技术标准对铸件进行最后检查。

(5)安全注意事项

①操作者必须穿戴好劳动保护用品。

②与金属液接触的物品必须进行预热。

③严格遵守工艺纪律和操作规范。

149. 金属型铸造工艺操作要点有哪些?

一般而言，金属型铸件的尺寸精度、几何形状和表面粗糙度主要靠正确的设计与制造金属型来保证，而铸件的内部质量则主要靠拟定和贯彻正确的工艺规范来保证。我们根据制造铜合金金属型制造工艺的特点介绍工艺规范中各工序的操作要点。

(1)金属型及型芯喷涂料前的预热。金属型及型芯在喷涂料前，必须先进行预热。这样金属型喷刷涂料时，水分蒸发迅速，易喷刷均匀。获得黏接牢固的涂料层。但是预热温度过高，涂料容易剥落。铜合金用的金属型预热温度为100℃左右。

(2)喷刷涂料层。金属型铸造时，喷刷涂料的目的：一是调节铸件的冷却速度，二是获得表面光洁的铸件，三是保护金属型的型腔免受高温金属液的冲蚀和直接接触，提高铸型的使用寿命。

喷涂料前清除掉金属型腔表面上积垢和铁锈，裂纹要腻平

表面涂料每浇注一次涂一次，最后是喷涂，一般生产中常用乙炔喷灯或喷雾器给铸型面喷涂。喷涂料前要预热金属型。

(3)浇注前金属型预热

1)浇注前金属预热的目的

①避免合金液冷却速度太快造成气孔、冷隔、浇不足、缩孔、裂纹等铸造缺陷。

②保护金属型，避免急冷、急热而剧烈收缩和膨胀，延长使用寿命。

③减轻铸件包紧力，利于脱型。

④确保操作者安全。

2)铜合金铸造时金属型的预热温度和工作温度

预热温度过高，降低金属型寿命，导致铸件晶粒粗大，力学性能下降，延长冷却时间，降低劳动生产率。预热温度过低，导致铸件冷却速度加快，冷却不均匀，造成气孔、裂纹和浇不足等缺陷，甚至造成合金液喷溅。缩短金属型使用寿命。

3)金属型的预热方法

①在箱式电炉中加热。加热效果好，铸型不变形。适用于中型、小型、金属型。

②用电阻丝直接对金属型加热。特点是使用方便，设备紧凑，加热温度可自由调节，适用于各种大、小金属型。

③气体燃料(煤气、液化气、天然气)加热、特点是加热方法简单方便，但各部分温度上升不均匀，易使铸型变形，不能准确地控制和调节温度。

④金属液加热。在正式浇注前，先浇 1～2 个铸件，对金属型预热，这种方法简便，但不安全，浪费金属，并对金属型寿命有损害。

4)金属型的冷却。在连续浇注过程中，使金属型温度保持稳定是保证金属型铸造正常进行的必要条件。但是由于在每一次浇注循环中，金属型的吸热和散热是不相等的。而是吸热大于散热，结果是金属型的温度必然升高。故此，为了生产正常进行，必须对金属进行冷却，以维持其工作温度处于正常范围之内。人工冷却方法有气冷和水

冷两种。

气冷方法就是在金属型背面增加散热面积和抽气加速冷却。通以压缩空气强制对流，效果就更好，冷却效果最理想的是水冷，水冷就是在金属背面直接制出水套(有时为避免过于强烈的冷却，亦可镶铸水套)，在水套内通水进行冷却。

(4)浇注。浇注温度对铸件质量和金属型寿命均有很大的影响。浇注温度过高，由于金属液析出气体量增大和收缩增大，易使铸件产生气孔、缩孔、甚至裂纹；同时也会缩短金属型寿命；浇注温度过低，会使铸件产生冷隔、浇不足和外形轮廓不清等缺陷。

1)浇注温度。根据铸件的结构及工艺特点具体分析后选择。比如，形状复杂的薄壁铸件，浇注温度应偏高些，形状简单，壁厚较大，质(重)量大的铸件，浇注温度可适当降低，如果金属型预热温度高时，浇注温度可以适当降低些。

2)浇注速度。金属型铸造的浇注速度应比砂型铸造时快，这要由铸件的结构特点来选择，一般而言，浇注时要先快后慢，一直到浇满型腔为止。

(5)开型时间。由于金属型没有退让性，铸件宜早些从铸型中取出，停留过久，铸件温度越低收缩越大，则铸件内应力增大，易导致裂纹，同时，造成取出困难，降低生产率；停留时间过短，铸件温度高，强度低且易产生变形。

150. 怎样制定金属型的工作温度和浇注温度?

(1)工作温度

金属型的工作温度对铸件质量有很大的影响，通过试验才能确定较适宜的工作温度。

一般认为，金属型的预热温度应高于300℃，而浇注时的铸型温度(即铸型工作温度)，对锡青铜铸件应为80~120℃，对铝青铜、黄铜类铸件应为150~250℃。

(2)浇注温度

浇注金属型时，浇注温度应比浇注砂型时高30~50℃。

锡青铜铸件，当浇注温度低时容易产生粒状组织和缩松，降低铸件致密度和机械性能，因此其浇注温度不应低于1150℃。但磷青铜铸件，极易吸气上胀，浇注温度不宜过高，应控制在 980 ~ 1080℃ 范围。

151. 确定铜合金砂型铸造工艺应考虑哪些因素?

(1) 合金的凝固温度范围

凝固温度范围宽的合金，如锡青铜、磷青铜类，特点是糊状凝固，补缩困难，容易产生微观缩孔和晶内偏析(或称树枝状偏析)，难以保证合金的致密性。确定此类合金的铸造工艺，应设法使合金同时凝固，使微观缩孔分散，分布均匀；或尽量加大铸件在铸型中的温度梯度和冒口压头，加快冷却速度，争取较大的补缩。凝固范围小的合金，如黄铜、无锡青铜类，特点是收缩大，容易产生集中缩孔。确定此类合金的铸造工艺，应设法使合金顺序凝固，加大冒口使之得到充分补缩，保证铸件无缩孔出现。

(2) 合金的氧化倾向

铝青铜、黄铜类合金，因含有易氧化元素(如 Al，Zn，Si)等，容易产生氧化夹杂，特别是浇注过程中产生的所谓二次氧化夹杂，难以去除，因此，确定此类合金的铸造工艺，必须设法使合金平稳流入铸型，同时要采取集渣包、过滤网等撇渣设施。

(3) 合金的裂纹倾向

铜合金与其他金属相比，裂纹倾向是较小的。但热脆性较大而高温强度较低的锡青铜类，在实际生产中也出现裂纹或微观裂纹，使铸件不能承受水压试验。所以对此类合金除了在设计铸造工艺时应给予注意外，还应选用退让性较好的砂型材料。

152. 确定铜合金砂型铸造工艺方案的原则是什么?

设计铸型工艺时应以上述合金特性为基础，再根据铸件的结构特点、技术及精度要求等因素合理地确定工艺方案。

根据合金的铸造性能，铜合金的铸造工艺可分为锡青铜、磷青铜类和黄铜、无锡青铜 2 类来考虑，它们的特点列于表 4－14。

表4-14　铜合金的铸造性能及设计铸型工艺的原则

合金种类	铸造性能特点	设计工艺的原则
锡青铜和磷青铜类(如ZQSn6-6-3、ZQSn10-1等)	①铸造工艺较简单，适于铸造薄壁复杂件 ②结晶温度范围宽，糊状凝固，补缩困难 ③易产生微观缩孔和晶内偏析(树枝状偏析) ④具有较大的热脆性和较低的高温强度 ⑤收缩小，不易产生集中缩孔和氧化夹杂 ⑥易产生逆偏析，即低熔点的富锡相 ⑦易被挤出铸件外或皮下，而在铸件内留下小孔，故不易铸造高致密性铸件	①用冷铁调整，尽量使铸件的温度梯度减小，争取合金同时凝固，使微观缩孔分散和分布均匀；或者与此相反，尽量加大温度梯度和冒口压头，加快冷却速度，争取较大的补缩 ②采用顶注，多用雨淋浇口，浇口应尽量分散 ③砂型退让性要好 ④铸件加工余量尽量小，而保留致密表皮 ⑤不需设置大冒口
无锡青铜和黄铜类(如ZQAl9-4、ZHMn55-3-1等)	①铸造工艺较复杂，适于铸造结构简单铸件 ②结晶温度范围小，因此流动性好，收缩大，产生偏析及缩松的倾向小，形成集中缩孔 ③二次氧化倾向大，即在浇注过程中合金元素被氧化而造成氧化夹杂 ④冷裂倾向较大	①必须使合金顺序凝固，设置大冒口，充分补缩 ②采用底注法，开放式浇口，使合金平的流入型腔 ③采用严密的撇渣措施(过滤网、集渣包)

注：1. 硅黄铜的铸造性能界于锡青铜和锰黄铜之间，能形成集中缩孔和缩松，在400～500℃范围有热脆性，氧化倾向较其他黄铜轻。铸造工艺按黄铜类考虑，但冒口尺寸可适当减小，可采用分型面注入。

2. 铝青铜在共析转化点(565℃)具有“自行退火”特性，当缓慢冷却时易生成硬而脆的共析体，因此冷却速度要快。

153. 铜合金离心铸造的浇注工艺怎样制定?

(1)浇注速度

浇注速度见表 4－15

表 4－15　离心铸造浇注速度

铸件重量/kg	锡青铜、磷青铜、铅青铜		黄铜、无锡青铜	
	浇注速度/($kg \cdot s^{-1}$)	浇注时间/s	浇注速度/($kg \cdot s^{-1}$)	浇注时间/s
40～100	6～10	7～10	4～8	10～15
100～200	10～15	10～15	8～10	15～20
200～400	20～30	15～20	10～15	20～25
400～700	30～40	20～25	15～20	25～30
700～1000	40～50	25～30	20～30	30～35
1000～1500	50～60	30～35	30～40	35～40
1500～2000	70～80	35～40	40～50	40～45
2000～2500	80～100	40～45	50～70	45～50

注：1. 锡青铜在整个浇注过程金属液要充满。
2. 浇注无锡青铜及黄铜时，开始快，铜液充满铸型后减慢，液流越来越小，直到浇完为止。

(2)浇注位置

浇注示意图	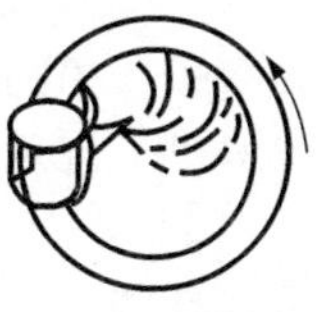	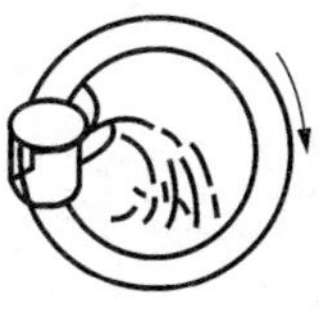	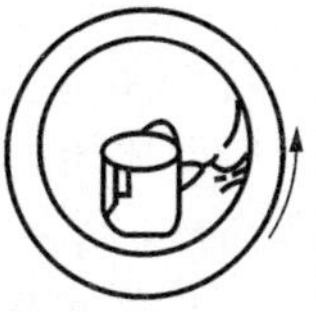	
浇注位置	过高	过高	适当	适当
浇注方向	错误	正确	错误	正确

图 4－25　离心浇注位置示意图

154. 压力铸造工艺参数怎样选择?

压力铸造的过程是铜合金液充填型腔并压铸成形的过程，是许多因素得以统一的过程。这些因素主要是压力、充填速度、温度、时间及充填特性等。这些因素就是压力铸造的工艺参数。压力是获得压铸件组织致密和轮廓清晰的重要因素，是压铸区别于其他铸造方法的主要特征，其大小取决于比压、合金密度和压射速度。

(1) 压力

在压铸过程中，压力不是常数，一般用压射力和压射比压来表示。

1)压射力。压射力是压铸机的压射机构推动压射活塞运动的力。压射力的大小取决于压射缸的截面积和工作压力。

2)比压。比压是压室内合金液在单位面积上所受到的压力。充填时的比压叫压射比压，增压时的比压叫增压比压。选择比压要考虑以下因素:

①压铸件的结构特性。薄壁压铸件选用高比压，厚壁压铸件选用低压比；复杂形状的压铸件选高比压，简单形状的压铸件选用较低的增压比压；工艺性能好的选用低比压。

②压铸合金的特性。结晶温度范围大的选用高比压，结晶温度范围窄的选用低的增压比压；合金密度的选用大的压射比压和增压比压，反之，选用小的比压；要求比强度大的压射比压要高，反之，要低些。

③浇注温度。合金液与压铸型温差大的压射比压要高，反之，要低些。

④浇注系数。浇道阻力大，即浇道长，转向多，在相同截面积下内浇口厚度小者，压射比压和增压比压均可选的高些；浇道散热速度快，压射比压要选高些，反之，选低些。

⑤内浇道速度。内浇道速度大，压射比压可选高些。

⑥排溢系统。排气道布局合理，压射比压可选高些；排气道截面积足够大，压射比压，增压比压，均可选低些。

铜合金的压射比压一般选为 50 MPa，表面质量要求高的压铸件选用 50 ~ 80 MPa；受力的压铸件选用 80 ~ 100 MPa。按壁厚和机构形式选用压射比压时，压铸件壁厚 <3 mm 的、结构简单的选用50 MPa，结构复杂的为60 MPa；压铸件壁厚 >3 mm 的、结构简单的选用 70MPa，结构复杂的为 80 MPa。

3）胀型力和锁模力

①胀型力。在压铸过程中，充填型腔的金属液将压射活塞的比压传递至压铸型腔面的力，称为胀型力，又称为反压力。胀型力分型面胀型力和侧向胀型力。

②锁模力。锁模力是压铸机的技术性能之一，又称为合型力。锁模力的选定是以分型面的胀型力为主要参数的，是选用压铸机的参考因素之一。压铸机的锁模力应当大于胀型力，安全系数一般取为1.2～1.3。

（2）速度

在压铸过程中，速度分为压射速度和充填速度。速度对压铸件的内在质量（品质）、表面质量和轮廓清晰度都起着重要作用。

1）压射速度。压室内压射冲头推动合金液移动的速度，称为压射速度，又称为冲头速度。压射速度分为慢压射速度和快压射速度。

①慢压射速度。它分为两个阶段：第一阶段是排除压射室内的空气，将合金液推至压射室前端，封住浇注口；第二阶段将合金液推至内浇道前沿。此压射速度，按压射室的充满度而定。

②内浇道速度。内浇道速度是合金液通过内浇道进入型腔的线速度，也称为充填速度。较高的内浇道速度即使采用较低的比压也能将合金在凝固前迅速充填型腔，获得轮廓清晰、表面光洁的铸件，并提高合金液的动压力。但过高时，合金液呈雾状充填型腔，易卷入空气形成气泡，或黏附型腔壁与后进入的合金液难于熔合而形成表面缺陷或氧化夹杂，加快压铸型的磨损。

2）内浇道速度的选择。由于内浇道速度过高，会使压铸件组织内部呈多孔性，力学性能明显降低，所以对铸件内在质量、力学性能和组织致密性要求高时，不宜选用大的内浇口速度。而对于结构复杂并对表面质量要求高的薄壁铸件可选用较高的压射速度和内浇道速度。此速度对压铸件的力学性能有一定的影响。铜合金压铸时推荐内浇道速度为 30～40 cm/s。

3）充填速度（内浇道速度）与压射速度的关系。根据等流量连续流动原理和体积不变原理，在同一时间内合金液以压射速度流过压室的体积(流量)与以充填速度流过内浇道的体积相等。即：内浇道速度与压室的面积和压射速度的乘积成正比，而与内浇道的面积成反比。

(3)温度

压铸过程中的温度一般是指合金液的浇注温度和压铸型的预热温度及其连续工作的平衡温度。

1)合金液的浇注温度。浇注温度是指合金液从压室进入型腔时的平均温度，通常用保温炉的炉温表示。浇注温度高，合金液的流动性好，铸件表面质量好，但浇注温度不宜过高。过高时，气体在合金液内的溶解度增高，合金液的氧化加剧；合金收缩大，铸件易产生裂纹和晶粒粗大，还可造成黏型，使压铸型的寿命降低。浇注温度过低，易产生冷隔、表面流纹和浇不足的缺陷。一般而言，合金的浇注温度应该高于该合金液相线20～30℃。

确定浇注温度时应综合考虑压力、压铸型温度、充填速度的情况。通常都采用较低的浇注温度，这样可使铸件缩小，不易产生裂纹，减少缩孔和缩松，不黏压铸型使之寿命提高。

推荐铜合金的浇注温度见表4－16。

表4－16　铜合金的浇注温度(℃)

铜合金种类	壁厚 <3 mm		壁厚 >3 mm	
	结构简单	结构复杂	结构简单	结构复杂
普通黄铜	850～900	870～920	820～860	850～900
硅黄铜	870～910	880～920	850～900	870～910

2)压铸型温度。压铸型既是换热器又是蓄热器，每当压铸一次，压铸型即有一次温度升高和降低，这样不断地循环，由于每个循环中的升温大于降温，使之温度逐渐升高，其影响与浇注温度相似，且影响压铸型的使用寿命，乃至影响正常生产。

压铸型的温度指预热温度和连续工作温度。推荐选用的铜合金压铸的温度见表4－17。对薄壁复杂件取上限，对厚壁简单件取下限。

(4)时间

在压铸中，充填时间、持压时间和留型时间，每个时间都不是孤立的，而与比压、充填速度、内浇道截面积等因素相互制约，密切相关。

表4-17　铜合金压铸的温度

铜合金种类	壁厚 <3 mm		壁厚 >3 mm	
	结构简单	结构复杂	结构简单	结构复杂
预热温度/℃	200~230	230~250	170~200	200~230
连续工作保持温度/℃	300~330	330~350	250~300	300~350

1)充填时间。自合金液开始进入型腔到充满为止所需的时间称为充填时间，充填时间的长短取决于压铸件的体积大小和壁的厚薄与复杂程度。对壁厚的而简单的压铸件充填时间要长，反之，充填时间则短。对一定体积的压铸件，充填时间与内浇道面积和内浇道线速度成反比，因此，内浇道薄阻力大的，会延长充填时间。

2)增压时间。增压建压时间是指合金液自充满型腔的瞬间开始至达到预定增压压力所需的时间。就压铸工艺分析，所需增压时间越短越好。增压建压时间应根据压铸合金的凝固时间决定，尤其是内浇道的凝固时间，增压建压时间必须小于内浇道凝固的时间，否则无法传递压力，理想的压铸机应满足压铸工艺的实时控制需要。

3)持压时间。合金液自充满型腔到凝固之前，增压比压持续传递给铸件的时间，称为持压时间。持压时间的长短取决于铸件的合金性质和厚度，对高熔点合金，结晶温度范围宽，而且壁厚的压铸件持压时间要长，反之短。持压时间不足易使铸件产生缩孔、缩松，若内浇道处的合金未完全凝固，撤了持压，由于压射冲头退出，未凝固的合金液可能被抽出，在内浇道近处出现孔洞。但持压时间不能太长，时间长会影响生产率。立式压铸机持压时间长，切除余料困难。铜合金铸件壁厚≤2.5 mm时，持压时间为2~3 s；壁厚为2.6~6 mm，持压时间为5~10 s。

4)留型时间。从持压时间终了(内浇道凝固)到开型取铸件，所需时间为留型时间，这一时间的长短决定于铸件出型温度的高低，若留型时间太短，铸件出型温度太高，可能强度低，推出时铸件易变形，铸件中存在的气体膨胀可能造成铸件表面鼓泡，但留型时间太长，温度太低，合金收缩大可能产生开裂，或抽芯，推出阻力大，也会降低生产率，一般留型时间越短越好，铜合金壁厚 <3 mm 时，推荐的留型时间为 8 ~ 15 s；壁厚为 3 ~ 4 mm 时，留型时间为 15 ~ 20 s；壁厚 > 5 mm 时，留型时间为 20 ~ 30 s。

155. 铸锭安全技术有哪些要点？

铸锭安全技术（包括铁模、水冷模、半连续和连续铸锭），简要叙述于下：

①操作时，注意穿戴好劳保用品。

②吊包、中间包、铸模、结晶器、漏斗、补口勺、托座等凡与液态金属接触的工具，用前必须充分干燥。

③油质涂料应经脱水处理。

④水冷模铸造前，底垫要对正上严，检查铜套是否漏水，进出水管路是否畅通，水腔内无水或水量不足时不要铸造。

⑤半连续或连续铸锭开始放流时要缓慢，特别是卧式连铸，若放流操之过急，易发生爆炸事故。

⑥半连续铸锭时，开始用慢速、低水压，待托座离开结晶器后，可将铸造速度和水压逐渐增大到工艺要求。

⑦引锭器或托座的几何尺寸与二次冷却水的射角必须正确，以免二次冷却水倒灌，进入结晶器内，引起爆炸事故。

⑧对于水套式结晶器的水槽要考虑排气的安全装置（如排气孔），使槽腔内的空气，能够在充满冷却水之前排除。

⑨钢丝绳式半连续装置机要定期检查和更换钢丝绳，以防断损。

⑩吊运铸锭必须按规定的安全负荷使用钢丝绳与吊钳。用前必须检查钢丝绳及吊钳是否正常，钢丝绳要捆好，钳口要夹正才能起吊，起吊前必须先打开托座气缸。

⑪铸锭应小心堆放，不阻塞通道或堆积过高。

⑫电器设备要有定期检查维护制度，以免使用时发生故障。

⑬不要站在或走过吊起的悬挂物（如铸锭、吊包等）下面。

⑭不得往潮湿的地面上倾倒液体金属。

⑮经常保持工作场地整洁。

第 5 章　铜及铜合金铸锭质量检测、控制及回收

5.1　铜及铜合金铸锭质量检测

156. 铸锭质量常规检查包括哪些内容?

铸锭质量好坏对加工材质量有直接影响。例如制品中的起皮、气泡、针孔、分层、裂纹、夹渣等废品，往往是由于铸锭的气孔、夹渣、裂纹、缩孔、疏松等缺陷直接造成的。因此，铸锭在送往加工车间之前，进行严格的质量检查是非常必要的。铸锭质量检查，包括化学成分分析、铸锭表面质量、内部质量以及几何尺寸检查。

(1)化学成分分析

铸锭的化学成分分析方法有化学、光谱、极谱、光电比色、原子吸收分光、金相检验等。取样应具有代表性。一般连续或半连续铸锭的炉后试样，是在铸造到接近一半时取样或铸锭中部切试片(无氧铜含氧量的试样，是在离铸锭浇口 50 ~ 100 mm 处切取)。铁模、水冷模多在铸造前取样。当炉后成分不合格时，可在铸锭上有代表性的部位取试片或钻取试样，进行复查，复查后仍不符合标准时，则该炉铸锭一律按化学成分废品处理。

(2)表面质量检查

优质的铸锭表面应保证无气孔、裂纹、夹渣、冷隔、偏析瘤(条)等缺陷。铸锭表面的局部缺陷允许修理，修理坑符合要求时可作为成品铸锭。修理坑表面应光滑，且逐渐向铸锭表面呈缓坡圆滑过渡，绝不允许出现锐角和陡棱。

铜、镍及其合金表面好的圆铸锭通常是不车皮的，但遇有偏析层(如锡磷青铜的反偏析)、皮下气孔等则必须车皮去除之。

优质的扁铸锭(如铁模、水冷模及采用内套镶石墨的结晶器铸造

的紫铜扁锭，卧式连铸生产的H90、QSn4－4－2.5扁锭等，表面可以不经机械加工而直接送往加工车间。然而大多数扁锭，必须进行铣面或车面。机械加工后铸锭表面的光洁度应不低于▽3，同时严禁大刀花、阶梯或起刺。

有些铸锭，其浇口和底部需要切除，因为浇口和底部往往存在许多缺陷，其质量是无法保证的。浇口和底部切去的长度，与铸造方法、制品要求、铸锭规格、合金性质等有密切关系，各厂可根据自己的经验，在保证质量又不造成浪费的前提下，选取最合理的数值。

(3)内部质量检查

铸锭内部应保证无气孔、夹渣、裂纹、缩孔、疏松等缺陷，而且其结晶组织应均匀，检查铸锭内部质量的方法很多，工厂通常采用的有：肉眼检查机械加工面，宏观检查、微观检查、断口检查、无损探伤(超声波探伤、涡流探伤等)等。

①肉眼检查机械加工面

这是一种简单易行的方法，在快速锯上切得的铸锭断面平整有一定的粗糙度，对于一般的气孔、夹渣、裂纹、缩孔等缺陷很易被发现，但晶间裂纹、小的皮下气孔、疏松等缺陷很难发现，特别是采用普通锯床锯切下来的断面，一些轻微的缺陷往往被掩盖起来。

②低倍检查

只要试片光洁度合乎要求(不低于▽6)，腐蚀恰当，对于受检面上的各种缺陷以及结晶组织粗细和分布情况，是能够准确地反映出来的。当然，它同样也有局限性，因为试片合格不等于铸锭完全没有问题。此法对铜、镍及其合金来说，多用于试制阶段检查，工艺已经稳定，则不必逐根做低倍检查，只是在工艺条件有变化时才进行抽查。不过有的工厂对一些作重要制品的铸锭如作管材的铁白铜铸锭、电真空的无氧铜铸锭、重要用途的铅黄铜铸锭等，也是采取逐根切试片进行低倍检查的。

低倍试片有横向和纵向两种，在作试制阶段检查时，往往是两者同时取样，分别进行检查。

③高倍检查

高倍检查是在低倍检查的基础上进行的。为了进一步鉴定低倍试片上的缺陷或组织构造，往往需要进行高倍检查。高倍检查是把制备好的试料在金相显微镜下用不同倍率进行观察，有时须在偏光、暗场斜照明等条件下进行观察，必要时可测定显微硬度(用显微硬度仪)或进行微区分析(用电子探针或 X 射线显微分析仪、显微光谱仪)等。

④断口检查

断口检查特别适用于检验易生氧化夹渣的合金如铝青铜、铍青铜等的铸锭。有的工厂对于最易产生氧化夹渣的铍青铜铸锭，采取逐根作断口检查的方法，以判断成废。某些重要用途的 HPb59 - 1 圆锭(作棒材)，也要进行断口检查。要求成品铸锭的断口组织致密、无气孔、缩孔、夹渣、裂纹和疏松等缺陷。这样做，对于保证最终制品质量很有积极意义。

⑤超声波探伤

以上提到的机械加工面检查，高、低倍检查和断口检查，一方面其检验结果，仅能代表所取试样部分，实际上存在着很大的局限性；另一方面或多或少要损坏一部分铸锭。采用无损探伤，可做到既不破坏受检查铸锭的完整性，又能达到全面检查的目的，超声波探伤是常用无损探伤方法中的一种。超声波是波长短、频率高、指向性很强的一种弹性波。超声波探伤方法很多，但归纳起来不外下述 3 种：①穿透法；②反射法；③共振法。

应用最多的是脉冲反射法，当超声波在行进途中，遇到声阻抗不同的介质界面时，就在该界面上发生反射。根据超声波从缺陷及铸锭底面上的反射波和两种反射波在时间上的差别，能断定铸锭内部是否存在缺陷，并可测定出缺陷的隐伏深度。

超声波探伤，可以检查出铸锭任意一点的气孔、缩孔、裂纹、夹渣、疏松等缺陷，同时丝毫不损伤铸锭。

(4)铸锭的几何尺寸检查

对铸锭不但要求化学成分合格，内部及外表质量达到高标准，而且根据压力加工设备的能力及制品尺寸要求，铸锭必须具有一定的几何尺寸。

铸锭的几何尺寸检查包括：

圆铸锭——直径、长度和锯口偏斜度。

扁铸锭——厚度、宽度、长度和锯口偏斜度。

工厂里根据设备的具体情况，对圆、扁铸锭的几何尺寸公差，各自订有检查标准。

157. 怎样判定铜合金铸锭是否合格？铸锭质量全分析包括哪些内容？

(1)铸锭质量判定方法

①化学成分检测，各元素符合合金成分范围要求。

②铸锭表面质量良好，应无夹杂、冷隔、裂纹、气孔、偏析等缺陷。一般情况下允许对铸锭的局部表面缺陷进行修理。但修理坑应是浅坡形过渡圆滑，不应又陡又深。表面漏挂金属应清理掉。

③铸锭内部不应有缩孔、疏松、气孔、裂纹和夹杂等缺陷。

④铸锭(坯)外形尺寸，即圆锭的直径，扁锭的宽度、厚度，管坯外径、壁厚和偏心程度，铸锭定尺长度，以及切斜度等符合规定的公差要求。宽厚比大的扁锭要注意大面中心部位，不应有凹陷或凸鼓。

(2)铸锭质量全分析

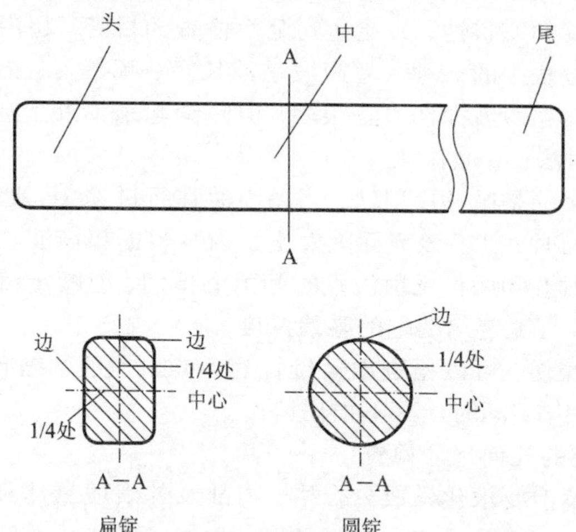

图 5-1 全分析取样部位示意图

为了研究熔炼、铸造工艺对铸锭质量的影响，或者对熔炼、铸造工艺进行评价，都需要对铸锭的质量进行严格而全面的检验，称为铸锭质量全分析。

铸锭质量全分析的内容比铸锭常规检查的内容要复杂和全面。通常包括：纵向头、中、尾和横向边、1/4、中心（见图 5－1）的铸锭化学成分分析（主成分和主要杂质元素）；铸锭宏观组织检验，包括铸锭表面质量检验及头、中、尾纵横截面的低倍试片检验。铸锭内部组织微观分析检验，包括不同部位（纵向头、中、尾和横向边、1/4、中心）的高倍金相分析（晶粒度、相分布），必要时进行枝晶偏析、晶内偏析的分析；断口检验和超声波无损检验；不同部位密度分析；铸锭铸态和均匀化退火态的高倍显微组织检验；铸锭在铸态、均匀化退火态的纵、横向力学性能检验；铸锭的横断面形状、尺寸检验；铸锭压力加工性能的检验（此项一般由加工车间完成）；其他特定的检验项目，如表面粗糙度、表面层偏析等。

158. 铜合金化学成分分析的特点和主要方法是什么?

铜合金化学成分分析有两个特点：一是要求分析主成分含量最高可达 99.98% 的铜含量，这就要采用精确的电解分析法；二是紫铜导电材料，需要分析其中十几个微量成分，有些成分要求分析到百万分之一的质量数分数（μg/g），分析难度较大。铜合金中的元素含量高低可相差五六个数量级，有的同一元素在不同的合金中，含量也相差四五个数量级。因此铜合金所涉及的 30 多个元素的分析方法就呈现多种多样，任何一种方法也不能全部胜任所有分析任务。这就要求各种分析方法相互配合共同完成分析任务。

铜合金化学成分分析方法可分为经典化学分析法和仪器分析法。

①经典化学分析方法中最常用的是滴定法、重量法。

滴定分析法是用能准确计量的滴定管，将一种已知准确浓度的试剂溶液，仔细地滴加到待测物质的溶液中，直到滴定剂与待测物质按化学计量进行的化学反应定量完成为止，即达到化学计量点。按照等物质的量规则，通过计量所消耗的已知浓度的滴定剂（标准溶液）的体积，计算待测物质的含量。

根据化学反应类型不同，滴定法分为酸碱滴定法、络合滴定法、氧化还原滴定法和沉淀滴定法等。根据滴定过程与化学反应的形式，滴定法分为直接滴定法、间接滴定法、反滴定法、置换滴定法。

重量法是设法将待测物质从样品中分离后，或形成单质，或形成化合物，精确称量其质量，计算待测物质的含量。将待测物质从样品中分离是关键。

铜合金常用的重量法有：沉淀分离法、挥发分离法、电解分离法以及其他分离方法。比如常用硅酸脱水重量法检测硅、电解重量法检测铜、焦磷酸铍重量法检测铍。

②仪器分析方法是以物质的光学、电学等物理或物理化学性质为基础的分析方法。可分为光学分析方法、电化学分析方法、色谱分析方法等。其中铜合金主要采用光学分析方法和电化学分析方法。

光学分析法是根据物质吸收、发射、散射电磁波而建立起来的分析方法。又可分为发射光谱法，如原子发射光谱法、电感耦合等离子体发射光谱法、原子荧光光谱法(AFS)、X射线荧光光谱法等；吸收光谱法，如原子吸收光谱法、紫外可见分光光度法、红外吸收光谱法(IR)、核磁共振波谱法(NMR)、电子能谱法等；拉曼光谱法等。

电化学分析法是以物质的电化学性质及其变化进行分析的方法，根据测量的电信号不同，可分为电位分析法、电导分析法、电解分析法、库仑分析法、极谱分析法等。

仪器分析的特点：分析速度快；灵敏度高；一些仪器可同时进行多元素、无损分析；大型复杂仪器设备可多机联用；在线实时分析等。铜合金最常用的分析仪器有：分光光度计；原子吸收光谱仪；光电直读光谱仪；电感耦合等离子体发射光谱仪(ICP—AES)；X射线荧光光谱仪；红外C、S分析仪；定氧仪等。

159. 铸造铜合金炉前质量控制有哪些?

熔炼铜合金时，应在炉前进行成分分析，含气量试验、弯曲试验和断口检查，如发现质量问题，可以及时采取适当的措施，或继续精炼，或补充脱氧，或冲淡合金液，或补偿合金元素，以调整合金的质量，防止产生成品废品事故。

(1)成分分析

炉前成分分析，一般情况下，炉前只分析合金的主要成分，所取试样必须有充分的代表性。取样前应彻底搅拌合金液，从熔液中部取出试样。根据分析元素数量不同，分析时间大约为几分钟到30min左右。

(2)含气量检验

常规的含气量试验用预热过的取样勺，自坩埚或熔池的下部取样，浇注到铸型，然后观察其表面收缩的情况。表面凹下即说明合金可进行浇注，收缩不明显或凸起都表示含气量太多，浇注的铸件会产生气孔。

制造重要的铸件，可使试样在负压下凝固以观察其收缩，浇注试样后，将其置于负压室中凝固，表面凹下或稍稍凸起但不破裂者为合格。

(3)炉前弯曲试验

自金属液的下部取样，试样尺寸为梯形截面的长条状，梯形界面的尺寸为 10 mm × 10 mm × 8 mm(上底 × 高 × 下底)，长度为 120 mm，试样在金属型中冷却 2 ~ 3 min 后(呈暗红色)，即投入水中冷却

弯曲试验折断角须在含气试验及断口检查合格时始为准确。试样折断角 α 过大，应补加合金元素，如铝黄铜、铝青铜应补加铝，反之，折断角 α 过小时，应补加紫铜，锰黄铜可过热片刻，烧去部分锌。

(4)断口检查

观察弯曲试验时，试样断裂后的断口，可判断其组织是否致密、有无气孔，颜色是否均匀，结合折断弯曲角即可对合金的质量作出大致的评定。

160. 铜液含氢量炉前怎样检验?

铸造黄铜 ZHMn55 - 3 - 1、ZHAl57 - 5 - 2 - 2 等由于含有大量的锌，锌蒸发时，气体即被带出，可不必进行含气量试验，但铝青铜中不含锌，含有较多的铝，容易吸气，还有硅黄铜及废杂铜重炼时，出炉前必须进行含气量试验。

铜合金的炉前测氢是铜合金熔化的一项重要工艺措施。但在生产上缺少简便易行的测氢手段。目前，适于铜合金含气量的炉前检验主要有两种：常压凝固试验和减压凝固试验。

(1)常压凝固试验

采用常压凝固试验来检验铜液中含气情况时，同时利用图 5 - 2 所示的烘干铸型浇注试样。铜液浇入铸型后，刮去熔渣及氧化皮并观察试样表面情况。若凝固后表面缩陷，说明铜液中含气量低，铜液去

气质量合格；若表面平坦，说明含有较多气体；若试样中间向上凸起，说明铜液中含有大量气体，必须采取相应的除气措施，以降低铜液中的含气量。

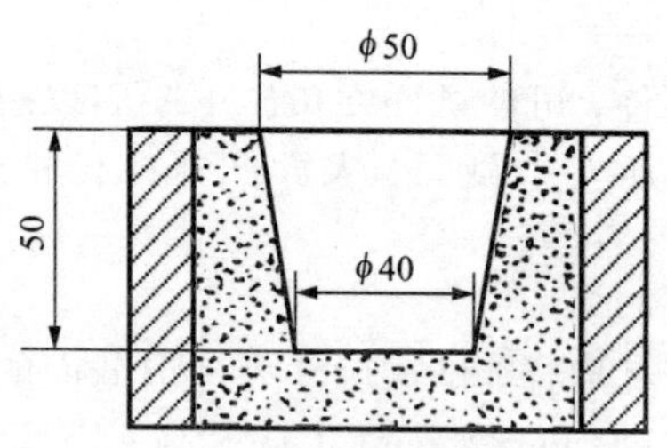

图 5－2　常压凝固试验用铸型

该方法比较简便，缺点是对含气量不敏感，有时试样收缩得很好，但浇注成铸件(铸锭)后，仍会出现气孔。

(2)减压凝固试验(测氢仪)

该方法就是将炉内取出的铜液倾入取样坩埚，并放入测氢仪压力室内。由于氢在固态铜中的溶解度比液态铜中的溶解度小得多。铜液自下而上从边缘往中心逐层凝固时，氢就向残留液体中集聚，同时残留液体中氢通过试样表面向大气扩散。当试样表面凝固结成一定厚度的硬壳时，进行合适的减压，铜液试样表面就获得凸起而不破裂的气泡。

使用测氢仪可以随时取样快速测定铜液的含氢量。过去由于不能及时了解炉内铜液的含氢量，而造成多余的过长的吹氮时间可以得到避免，减少合金元素和燃料的消耗。目前生产中，炉内铜液的最终合格含氢量一般均控制在 2.6 ~ 2.7 mL/100 g(用经典法测定)，相当于铜液试样的减压值 5.33 ~ 6.67 kPa。按这个指标浇注的大型螺旋桨经加工后质量合格，没发现气孔缺陷。

161. 铜合金铸件质量检查包括哪些内容?

(1)铸件质量

铸件质量是指铸件本身能满足用户要求的程度，它包括铸件的外观质量，内在质量和使用质量。

铸件的外观质量是指与用户要求有关的铸件外部状况，他包括铸件尺寸精度、表面粗糙度、重量偏差、形状偏差、表面缺陷等。

铸件的内在质量是指与用户要求有关的铸件内部状况，它包括铸件的物理性能、力学性能、金相组织、化学成分、偏析、铸造应力、致密度、内部缺陷等。

铸件的使用质量是指与使用条件及要求有关的，反映铸件效用与寿命的种种性能。铸件的上述质量要求都由国家有关标准逐项作出规定，只要按照有关标准逐项进行检验即可。

（2）铸件质量检验内容

①铸件的尺寸精度。铸件的尺寸精度包括尺寸公差、壁厚公差、错型量。这些应按照 GB/T 6414—1999《铸件尺寸公差与机械加工余量》的要求进行检验。

②铸件的重量公差。铸件的重量公差应根据 GB/T 11351—1989《铸件重量公差》的规定进行检验。

③铸件的表面粗糙度。铸造表面粗糙度应按照 GB/T 15056—1994《铸造表面粗糙度评定方法》的规定进行表面粗糙度的检验。

④铸件缺陷的检验。铸件的表面缺陷一般靠目视检验，内部缺陷主要靠无损检验。

目视检验：检验人员根据各种铸件的技术条件或标准，以目视法或借助放大镜（ <10 倍）检验铸件外观品质，包括尺寸精度、形状偏差、表面粗糙度、表面缺陷等。

无损检验：无损检验的方法有渗透检验、磁粉探伤、超声波探伤和射线探伤等。

⑤铜合金压铸件的质量检验。铜合金压铸件质量的检验要按照 GB/T 15117—1994《铜合金压铸件》的规定进行检验。

如果用户需要评定品质等级时，可按照 JB/JQ 82001—1990《铸件分等通则》的规定，铸铜件的品质分等原则，进行等级评定。

162. 无氧铜氧含量分析的方法有哪些?

无氧铜氧含量的分析方法主要有化学法和金相法。

化学法采用高频脉冲加热红外吸收气体分析法，将试样融化直接测量一定质量的铜中的氧。采用棒状或块状样品，经制备后称量注入石墨坩埚，进入高频脉冲炉加热熔融，样品中的氧与石墨反应，生成一氧化碳，随载气（氦气或氩气）进入氧化铜炉氧化成二氧化碳，再进入红外检测器，通过检测二氧化碳的量，间接测定氧含量。该方法的主要特点是测量铜中的真实含氧量，但分析之前需使用含氧的标准样品校准仪器，标样中氧的含量与样品中氧的含量应相近。

金相法主要借助于金相显微镜判断氧在铜中存在的形态和量的大小。将试样制备好后，在氢气气氛下退火，随炉升温至 825 ~ 875℃，保温 20 min 以上，采用水淬或随炉冷却方式使试样冷却至室温，在显微镜下观察因含氧而导致起泡或开裂的程度，与 YS/T335 – 2009《无氧铜含氧量金相检验方法》所提供的标准图片比较，判断开裂级别。这一方法又称“裂纹法”。该方法的主要特点是操作简单，一次可以处理大批量试样，适合生产快速检验。

163. 铜合金铸锭宏观组织检查的作用和方法是什么？

宏观组织是指利用肉眼、放大镜或体视显微镜（≤30×）观察到的金属及合金所具有的组成物的直观形貌。宏观组织也称低倍组织，观察的分辨率一般为 0.15 mm。

（1）作用

宏观组织检验的作用是用以显示金属及合金的宏观组织、缺陷和不均匀性。可以提供：宏观组织结构方面的变化，如铸造制品的柱状晶、等轴晶、枝晶，加工制品的金属流线等；化学成分方面的变化，如偏析、夹杂等；铸造和加工制品的宏观缺陷，如气孔、缩孔与缩松、裂纹、冷隔、缩尾以及断口缺陷等。

（2）方法

检验的操作包括试样制备、试样浸蚀和组织检验。

试样制备：铸造制品在浇口端横向切取宏观试样，挤压制品在切尾后沿尾端横向切取宏观试样。一般情况下，试样被检验面均需铣削加工，粗糙度 Ra 不大于 3.2 μm。

试样浸蚀：一般采用 30% ~ 50% 的硝酸溶液为浸蚀剂，也可根据合金类别选择其他浸蚀剂。可采用浸入法或均匀浇上一层浸蚀溶液这两种方法。浸蚀过程中应不断擦去腐蚀产生的表面膜，浸蚀时间以清晰显示组织及缺陷为准。浸蚀后迅速用大量清水冲洗。

组织检验：用肉眼观察各部位，如遇可疑之处，可借助放大镜或体视显微镜检验，也可进一步做断口或显微组织分析。

有色金属行业标准 YS/T448—2002《铜及铜合金铸造和加工制品宏观组织检验方法》对这种检验方法进行了详细规范。

164. 铜合金铸锭微观组织检查的作用和方法是什么?

显微组织检验是指利用金相显微镜观察金属及合金内部组织、相组成、相变、化学成分分布、夹杂物及缺陷等。显微组织也称高倍组织，观察的分辨率一般为 0.2 μm。

检验的操作包括试样制备、试样浸蚀和组织检验。

试样制备：根据研究的需要选取有代表性的部位，试样尺寸一般为 ϕ10 ~ 15 mm 或(10 ~ 15) mm × 10 mm，对于具有小截面的加工制品，可视具体情况灵活截取。切取的试样应首先用锉刀锉去 1 ~ 2 mm 锉出一个平面，然后依次采用不同粒度的水砂纸磨光，通过粗磨和细磨使磨痕达到一致后进行抛光。抛光可采用机械抛光、电解抛光和化学抛光等方式，抛到试样表面平整无划痕为止。

试样浸蚀：抛光好的试样，根据检查目的选用适当浸蚀剂以显示其显微组织。浸蚀时，先用夹子夹住醮有浸蚀剂的脱脂棉球，轻轻在试样表面上擦试几下，使表面变形层溶去；然后一边在试样表面滴上浸蚀剂一边观察，待试样表面光泽变暗组织显示后，迅速用水冲去多余浸蚀剂，然后用少量酒精冲走残留水珠，用电吹风吹干试样。

组织检验：组织检验包括浸蚀前检验和浸蚀后检验。浸蚀前主要检验试样的夹杂物、裂纹、气孔等缺陷以及铜及铜合金中的部分组织；浸蚀后主要检验试样的组织。检验时一般先用低倍率(50 × ~ 100 ×)观察，对于有细微结构的组织，用高倍率作细致地观察分析。

有色金属行业标准 YS/T449—2002《铜及铜合金铸造和加工制品显微组织检验方法》对这种检验方法进行了详细规范。

165. 铜铸件水爆清砂的原理是什么？工艺怎样制定?

水爆清砂法在铸钢件的清理中已得到普遍应用，生产实践证明对铸铜件的清理也很适用。

(1)原理

将带型芯和型砂的铸件，在高温下吊入冷水池中，这时冷水渗入型芯和型砂内，在铸件的高温作用下迅速汽化而将型芯和型砂爆出铸件外，达到清砂的目的。

(2)工艺过程控制

①铸件温度：这是水爆清砂最重要的工艺参数。一般地说，温度越高，越容易引起水爆，但铸件容易产生裂纹；温度低了，铸件安全，但不易引起水爆。温度控制在250~500℃为宜。

薄壁复杂件和湿型铸造件选用下限温度，厚壁简单件可选用上限温度。硅黄铜在400~500℃范围容易引起热裂，应选用下限温度。铝青铜具有自行退火的特性，采用上限温度可减轻自行退火的程度，提高机械性能。

铸件温度可用测温笔、表面温度计或热电偶来测定，工艺稳定后可以经验判断。

②水温：水温过高，水爆率下降，控制在40℃以下为宜。

③铸型：型芯中心放入焦炭或多留通气孔，增加进水空隙，则会提高水爆率。

④操作：铸件进水前敲击芯骨，进水后撞击水池壁或将大小和复杂程度不同的铸件一起装入铁篮里进行水爆，都能提高水爆率。

5.2 铜及铜合金铸锭质量控制及回收

166. 铜合金铸锭化学成分废品的主要原因是什么?

出现化学成分废品，大都因混料和熔炼操作不当造成。如：①配料错误(包括配料计算、补偿冲淡、原料使用不当、混料等)；②取样无代表性(如在搅拌不均、熔体温度低或炉料未化完时取样)；③炉前快速分析错误；④工频有铁芯炉变料时起熔体重量估算不准确；⑤覆盖不严或熔炼时间过长，造成易挥发、易氧化元素损失过多；⑥高温下炉衬参与反应或洗炉不净、铁制工具熔化等原因使杂质增多；⑦覆盖剂选用不当，如长期使用米糠作覆盖剂易造成增磷；⑧操作顺序不合理等。

167. 铜合金铸锭缩孔、缩松产生的原因是什么？有哪些防止措施？

（1）缩孔、疏松的特征和产生原因

金属在凝固过程中，发生体积收缩，熔体来不及补充，出现收缩，称为缩孔或疏松（缩松）。容积大而集中的缩孔称为集中缩孔，细小而分散的缩孔称为疏松（缩松），其中出现在晶界和枝晶间的缩松又称为显微疏松。缩孔表面多参差不齐，近似锯齿状，晶界和枝晶间的缩孔多带棱角，有些缩孔常为析出的气体所充填，孔壁较光滑，此时的缩孔也是气孔，缩孔内往往伴生低熔点物。

典型图片如图5－3～图5－7所示。

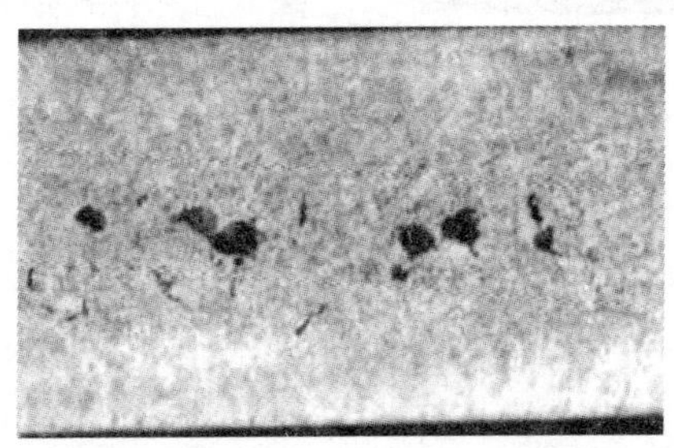

图5－3　HPb59－1　1/3×

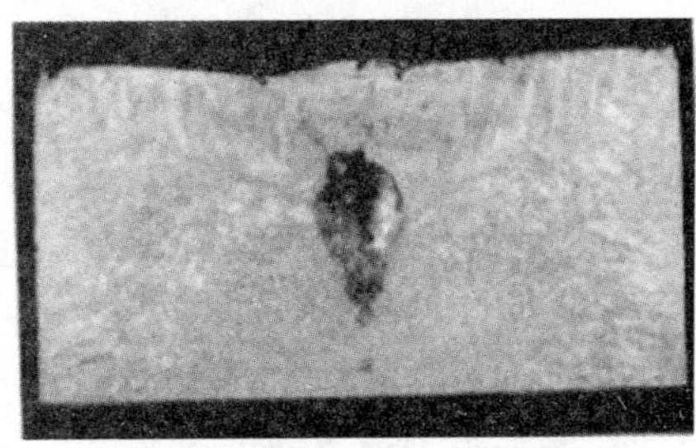

图5－4　QSn4－4－2.5　3/4×

图5－5　QSn6.5－0.1　1/2×

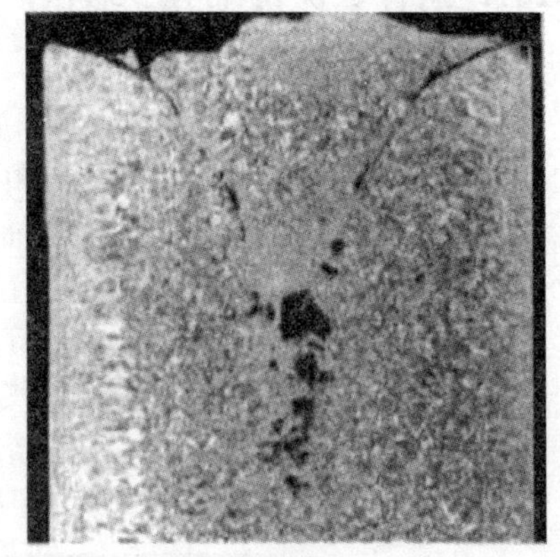

图5－6　HMn58－2　1/4×

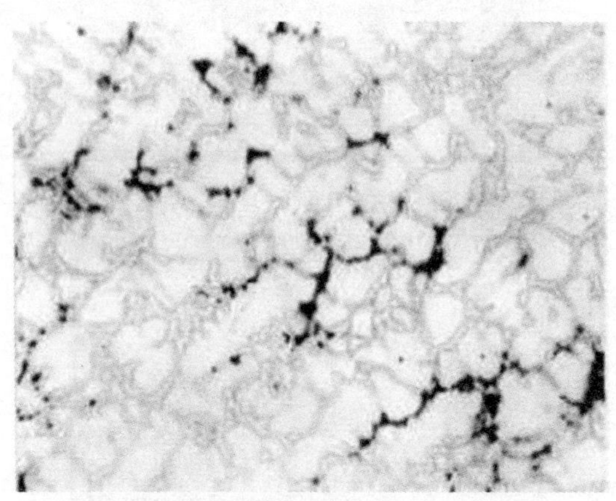

图5－7　QSn6.5－0.1　50×

（2）疏松的产生原因与防止措施

疏松缺陷的产生除了与铸造工艺有关外，主要与合金的性质有关。合金的结晶温度范围大，树枝状结晶倾向明显时，有利于疏松缺陷的发生。当然，不当的铸造方法，例如锡磷青铜在铁模或水冷模铸造时疏松缺陷很难避免，而直接水冷半连续铸造时疏松缺陷可以大大减轻，甚至可以得到消除。

疏松缺陷的存在，将导致铸锭密度和机械强度的降低。

避免铸锭疏松的主要措施：① 强化铸锭的冷却，细化铸造结晶组织；②促进顺序化凝固和结晶条件，创造良好的补缩条件；③采用振动铸造技术或电磁搅拌，不断破坏大树枝状晶的形成条件。

(3)缩孔的产生原因与防止措施

半连续铸造和连续铸造过程中，自下而上冷却并凝固的结果，如果有缩孔出现则应该位于铸锭的浇口部位，通常称为集中缩孔。如果操作不当，在铸锭内部也有可能产生分散的缩孔。

避免铸锭缩孔的主要措施：①适当降低浇注温度和铸造速度；②合理分配结晶器内液体金属，例如减少导流管埋入液体中深度，或采用多孔分流熔体形式；③补口。铸造结束前，应该适当降低铸造速度、冷却强度。停止引拉铸锭以后，应及时向铸锭浇口中补充高温熔体，直到浇口中熔体完全凝固为止；④改进结晶器设计，例如适当减低结晶器高度。

168. 铜合金铸锭气孔产生的原因是什么？有哪些防止措施？

金属在凝固过程中，气体未能及时逸出而滞留于熔体内形成气孔。

气孔一般呈圆形、椭圆形或长条形，单个或成串状分布，内壁光滑。气孔主要分为内部气孔与皮下气孔。气孔缺陷的典型图片如图 5－8、图 5－9 所示。

(1)内部气孔

产生气孔的主要原因在于熔体中含气量多。熔体中气体除了可能来自熔炼方面原因以外，铸造过程中亦有可能造成气体的增加。

避免铸锭内部气孔的主要措施：①改善熔体质量，强化熔体的脱氧及除气精炼；②铸造开始前，认真烘烤中间包、导流管或漏斗及结晶器、引锭器等铸造工具；③认真烘烤铸造用覆盖剂或熔剂；④适当降低浇注温度；⑤适当减少导流管或漏斗埋入液面下的深度；⑥适当减少液面覆盖物层厚度，及时捞除结晶器内金属液面上的浮渣。

(2)皮下气孔

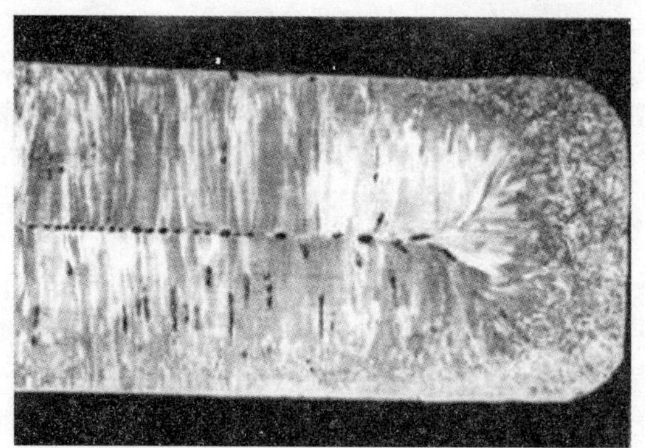

图 5-8 T2 中心气孔 1/3×

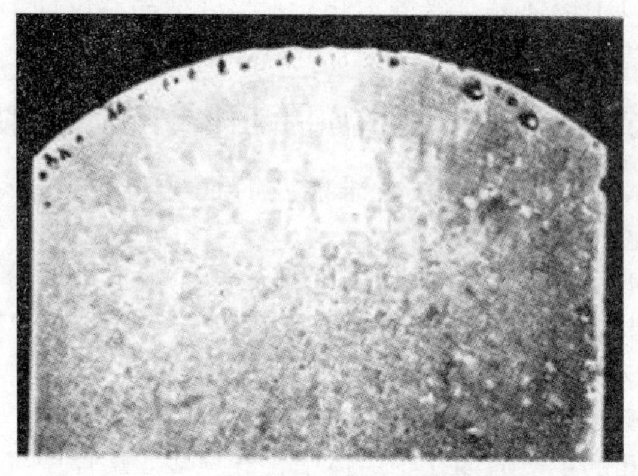

图 5-9 BAl13-3 皮下气孔 1/3×

铸锭的皮下气孔，多是由于铸造过程中从铸锭与结晶器壁之间的缝隙中返水所致。有时，这种气孔直通铸锭表面。

避免此类气孔的主要办法是适量减低冷却水的压力。必要时，改进结晶器设计，适当缩小结晶器二次水的喷射角度。

169. 铜合金铸锭裂纹产生的原因是什么？有哪些防止措施？

铸锭裂纹分为表面裂纹与内部裂纹两大类。表面裂纹分为表面横向裂纹和表面纵向裂纹两种；内部裂纹分为中心裂纹、晶间裂纹和劈裂 3 种。裂纹的形态各异，种类繁多。典型图片如图 5 - 10 ~ 图 5 - 14所示。

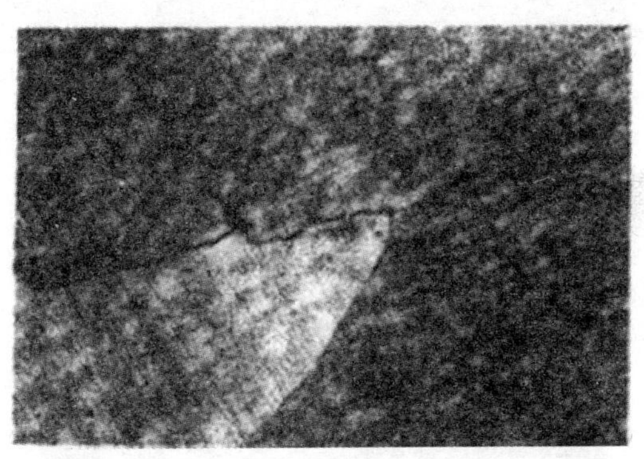

图 5 - 10　T3 晶间裂纹　70 ×

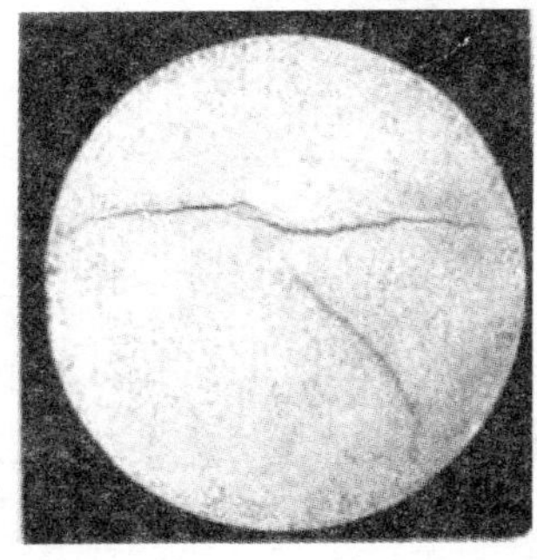

图 5 - 11　BZn15 - 20 中心热裂纹 1/2 ×

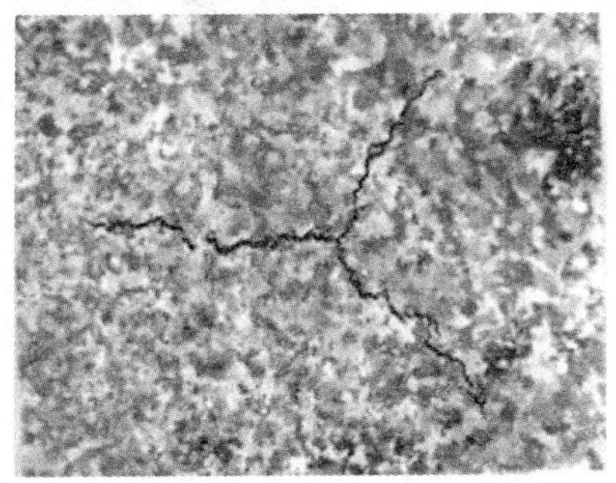

图 5 - 12　HAl66 - 6 - 3 - 2 应力冷裂纹 2/3 ×

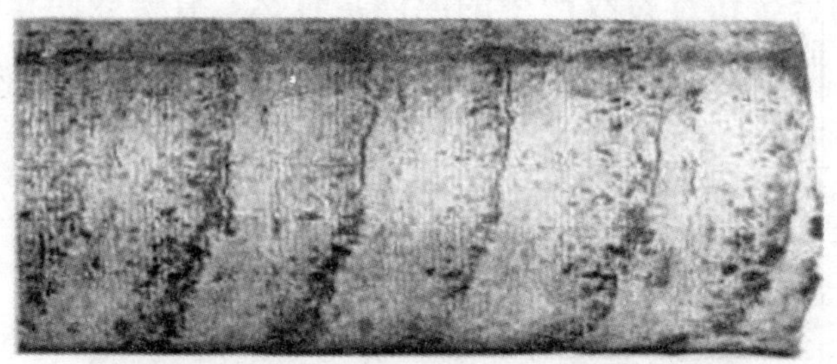

图5－13　H62表面横裂　1/2×

图5－14　QMn14－8－3－2劈裂　1/8×

（1）表面横向裂纹

产生铸锭表面横裂的直接原因是：铸锭通过结晶器时，铸锭表面受到的摩擦阻力大于铸锭表面的强度。铸锭表面的光洁度和结晶器工作表面的光洁度，以及铸锭自身材料的高温抗拉强度，是导致铸锭表面横裂能否产生的主要原因。铸锭表面粗糙，甚至有夹渣缺陷，往往助长横向裂纹发展。铸造复杂黄铜时，结晶器工作表面上氧化锌等凝结物较多时，无疑将加大铸锭在结晶器内滑动的阻力。

水平连铸过程中，铸锭自重效应的结果，使铸锭下表面与结晶器之间的间隙小于铸锭上表面与结晶器之间的间隙，铸锭的表面裂纹多半发生在铸锭的下表面。

避免铸锭表面横裂的主要措施：①始终保持引锭器与结晶器的同一中心性；②经常清理结晶器，始终保持其光滑的工作表面；③加强润滑，保证铸锭通过结晶器时顺畅；④采用结晶器振动铸造技术。

(2)表面纵向裂纹

产生铸锭表面纵裂的直接原因是：铸锭表面局部温度过高。在结晶器内或者铸锭离开结晶器时，由于铸锭表面的某一局部温度高于其他部位，致使该局部表面抗拉强度将低于其他部位抗拉强度。铸锭表面温度不均匀分布的结果，在温度最高点形成了裂纹发生的条件。

避免铸锭表面纵裂的主要措施：①适当降低浇注温度，或适当降低结晶器内金属液体控制水平；②强化结晶器的一次冷却强度，减小铸锭表面与结晶器之间的间隙；③及时清除结晶器铜套外表面水垢（结晶器外套表面的水垢层严重降低热导效率）；④经常检查结晶器出水孔，防止局部阻塞（二次冷却水分布不均匀，造成了铸锭断面上温度场的不均匀）；⑤保持导流管或漏斗孔端正，防止偏斜，造成液穴形状异常；⑥改进结晶器设计。

(3)中心裂纹

中心裂纹，指在铸锭中心部位附近发生的宏观裂纹。产生中心裂纹的主要原因在于铸锭的内外温差大，铸造应力集中到了最后凝固的部位。

避免中心裂纹的主要措施：①适当降低浇注温度，或铸造速度；②严格控制化学成分，尽可能减少某些有害杂质元素的含量；③改进结晶器设计，适当提高结晶器高度，或适当减小对铸锭的冷却强度。

(4)晶间裂纹

晶间裂纹，指存在于铸锭内部晶界的微小裂纹。产生晶间裂纹的主要原因在于晶界附近集聚了某些低熔点物相。晶粒比较大时，往往晶界上集聚了较多的低熔点物质，发生晶间裂纹的可能性更大。实际上，中心裂纹的产生也多数起源于晶间裂纹。

晶间裂纹产生的原因及避免措施，基本上与中心裂纹相似。但是，细化结晶组织更有利于避免晶间裂纹。

(5)劈裂

由热应力及热应力残余引起的铸锭碎裂现象，称为劈裂。

劈裂多在温度较低情况下发生。

产生劈裂的主要原因在于合金自身性质。化学成分复杂，导热性能差，或者中温塑性比较低的合金在直接水冷半连续铸造时容易发生。

防止劈裂的主要措施是降低铸造温度、冷却强度和铸造速度，采用红锭铸方法，尽量降低热应力。

170. 应力与裂纹有什么样的关系？

铸造生产中常见的裂纹有热裂（结晶过程中产生的）与冷裂（凝固后的冷却过程中产生的）两种。两种裂纹各有其特征：前者多沿晶界裂开，裂纹曲折而不规则，有时还有分枝裂纹，裂纹多分布在铸锭最后凝固的区域或靠近这些区域。后者多产生在温度较低的弹性状态下，常穿过晶粒内部，裂纹较规则，有的冷裂是以热裂为基础转变而来的。

铜、镍及其合金在铸造生产中出现的裂纹多为热裂纹，其产生原因与铸造应力密切相关。随着铸造方法的不同，引起裂纹的主要应力也不一样。当采用铁模及水冷模铸造时，所出现的裂纹大多数是由于受机械应力的影响；而采用直接水冷连续铸造时，则往往由于铸锭内外层温度梯度大，从而产生的收缩应力也大，所以使铸锭产生裂纹的应力主要是收缩应力。至于相变应力，对于大多数铜、镍合金来说，不管采用什么铸造方法，它对裂纹的影响较小。

影响热裂纹的因素：①金属或合金本身的热脆性；②凝固线收缩率大小；③金属或合金在固液区内的抗拉强度及伸长率的高低；④杂质含量及分布情况；⑤铸造工艺及设备、工具情况；⑥冷却强度大小。

防止产生热裂的基本方法：①调整合金中的主成分及限制杂质含量；②加入微量变质剂细化晶粒或使晶界某些易熔物变为高熔点化合物；③搞好脱氧去气等精炼工作；④降低铸造温度；⑤改变供流方式，如由一点供流改为向铸锭周边均匀导入金属熔体；⑥降低铸造速度、减少冷却强度；必要时采用红锭铸造；⑦力求使铸锭各部分冷却均匀；⑧适当增加结晶器的长度。

171. 铜合金铸锭夹杂产生的原因是什么？有哪些防止措施？

金属夹杂指不溶于基体金属的各种金属化合物初晶及未熔化完的

高熔点纯金属颗粒以及外来异金属。夹杂在金属基体内有一定的形状和颜色，常见的有：点状、球状、不规则块状以及针、片状等，经浸蚀后，颜色与基体有较大差异。

金属夹杂多产生在那些含高熔点元素的铜合金中，特别是当铁、铬、铌等以纯金属作为炉料时，在铸锭内部最易出现灰黑色的金属夹杂块，如图 5 - 15、图 5 - 16 所示。

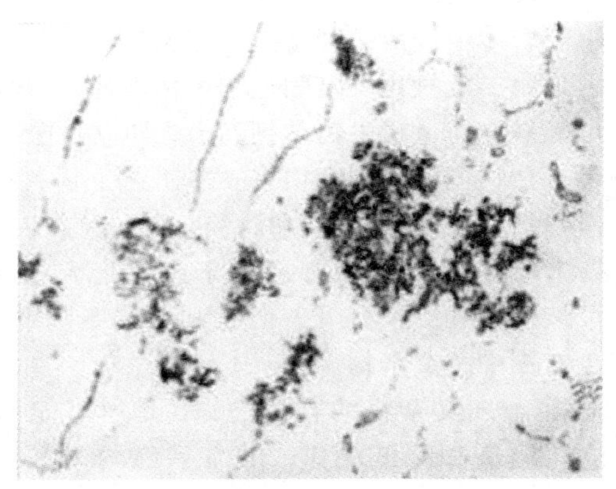

图 5 - 15　QAl9 - 4 富铁夹杂　200 ×

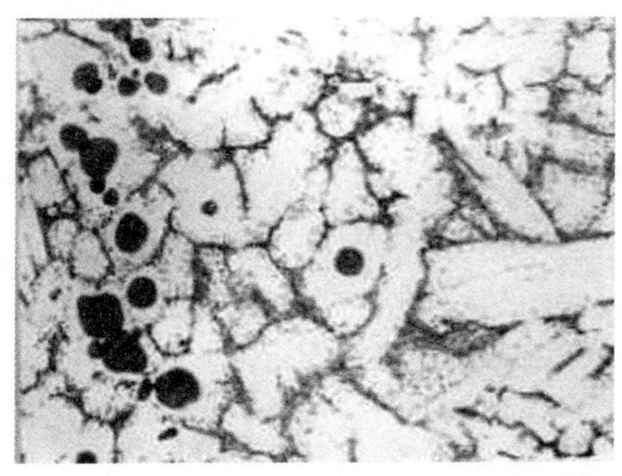

图 5 - 16　QCr0.8 富铬夹杂　150 ×

防止金属夹杂的措施有：制定适当的熔炼温度，保持适当的高温时间，以保证合金中高熔点元素充分熔化；高熔点元素可制成中间合金形式加入；精心操作，避免外来金属掉入熔体中等等。

非金属夹杂包括氧化物、硫化物、碳化物、熔剂、熔渣、涂料、炉衬碎屑以及硅酸盐等。非金属夹杂物可以球状、多面体、不规则多角形、条状、片状等各种形式存在于晶内、晶界及铸锭局部区域内。

非金属夹杂物按其来源可分为一次非金属夹杂和二次非金属夹杂两类。前者是由于熔体中残留的高熔点氧化物等微粒形成的，后者是在浇注过程中由金属二次氧化及凝固过程中由溶质元素偏析并化合而形成的。还有可能是浇铸过程中覆盖剂卷入，如硼砂熔剂夹杂。

影响非金属夹杂物形成的因素很多。从工艺上讲，铁模铸锭生产时，若流柱长、浇速快，易产生飞溅和涡流，则二次夹杂会增多；连铸时，液穴深或浇注管埋入液穴过深，不利于夹杂上浮，会使夹杂增多。提高浇注温度虽然会增加二次氧化，但有利于夹杂物的聚集和上浮，因而有利于减少铸锭中的夹杂物。

防止和减少非金属夹杂物的有效措施，是尽可能彻底地精炼去渣，适当提高浇铸温度和降低浇速，供流平稳均匀，工模具保持干燥等。

172. 铜合金铸锭偏析产生的原因是什么？有哪些防止措施？

化学成分的分布不均匀现象，称为偏析。通常所见的偏析有 3 种类型：晶内偏析、成分偏析和区域偏析。

(1) 晶内偏析

晶内偏析在凝固温度范围较大的固溶体合金中较为突出，其成因是由于合金在凝固温度范围内进行选分结晶的结果，使先后形成的结晶层成分浓度不一致。图 5 - 17 是 BAl13 - 3 晶内偏析的图片。

为防止晶内偏析，可以采取以下措施：细化晶粒，以减少晶内成分的偏差；加大冷却速度；进行均匀化处理等。在铸造机上附加振动装置或辅以电磁场，都有打碎枝晶、细化晶粒、减少偏析的作用。

(2) 成分偏析

成分偏析主要是由于金属液中各组成物间的密度差较大，在冷却较慢时产生了上浮或下沉而造成的。它的产生与合金性质，冷却速

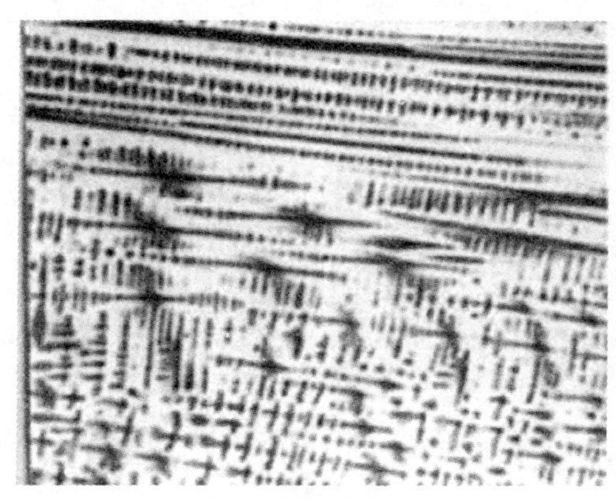

图5-17 BAl13-3枝晶偏析 100×

度，初晶的密度、形状和大小，铸造工艺等有关。冷却速度越小，初晶的密度越小，尺寸越大，液固两相的相对运动速度越大，越有利于初晶的上浮。在铸造温度高、铸造速度快、冷却速度较小的铁模中铸造时，会促进成分偏析。此外，在凝固过程中有气体析出时，也可使密度较小的初晶随着气体上浮。

为防止成分偏析，可采取以下措施：铸造前加强搅拌；降低铸造温度和铸造速度，加大冷却强度。

(3)区域偏析

区域偏析可分为正偏析和反偏析两种造型。正偏析主要是在定向凝固和冷却速度较小的条件下进行选分结晶的结果。凝固过程中，体积收缩形成的较大压力差和粗大枝晶间孔隙构成的毛细管力联合作用以及其他原因而引起(锡磷青铜)反偏析。铜合金中最典型的反偏析合金为锡磷青铜，严重时铸锭表面出现大块状偏析瘤，这种偏析瘤表面呈灰白色，俗称“锡汗”。典型图片如图5-18~图5-21所示。

影响区域偏析的主要因素是：合金成分及结晶温度范围、体收缩系数、导热性、冷却速度、铸锭尺寸和形状、铸锭工艺等。防止反偏析措施有：加大冷却强度，促进在结晶前沿过渡区的区域凝固，细化晶粒；采用振动铸造；结晶器镶石墨内套等。

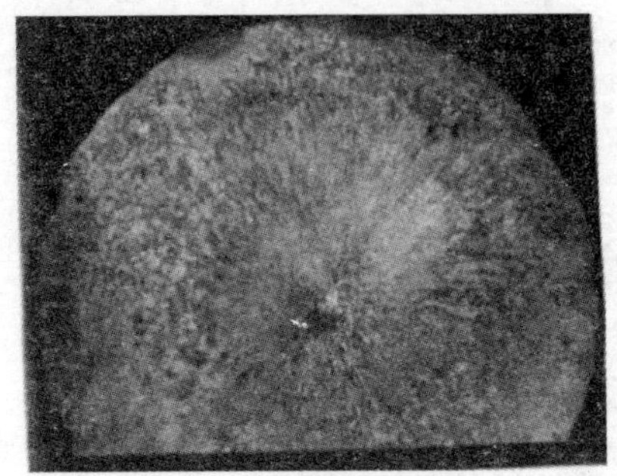

图 5－18 QSn6.5－0.1 表面反偏析区 2/5×

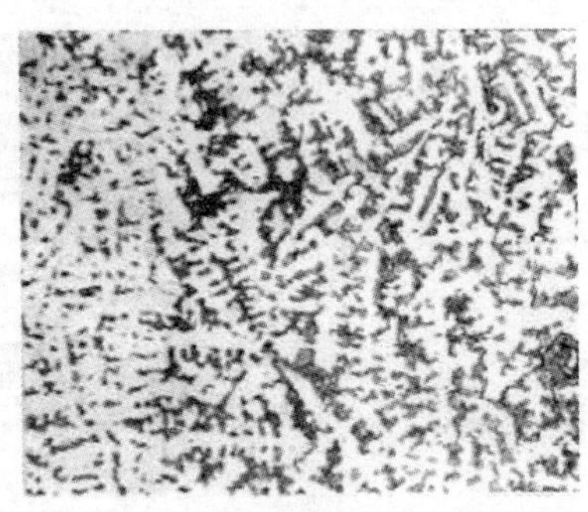

图 5－19 QSn7－0.2 表面偏析瘤 2/3×

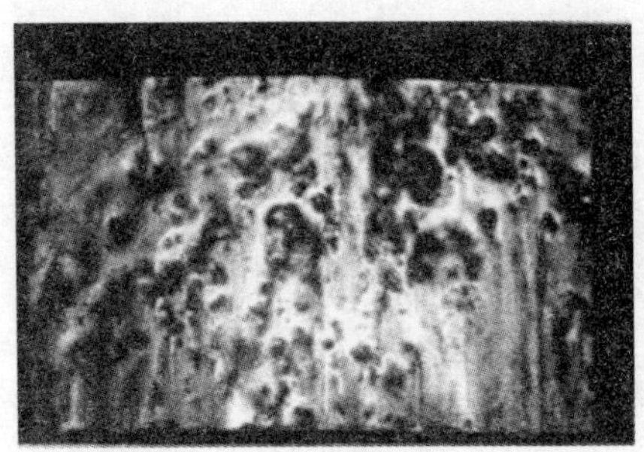

图 5－20 QSn7－0.2 反偏析过渡区组织 50×

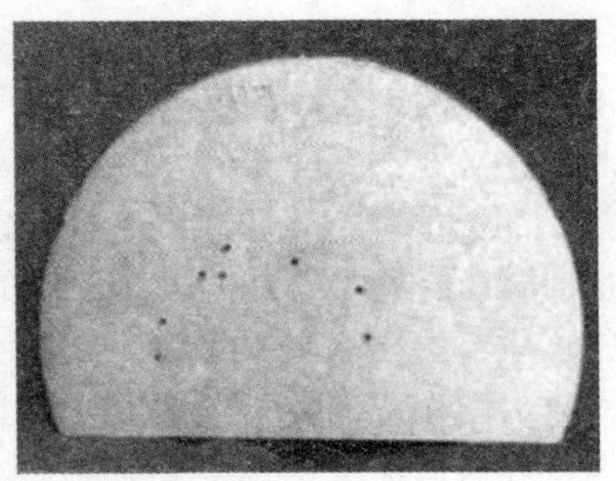

图 5－21 QSn10－1 1/2×
锡偏析点

173. 铜合金铸锭晶粒细化的方法有哪些?

细小等轴晶组织各向异性小，加工时变形均匀，且使易偏聚在晶界上的杂质、夹渣及低熔点共晶组织分布更均匀，因此，具有细小等轴晶组织的铸锭，其机械性能和加工性能均较好。铜合金细化晶粒的方法主要有：

（1）增大冷却强度

增大冷却强度的主要方法是采用水冷模和降低浇注温度。水冷模冷却强度大，金属浇入模子能迅速形成稳定的凝壳，加之模壁的强烈定向散热作用，故易得到细长的柱状晶，但由于游离晶数目少，因而铸锭中心往往没有或很少有等轴晶。对于小型铸锭，采用水冷模可增大金属液的过冷度，能得到全部为细小柱状晶组织，甚至全部为细小等轴晶组织。对于导热性差的大型铸锭，锭模的冷却作用仅影响铸锭的外层，对铸锭中心晶粒的细化作用不明显，此时适当降低浇注温度，可在一定程度上使晶粒得到细化。

（2）加强金属液流动

等轴晶的形成与晶粒或枝晶的脱落及游离有着密切的关系，随着流动的加强，金属液能更好地与模壁接触，有效地发挥模壁的激冷效果，温度起伏和对流的冲刷作用，增加游离晶的数目。

①结晶器振动

振动的主要作用在于使金属液与模壁或凝壳之间产生周期性的相对运动，从而加速晶体的游离，达到细化晶粒的目的。结晶器的振动方式见本书第 118 问。

铜合金水平连铸还采用间隙拉铸法。在停拉期间，由于高温金属液的加热作用，凝壳不稳定，并因拉－停造成液体波动和温度起伏，促进枝晶脱离凝壳或结晶器，因而促进等轴晶的形成和细化。间隙铸造法见本书第 119 问。

②搅拌

搅拌的方法有机械搅拌和电磁场搅动两种，其作用和效果等同于振动。为了获得细小的等轴晶，最好周期性地改变搅拌方向或速度，以避免搅拌引起的强制对流，抑制铸锭内外层间的自然对流和温度起伏而不利于枝晶的游离。

（3）变质处理

变质处理主要是为了细化基体相，并改善脆性化合物、杂质及夹渣的形态和分布。通过变质处理，可改善合金的铸造性能和加工性能，提高合金的强度和塑性。铜合金常用的变质剂见本书第 78 问。

174. 铜合金铸锭表面夹渣产生的原因是什么？有哪些防止措施？

铸锭表面夹渣是指铸锭表面夹有熔渣、金属氧化物、保护介质残留物等异物的现象。

合金组元中易氧化的元素含量高，铸造时熔体中容易大量氧化而生渣，并导致流动性降低由此而引起液面波动，极易造成铸锭表面夹渣缺陷。铸造时采用熔融硼砂作覆盖剂时，若硼砂质量不好亦可导致硼砂夹杂。

避免表面夹渣的主要措施：①浇注系统应能保证保温炉熔渣不进入结晶器中；②对结晶器中液体金属给以良好的保护，以防氧化和造渣；③浇注时应使结晶器内金属液面保持稳定，防止液面波动、扰动、翻腾；④及时、稳妥地清除结晶器内金属液面上的浮渣；⑤采用新型保护性铸造熔剂，例如熔融硼砂；熔剂应充分烘烤干燥、粒度合适，操作平稳；⑥采用结晶器振动铸造技术。

175. 铜合金铸锭表面冷隔产生的原因是什么？有哪些防止措施？

铸锭表面冷隔是指铸锭表面的折叠现象。如图 5－22 所示。产生冷隔的直接原因是结晶器内金属液面温度低。

铸造过程中，结晶器内金属液面采用气体保护，或者没有任何介质保护时，例如采用还原性气体保护，铸造紫铜或者敞开液面铸造铝青铜铸锭时，随着金属液表面温度的不断降低，金属液表面张力越来越大。当金属液表面膜向结晶器壁的移动不能与铸造速度同步时，表面膜厚度开始增加甚至出现冷凝现象。在随后内部液体金属静压力的推动下，几乎呈半凝固状态的液面表面膜才被迫向结晶器壁方向滚动，可是此时皱皱巴巴的表面膜已无法被平展开来，反而被叠压在表层。完全暴露的表面冷隔并不十分可怕，可怕的是冷隔深入了铸锭的表层。

图 5－22　T2 表面冷隔　1/3×

避免冷隔的主要措施：①适当提高浇注温度或铸造速度；②保持

结晶器内金属液面的稳定，避免液面波动；③适当降低导流管或漏斗埋入结晶器内金属液面下的深度；④适当提高结晶器内金属液面水平；⑤保持结晶器内金属液面一定的温度，例如采用炭黑保护结晶器中液体金属；⑥改进结晶器设计，例如适当增加结晶器高度，或加大结晶器上部缓冷带。

176. 怎样防止铸锭弯曲、尺寸超差及偏心缺陷？

（1）铸锭弯曲

铸锭纵向轴线不成一条直线的现象称弯曲。

铸锭产生弯曲的原因：①结晶器安装不正或固定不牢，铸造时错动；②铸造机导轨不正或固定不牢，铸造时底座移动，盖板不平使结晶器歪斜；③结晶器变形，锥度不正或光洁度差；④开始铸造时，由于底部跑瘤子，使底部局部悬挂。

针对铸锭弯曲产生的上述原因，可采取以下预防措施：①结晶器应定期维护检修，影响使用的结晶器及时报废；②结晶器托板应平直，铸造前应保证结晶器安装平稳牢固；③铸造机导轨垂直度应符合要求，并固定可靠；④铸造前，托座与结晶器之间用石棉绳塞好。

（2）铸锭尺寸超差

铸锭的实际尺寸不满足所要求的尺寸，称为铸锭尺寸不合格。

预防措施如下：①结晶器应设计合理，预先考虑到铸锭冷却收缩量；②定期维护检修结晶器，以免结晶器变形或长期使用磨损过大；③确保铸造机行程指示器正常工作，以免由于其测量不准、损坏或失灵，不能正确指示铸造长度；④定期维护检修电器、机械设备；⑤严格遵照熔铸工艺制度，铸造温度不可过高或过低；

（3）铸管偏心

铸造空心锭时，应正确装配芯子。芯子偏斜或结晶器固定不牢，也会造成铸管偏心。

铸造管坯偏心防止措施如下：①结晶器应装正，不能偏斜。水平连铸管坯时，结晶器在出铜口位置（炉前窗）应保证水平安装定位；半连续立式铸造管坯时，结晶器在托板上应保证垂直安装定位；②结晶器设计应合理，保证芯子与外套之间可靠地连接，芯子不能偏斜；③铸造机下降时应平稳。

177. 砂型、金属型铸造的铸件缺陷有哪些？怎样预防？

(1)气孔

分布于铸件内部、表面或近于表面处，大小不等洁净而光滑的孔眼。形状有圆的、长的及不规则的，直径大于2～3 mm，分布不均匀，是气孔的特点。形成气孔的物理过程为在浇注时和在浇注后有空气、水蒸气或其他气体混入合金液中而引起。

1)产生原因：①型砂成分不对，水分、黏土及细颗粒砂含量过高或装的过紧，透气性不良。②砂型或型芯没留出气孔，或出气孔被堵塞。③型芯干燥未透。④芯头出气孔灌入铜液。⑤浇注不当或浇注系统设计不当，卷入空气。⑥铸件在砂型中的位置不当，即不利于气体排出。⑦冷铁表面有锈、潮湿或敷料脱落。⑧金属型涂机油过多，模温过高或过低，通气不良。⑨浇注温度过低。

2)防止措施：①严格控制造型材料成分，特别是水分含量不能过高。②多留气孔，注意出气孔不能触及模型，也不能离模型过近，以免造成夹砂缺陷。③干型需烘透。烘干温度：砂型200～350℃；油类黏接剂型芯200～240℃；沥青及焦油类220～240℃；水溶性黏接剂160～180℃。④浇注速度不能过快，液柱要短，并无断流现象，浇注系统设计要能保证合金平稳流入铸型。⑤铸件的加工面朝下；浇注时斜放铸型，使气体易沿斜面进入冒口或出气孔。⑥冷铁无锈和水气，控制好敷料的烘干湿度，将其中的挥发物烘掉而不使敷料脱落。⑦金属型温度要适当，锡青铜80～120℃，黄铜和无锡青铜150～250℃。⑧金属型要涂涂料，气体不易排出的位置可用通气塞将气体引出。

(2)缩孔、缩松

缩孔分布在铸件肥厚断面或热节部位的内部及表面，形状不规则，孔内粗糙不平，并看得见粗大晶粒，一般产生于结晶温度间隔窄的黄铜和无锡青铜中。

缩松主要分布在铸件壁的中心处，微小而不连贯的孔隙，聚集在一处或多处，晶粒粗大，一般出现在结晶温度间隔宽的锡青铜。

1)产生原因：①浇注系统设计不当。②冒口尺寸过小。③冷铁位置不当，破坏了顺序凝固和冒口的补缩作用。④浇注温度过高或过低。⑤浇注速度过快或过慢。⑥金属型工作温度过高，涂料不均匀。

⑦铸件结构不合理。

2)防止措施：①内浇口设计力求使热量分布均匀，避免砂型局部过热。②冒口尺寸适当，并保证它在最后凝固。③在采用底注浇口时，用冷铁激冷下部，由冒口补加铜液以建立自下而上的凝固方向。④冒口与冷铁配合得当，冒口下部不能随意放冷铁，防止堵塞冒口的补缩通道，在靠近冒口处适当加厚铸件也能达到这个目的。⑤当底注时浇注速度不宜过慢，以防铸型下部过热，妨碍顺序凝固，相反在顶注时浇注速度又不宜过快。⑥铸件较薄，且厚薄相差不大，或对难以达到顺序凝固和补缩的锡青铜件，可按同时凝固原则设计浇冒口系统。⑦降低金属型工作温度，加速冷却铸件。⑧设置暗冒口或冷铁芯子，以避免金属型个别部位过热。

(3)夹渣(渣眼)

在铸件内部或表面形状不规则的孔眼，里面全部或部分充塞着渣，有聚在个别部位的，也有尺寸微小高度分散在铸件所有部位的(后者多为氧化性夹杂，危害更大)。产生原因为熔渣或金属氧化物进入铸型所致。

1)产生原因：①熔炼合金时加料顺序不对，致使生成大量难除氧化物，如 SnO_2、Al_2O_3 和 SiO_2 等。②脱氧不彻底。③浇注系统设计不当或浇注工艺未控制好，造成铜液喷溅或乱流，导致二次氧化。④熔渣没有除尽，由浇包卷入铸型。⑤浇注系统撇渣能力低。

⑥浇注温度过低，熔渣浮不上来。

2)防止措施：①严格按合理的加料顺序加料，如加入锡、钼或硅之前，铜液需先进行脱氧，或在加入具有脱氧作用而又较易由铜液除去其氧化物的合金(如 Zn、Mn 等)之后加入。②进行精炼处理(如对铝青铜和铝黄铜)。③在较高的过热温度下脱氧，并仔细搅拌。④在浇注无锡青铜和黄铜时液流要短，采用底注、过滤网、开放式浇口，防止二次氧化。⑤采用低压铸造。⑥提高浇注系统的撇渣能力，防止熔渣进入铸型。

(4)裂纹

分热裂和冷裂两种，热裂是在结晶过程中在高温下产生的，沿晶粒边缘裂开，并带氧化皮。冷裂是已完全凝固的金属在进一步冷却过程中产生的，特征是裂开表皮光滑，无氧化表皮。

1)产生原因：①铸件上有厚薄突然转变的交接处，且其过渡处圆角半径太小。②铸件补缩不足，冒口过小先凝固，收缩时反将铸件拉裂。③砂型和型芯热强度高，退让性差，砂型、型芯、冷铁和芯骨妨碍铸件收缩。④落砂过早或水爆温度过高。⑤冷铁放置不正确。⑥浇注温度过高。⑦合金杂质含量过高。⑧金属型工作温度过低，冷却过快，起模斜度过小。

2)防止措施：①正确设计铸型工艺，冒口和冷铁的位置、尺寸适当，保证充分补缩。②铸件厚薄过渡处的圆角半径，在技术条件允许的范围内适当加大。③内浇口分布尽量分散，是热量分布均匀，边冒口要靠近铸件。④对厚壁铸件要适当降低浇注温度。⑤型芯内的整圈冷铁，要分成几块，每块之间要有一定的间隙，并用型砂填补，芯骨不应妨碍铸件的自由收缩。⑥提高型砂的压溃性，不随意过量加入黏土。⑦正确掌握开箱。落砂和水爆时间及温度。⑧控制合金的杂质含量。⑨提高金属型工作温度，增加拔模斜度，保证自由收缩。

(5)浇不足、冷隔

金属液没完全充满铸型而产生的缺陷称为浇不足，如有些部分没有浇到，或铸件的外缘不清晰等现象。冷隔是金属液流未完全融合的缝隙或洼坑，其交接边缘是圆滑的。

1)产生原因：①浇注温度过低，浇注速度太慢，浇注时合金液中断或漏箱。②铸型太湿，透气性差或缺少出气孔。③浇注系统设计不当。④金属型工作温度太低。⑤金属型涂料脱落或通气不良。

2)防止措施：①正确选择浇注位置和设计浇注系统。②浇注系统尺寸应保证金属液流入铸型的最小线速度下获得最大体积充满速度。③在浇注过程中避免断流现象。④对薄壁铸件和流动性差的合金，适当提高浇注温度和浇注速度。⑤对锡青铜的薄壁复杂件，可采用多层分散浇口。⑥适当提高金属型工作温度和脱料层的厚度，开好除气槽。

(6)偏析

铸件各部分的化学成分、金相组织及性能不一致的现象。有枝晶偏析、成分偏析和区域偏析3种。

1)产生原因

①枝晶偏析：在铸造条件下冷却速度总比平衡条件下快很多，因

此无法避免，且在锡青铜中这种偏析组织对耐磨性反而有益处。

②成分偏析：合金搅拌不够，浇注温度过高，冷却速度过慢或没加入防偏析的元素所造成的，主要产生在铅青铜中。

③正(区域)偏析：铸件壁太厚，浇注温度过高或冷却速度过慢所造成，主要发生在硅黄铜中，含硅高的成分集中在铸件厚大部位中心处。

④反(区域)偏析：合金未除尽气体，浇注温度过高或冷却速度过慢所造成的。常发生在锡青铜、磷青铜和铅青铜。

2)防止措施

危害大而又经常遇到的是反偏析和成分偏析。

反偏析(俗称冒汗、发胀)的防止方法：①对锡青铜、磷青铜和铅青铜，在氧化性或微氧化性气氛下熔炼，以防止吸氢。②加入 2% ~ 3% 氧化性熔剂处理铜液，去除氢气。③磷青铜和铅青铜应以低温浇注，并在厚大部位设置冷铁。锡青铜的浇注温度不宜过低，如果过低，晶粒变大，降低机械性能。④降低金属型工作温度。

成分偏析的防止方法：

①浇注前充分搅拌合金，低温浇注，加速冷却。如用 NQPb－30 这样的高铅青铜铸造轴瓦时喷水和压缩空气所造成的水雾来加速冷却。

②加入有防偏析效果的元素，通常加入 Ni、Sn 和 S 等。各种元素的防偏析效果如下：

Ni：对含有 35% Pb 的铅青铜加入 0.2% ~0.5% Ni 便能基本防止 Pb 的偏析。

Sn：通常加入量在 2% 以下。在含 20% ~30% Pb 的合金中加入 5% ~10% Sn，则 Pb 成球状，在砂型中能获得均匀的组织。

Mn：防偏析效果接近 Sn，同时具有脱氧作用。

S：加入 0.03% ~0.05%，效果明显。

另外，加入 0.1% Sb 或 1% 稀土，皆有防偏析效果。

178. 离心铸造铸件缺陷有哪些？如何预防？

(1)穿透性(喇叭)孔

内圆凹穴孔大，逐渐向外圆缩小，形似喇叭状。常发生于锡青铜一类铸件。

1)产生原因：①铸型没有很好经过预热，或铸型温度过高；②铸型使用过久，工作表面已有内在裂纹；③合金液析出气体；④锡青铜表面薄膜强度低。

2)防止措施：①铸型预热温度要适当，对锡青铜类合金不能过高；②铸型每次使用前须送烘干炉内预热，将潮气除净；③不使用有内在裂纹的铸型；④铸型上钻些通气孔，并用型砂堵塞；⑤铸型内表面敷一层细砂或涂料；采用石墨套。

(2)外圆表面细孔

铸件外圆形或深浅不一的细小圆孔，呈麻点状

1)产生原因：①铸型温度过高或没有经过很好预热；②浇注温度过高；③铸型表面不清洁，有锈蚀或使用过久；④铸型涂料过厚或不均匀。

2)防止措施：①铸型温度要适当：锡青铜不超过120℃，黄铜和无锡青铜不超过250℃，连续浇几次后要降温；②保持铸型表面清洁无锈，使用过久而不好清理的可车去一层，或采用补层、涂层等；③涂料厚薄要均匀。

(3)外圆表面重皮及冷隔

铸件外圆有两层金属没有融接在一起，常发生在结晶温度间隔窄的黄铜和无锡青铜或较长的铜套中。有的在毛坯中发现，有的则在加工后发现。

1)产生原因：①铸型温度过低；②浇注速度过慢；③浇注温度过低；④转速过低；⑤浇口形式不良。

2)方式措施：①控制型温，锡青铜80～120℃，黄铜和无锡青铜150～250℃；②浇注温度比砂型铸造高30～50℃；③浇注时遵循先快后慢的原则；④长度大于直径2倍的铜套可采用具有高静压头的拔塞定量浇口，或采用伸入铸型的长缝隙式浇口；⑤适当提高转速。

(4)外圆表面裂纹

纵向裂纹和横向裂纹，主要属于热裂。多发生在无锡青铜和黄铜。

1)产生原因：①转速在浇注过程中有突变情况；②铸型预热温度不均；③浇注时铸型有跳动情况；④离心机停车过早。

2）防止措施：①检查离心机设备并及时去除故障；②在浇注过程中转速不能突变；③铸型预热要均匀；④停车时间不能过早。

（5）内圆凸瘤

铸件内圆有金属堆积或圆孔不圆

1）产生原因：①离心机转速过低；②浇注温度过低；③停车过早。

2）防止措施：①提高转速；②提高浇注温度；③掌握金属凝固时间适时停车。

（6）外圆表面铜豆

1）产生原因：①浇注时发生飞溅；②浇注初期滴流或断流；③采用定量拔塞浇口时浇口漏铜液。

2）防止措施：①初期大流量浇注，然后逐渐减慢浇注速度；②金属注入要平稳；③采用定量拔塞浇口时防止漏铜液。

（7）铸件与铸型黏接

铸件与铸型成为互相熔融的一个金属体。

1）产生原因：①浇注温度过高；②铸型内壁有裂纹；③新型未刷涂料。

2）防止措施：①适当降低浇注温度；②保证铸型内壁没有任何缺陷；③刷涂料（氧化锌和酒精松香）。

（8）氧化夹杂

经加工后内圆或外圆出现很多孔眼，里面夹有氧化物，多产生在铸件两头。

1）产生原因：①熔炼时加料顺序不对，脱氧不彻底；②浇注时产生涡流和飞溅，产生二次氧化；③离心机转速过低；④浇注温度过低；⑤浇注速度过慢；⑥浇口位置不适当。

2）防止措施：①加入 Sn、Al、Si 元素时铜液须先行脱氧；②脱氧时充分搅拌合金；③浇注平稳，避免金属飞溅；④适当提高离心机转速，提高浇注温度和浇注速度；⑤铸件（铸型）两头适当放长。

（9）纵向厚薄不均

浇口一端过厚，另一端过薄或浇不足

1）产生原因：①浇注温度过低；②铸型温度过低；③浇注速度过慢；④铸件过长，进口伸入铸型过短；⑤液流动压头小。

2）防止措施：①提高浇注温度；②提高铸型温度；③采用高压头

定量拔塞浇口，提高浇注速度；④增加浇口伸入铸型的长度，铸件过长可采用两头浇。

(10)横向厚薄不均

1)产生原因：①铸型偏心；②离心机安装不牢。

2)防止措施：①矫正铸型偏心；②维修离心机。

(11)偏析

铸件沿壁厚化学成分不均匀。离心铸造中常产生区域偏析和成分偏析。

1)区域偏析：①降低型温和浇注温度；②降低离心机转速；③扩散退火(640～660℃保温3 h)可消除锡青铜的层状组织。

2)成分偏析：①浇注前仔细搅拌合金；②降低浇注温度；③降低铸型温度，对高铅青铜可喷压缩空气和水造成的水雾来加速冷却铸型；④降低浇注速度和离心机转速；⑤加入防偏析元素Ni、Sn、Mn及稀土等。

179. 铜渣如何回收？

黄铜炉渣一般含铜30%～40%，锌10%～15%，其中含有大量氧化锌。由于氧化锌熔点高，不易造渣，应先进行水法处理，然后送反射炉熔炼，其他炉渣一般经碾碎、水洗后，即可送反射炉处理。

(1)水法处理操作要点

①浸出结束时，pH4.5～5，溶液的适应(波美度)=28～30。

②上清液、净液处理的目的是，首先加锌粉将铜置换而除铜，然后加入氧化剂高猛酸钾，使Fe^{2+}氧化成Fe^{3+}，水解沉降去铁。

③净液后溶液的pH=5.2，压滤后进行蒸发浓缩，蒸发温度为70～80℃，蒸发结束时，为58～59。

④硫酸浸出液的回收可用结晶法获得硫酸锌或电解法获得阴极锌。

⑤浸出获得的铜渣，含铜量为58%～65%，水洗获得的铜渣，含铜量为50%～55%，这两种铜渣都可送反射炉处理。

⑥不含氧化锌的炉渣，水选后尾泥可制硫酸铜，铜渣送反射炉处理。

(2)火法处理操作要点

①熔炼黄杂铜时，加入萤石粉、硅砂造渣，得到的黄杂铜锭，含

铜量为 80% ~85%，送熔铸车间配料使用。

②蒸锌时，为使氧化锌顺利逸出，必须在铜液表面覆盖一层焦炭，其粒度为 15 ~20 mm，蒸锌完毕的标志是试样断面呈土黄色。

③精炼的目的主要是除铁、铅等杂质，这是加入硅砂造渣，若铜液中含锡高，则除铁、铅后，加入碳酸钠除锡。

④精炼终了的标志为试样断面呈砖红色。

⑤其他操作与紫铜的反射炉熔炼相同。

⑥阳极锭品位可达 99.2% ~99.6%。

180. 收尘的目的是什么？怎样收尘？

收尘有两个目的，一方面从废气中回收有价值的金属，另一方面使逸入大气中的废气内没有有害和有毒物质，避免污染环境。

收尘的方法可分为以下几种：湿法，用水洗涤收尘；布袋收尘；静电收尘；机械法，根据重力或离心力收尘。在铜合金生产中，用的较多的是前两种。

(1)湿法收尘

湿法收尘主要是用水洗涤炉气，达到收尘目的，当含尘炉气与洗涤水接触，尘粒与液滴相碰撞，使之黏合而凝聚成较大的颗粒，沉积于沉淀池中。

湿法收尘设备国内有泡沫除尘器和水浴除尘器两种。泡沫除尘器是利用喷管在隔板上形成泡沫区，尘流通过隔板达到水浴目的，适用于净化亲水性不强的灰尘。水浴除尘器使含尘气流通过喷头以高速(8 ~12 m/s)喷出，冲击水面形成泡沫和水雾，尘粒随气流在水和水雾中净化。

国内铜合金加工厂使用的湿法除尘设备，实际上是泡沫和水浴除尘器的综合，收尘设备本体用钢板焊接而成，炉气的洗涤在洗涤塔中进行。含尘炉气从下部进入，水从上部喷落，上升的气流被冲洗而把悬浮的尘粒除去。尘粒随泥浆沉淀于沉淀池中。

对于铜合金生产中的氧化锌尘粒，静电收尘不能有效可靠地工作，布袋收尘维护较困难，因此，湿法收尘是比较理想的收尘方法，它有以下优点：①设备构造简单，造价和运转费用低；②不受含尘气流温度的影响；③收尘效率较高；④运转中不用人管理。

实践证明，湿法收尘设备运转中要注意以下几点：①尘流速度应控制在 14 ~15 m/s 范围内，最高可达 17 m/s，以避免在风管中特别是风管转弯处沉积尘粒；②隔板是湿法收尘器的关键部件，经验数据为：隔板直径 1000 mm，板面要平，隔板密集通孔排列距离 12 mm，孔径 6 mm，通孔必须垂直板面；③水层厚度可以调节，若采用溢流循环供水时，水量大小可由排风口观察控制，出现水雾是水位过低，出现水雾细沫是水位过高，一般控制到刚有水雾出现为宜；④湿法收尘设备通入沉淀池的深度应大于风机压头，以防产生飞溅，但过深有埋入泥浆的可能；⑤收尘设备本体钢板的厚度，主要由强度和抗蚀条件确定。

(2) 布袋收尘

布袋收尘是应用较广的一种收尘方法，当含尘气流通过滤袋时，尘粒因惯性、接触和扩散作用而被阻留沉淀于滤袋的空隙内，以达到收尘的目的。布袋收尘器是清除细尘粒(甚至 $<0.5\ \mu m$)的可靠设备，收尘效率可达 99% 以上。

布袋通常用棉布或毛巾制成，$\phi 0.25 \sim 0.6$ m，长 2 ~ 5 m。布袋排成许多列，装于封闭的室内，布袋封闭的一端向上，开口的一端与炉气吸入管道相通。炉气吸入管道后分别进入各个布袋，于是所含固体尘粒留于袋内，经这种过滤净化的炉气再散入大气中，定期振动布袋，使袋内尘粒落入灰仓。

清除布袋积尘常用下列方法：

①风环吹扫

用一种上下运动的吹风环，与气流成反向通入压缩空气(也可用通风机代替)，进行吹扫。此法能提高滤袋使用率 2 ~ 3 倍，但需克服风环与滤袋间摩擦。

②脉冲吹扫

一般采用较易控制的机械脉冲装置，采用凸轮结构，周期性发出脉冲信号，脉冲阀接受信号后打开送风波纹膜片，压缩空气(0.6 ~ 0.7 MPa)进入滤袋内引起冲击振动吹扫，缺点是当工厂压缩空气的水分高、压力不够时影响正常运行。

③机械振打

采用涡轮减速和凸轮轴带动机械弹簧振动装置，进行连续或周期振打布袋而除尘，缺点是制造、安装较复杂，滤袋使用寿命短。

布袋收尘器的缺点是消耗大量纺织物，设备投资大，进入滤袋的废气温度也受限制，一般不超过 120℃。

参考文献

[1] 李宏磊，娄花芬，马可定. 铜加工生产技术问答[M]. 北京：冶金工业出版社，2008.

[2] 肖恩奎，李耀群. 铜及铜合金熔炼与铸造技术[M]. 北京：冶金工业出版社，2007.

[3] 于连顺，刘玉卿，李东阳，等. 铜及铜合金熔铸配料及化学成分调整计算的经验总结[J]. 铸造技术，2010，31(9)：1256 - 1258.

[4] 钟卫佳，马可定，吴维治. 铜加工技术实用手册[M]. 北京：冶金工业出版社，2007.

[5] 王碧文，王涛，王祝堂. 铜合金及其加工技术[M]. 北京：化学工业出版社，2006.

[6] 刘培兴，刘晓瑭，刘会鼐. 铜与铜合金加工手册[M]. 北京：化学工业出版社，2008.

[7] 田荣璋，王祝堂. 铜及铜合金加工手册[M]. 长沙：中南大学出版社，2002.

[8] 韩至城. 电磁冶金学[M]. 北京：冶金工业出版社，2001.

[9] 陈亚爱，丁宝莉. 铜合金的电磁铸造[J]. 铜加工，1996(1).

[10] 杨海西，龚涛. 铜电磁连铸的数值计算[J]. 特种铸造及有色合金，2005，(5)：51 - 52.

[11] 耿雪峰，徐宏. 电磁技术在材料加工过程中的应用与发展[J]. 大型铸锻件，2005，(3).

[12] 刘海涛. 国内铜的电磁铸造及其研究进展[J]. 铜加工，2008(3)：7 - 11.

[13] 重有色金属材料加工于册编写组. 重有色金属材料加工手册[M]. 北京：冶金工业出版社，1979.

[14] 赵祖德. 铜及铜合金材料手册[M]. 北京：科学出版社，1993.

[15] 徐耀祖. 金属学原理[M]. 上海：科学技术出版社，1964.

[16] 肖恩奎. 熔铜感应炉技术[J]. 铜加工，2005，(3)、(4).

[17] 孙徐良. 潜流式铜合金熔炼铸造技术——潜流式工频有芯组合电炉和金属

液阀门[C].2007年全国有色金属加工装备技术创新大会论文集.洛阳：中国有色金属加工工业协会，2007：82－85.

[18] 刘瑞，钟西存，王瑞华，郭明恩.潜流式联体炉研制与生产实践[C].2007年中国铜加工技术与应用论坛论文集.北京：中国有色金属加工工业协会，2007：450－453.

[19] 丁惠麟，辛智华.实用铝、铜及其合金金相热处理和失效分析[M].北京：机械工业出版社，2007.

[20] 郭景杰，傅恒志.合金熔体及其处理[M].北京：机械工业出版社，2005.

[21] 娄花芬，黄亚飞，马可定.铜及铜合金熔炼及铸造[M].长沙：中南大学出版社，2010.

[22] 陈存中.有色金属熔炼与铸锭[M].北京：冶金工业出版社，1987.

[23] 高强.最新有色金属金相图谱大全[M].北京：冶金工业出版社，2005.

[24] R·W·卡恩等.非铁合金的结构与性能[M].北京：科学出版社，1999.

[25] 曹瑜，陈可越．铜、铜合金及其制品生产新技术新工艺与质量检验新标准实用手册合肥：[M]．安徽文化音像出版社，2009.

[26] 切尔涅茄 等著.有色金属及其合金中的气体[M].北京：冶金工业出版社，1989.

[27] 杨长贺，高钦.有色金属净化[M].大连：大连理工大学出版社，1989.